高等院校计算机应用系列教材

计算机基础与C语言程序设计实验指导

(第四版)

焉德军　刘明才　主　编
王　鹏　辛慧杰　副主编

清华大学出版社
北　京

内 容 简 介

本书是《计算机基础与C语言程序设计(第四版)》的配套实验教材。全书共分4篇：第一篇是C语言程序设计实验指导，介绍了如何使用Visual C++ 2010进行程序的编辑、编译和错误处理，同时结合主教材的内容提供了11个实验，给出了实验目的、实验内容及程序提示；第二篇是《计算机基础与C语言程序设计(第四版)》习题解答；第三篇是全国计算机等级考试二级C介绍，包括全国计算机等级考试大纲、数据结构与算法、软件工程基础、数据库基础、公共基础知识答案和全国计算机等级考试模拟试题；第四篇是MATLAB软件入门。

本书内容丰富，实用性强，是学习C语言程序设计十分有用的一本参考书，既适合高等学校师生和计算机等级考试培训使用，也可供自学者参考。

图书在版编目(CIP)数据

计算机基础与C语言程序设计实验指导/焉德军，刘明才主编. —4版. —北京：清华大学出版社，2021.7

高等院校计算机应用系列教材

ISBN 978-7-302-58566-4

Ⅰ. ①计… Ⅱ. ①焉… ②刘… Ⅲ. ①电子计算机—高等学校—教学参考资料 ②C语言—程序设计—高等学校—教学参考资料 Ⅳ. ①TP3

中国版本图书馆CIP数据核字(2021)第132328号

责任编辑：胡辰浩
封面设计：高娟妮
版式设计：妙思品位
责任校对：成凤进
责任印制：刘海龙

出版发行：清华大学出版社
网　　址：http://www.tup.com.cn，http://www.wqbook.com
地　　址：北京清华大学学研大厦A座　　邮　　编：100084
社 总 机：010-62770175　　邮　　购：010-62786544
投稿与读者服务：010-62776969，c-service@tup.tsinghua.edu.cn
质 量 反 馈：010-62772015，zhiliang@tup.tsinghua.edu.cn
印 装 者：天津鑫丰华印务有限公司
经　　销：全国新华书店
开　　本：185mm×260mm　　印　　张：18.75　　字　　数：480千字
版　　次：2012年8月第1版　　2021年8月第4版　　印　　次：2021年8月第1次印刷
定　　价：79.00元

产品编号：089483-01

序

在信息社会，信息的获取、存储、传输、处理和应用能力越来越成为个人的一种最基本的生存能力，正逐步被社会作为衡量一个人文化素质高低的重要标志。目前，计算机应用能力已成为影响人们生活方式、学习方式和工作方式的重要因素。大学计算机基础课程，作为非计算机专业学生的必修基础课，其教学目标就是为学生提供计算机方面的知识、能力与素质的教育，培养学生掌握一定的计算机基础知识、技术与方法，以及增强利用计算机解决本专业领域中问题的意识与能力。

多年来，大学计算机基础教学形成了大一上学期讲授大学计算机基础课程、下学期讲授计算机程序设计基础课程的教学模式。目前，绝大多数二本院校依然采取这种教学模式。这种模式在实践中存在如下弊端。

第一，因城乡、地区的差别，新生入学时计算机水平参差不齐，给教学带来很大困难。随着我国中小学信息技术教育的逐步普及，高校新生计算机知识水平的起点也逐年提高。同时，由于我国中学信息科学教育水平的不平衡，来自城市的学生入学时已经具备计算机的基本技能，而来自农村的一些学生，特别是来自西部欠发达地区和少数民族地区的一些学生，入学时才刚刚接触计算机。这种差异使计算机基础教学的组织与安排非常困难。

第二，学时少、内容多、周期短，并且与专业课学习脱节，严重影响了学生的学习积极性和程序设计思想的培养。在大一上学期讲授大学计算机基础课程时，由于内容宽泛，涉及面广，每堂课要讲授或上机练习的内容又多，计算机基础知识好一点的学生上课不愿意听讲、不屑于练习，而计算机基础知识相对差一点的学生又听不懂，极大地挫伤了学生学习计算机知识的兴趣和积极性。大一下学期讲授计算机程序设计基础课程，由于学时少、周期短，在教学中普遍缺乏利用程序设计解决实际问题和专业问题能力的训练，学完计算机程序设计基础课程后，多数学生还不能真正领会计算机的强大功能，不能利用所学的计算机知识解决相关的专业问题。

第三，计算机基础教学与大学生对获取全国计算机等级考试证书的需求脱节。由于就业的压力，多数二本院校的学生在毕业时迫切需要获得全国计算机二级等级考试证书。但是，在传统的计算机基础教学模式下，学生最快在大二上学期才能参加全国计算机等级考试，一次性过级率相对较低。为在毕业前获得计算机二级证书，一些学生不得不一次又一次地参加校外培训，花费了很多精力。

针对计算机基础教学中存在的问题和不足，2009 年，我校对计算机基础教学进行了改革，建立了以学生为本，以就业需求为导向，以实践能力、创新能力和计算机应用能力培养为目标，以大一下学期学生能够顺利参加全国计算机等级考试、提高我校的全国计算机等级考试过级率为“抓手”，适合学生特点和需求、符合教育规律和学生认知心理的计算机基础教学的新教学内容体系和教学模式。

为了深化改革，顺应社会需求，在 2009 年改革的基础上，2019 年我们及时调整教学内容。新的教学内容体系和教学模式是：根据不同学科、专业学生的特点和需求，分别开设“C 语言程序设计”和“Python 语言程序设计”课程，并以程序设计课程为主线，以相应的全国计算机二级等级考试大纲为依据，对传统的大学计算机基础教学的两门课程“大学计算机基础”和“C(Python)语言程序设计”的教学内容进行梳理、整合，并将 MATLAB 基础知识和数学建模入门知识纳入计算机基础教学内容体系中来，使之更贴近学生的需求，更符合学生的认知规律，更有利于学生计算机应用能力的培养和信息素养的提高。

(1) 新的教学模式将传统的在大一下学期讲授的“C(Python)语言程序设计”课程提前至大一上学期开始，并延伸到大一下学期结束，更符合大学生的认知规律。大一上学期讲完“C(Python)语言程序设计”课程的基本内容，下学期通过参加 3 月下旬的全国计算机等级考试，使学生的程序设计基础知识得到强化；等级考试后，通过综合性、设计性实验，使学生的计算机应用能力得到进一步提高。

(2) 将与专业课学习密切相关的计算机软件(MATLAB 软件)纳入大一的计算机基础教学中来，并结合数学建模进行讲解，为学生学习后续专业课程和参加数学建模竞赛奠定了扎实的基础，对学生的实践能力、创新能力的培养起到了非常好的作用。

(3) 改革考核方式，实行阶段性滚动考试，加强学习过程的监督与考核，极大地提高了学生自主学习的积极性。基于“百科园通用考试平台”开发了 C 语言、Python 语言、Office 应用的题库，为学生自主练习提供了方便，并且为按单元进行的阶段性考试和期末考试提供了重要保障。

(4) 为提高学生使用软件解决实际问题和专业问题的能力，开设不同的模块课程，使学生可以根据自己的专业需求、兴趣爱好和个人能力等具体情况选修相应的课程，达到考核要求即可获得相应的学分。在这里可供学生选修的课程有“办公自动化应用”“网络工程师培训”“Flash 动画设计与制作”“Excel VBA 数据处理技术”“图形图像处理”“Office 2010 应用”“计算机组装、维护与应用软件实训”“音频视频处理”“Visio 图形化设计”“MATLAB 基础与应用技术”等。

多年的教学实践使我们体会到，新的教学内容体系和教学模式至少有以下 4 点好处。

第一，拉长了大学计算机程序设计基础课程的学习周期，由原来的一个学期变为现在的两个学期，分 3 个阶段实施，符合学生的认知规律，并且对培养学生的编程思想和利用计算机解决实际问题的能力非常有益。

第二，将获得全国计算机二级等级考试证书作为新生入学的第一个阶段性目标，可以使学生尽快摆脱刚入大学时的“迷茫”状态，有利于优良学风的建设。

第三，满足了学生对全国计算机二级等级证书的需求，增加了学生将来就业的筹码。

第四，提高了学生的素质，增强了学生的自主学习能力和利用软件解决实际问题的能力。

自 2010 年 5 月，我们成立了教材编写委员会，着手进行系列教材的编写工作以来，目前《计算机基础与 C 语言程序设计》这套教材已经出版到第四版。

《计算机基础与 C 语言程序设计》教材包括：计算机入门基础知识，全国计算机二级等级考试大纲所要求的程序设计相关内容。

《计算机基础与 C 语言程序设计实验指导》辅助教材包括：《计算机基础与 C 语言程序设计》习题解答、实验指导，全国计算机二级等级考试介绍(包括考试大纲、公共基础知识的相关内容以及模拟试题)以及应用软件选讲(MATLAB 软件简介)。

教材是体现教学内容和教学方法的知识载体，是进行教学的基本工具，是深化教育教学改革、全面推进素质教育、培养创新人才的重要保证。教材建设是提高教学质量的基础性工作，要为学生知识、能力、素质的协调发展创造条件。该套教材的使用，对我校全国计算机等级考试过级率的提高起到了至关重要的作用。与改革前相比，我校的全国计算机等级考试过级率提高了 20%。该套教材是 2013 年辽宁省教学成果二等奖“以就业需求为导向、以计算机应用能力培养为目标的计算机基础教学新模式”的主要成果之一，其中，《计算机基础与 C 语言程序设计》和《计算机基础与 C 语言程序设计实验指导》在 2014 年被评为辽宁省第二批“十二五”普通高等教育本科省级规划教材，《计算机基础与 C 语言程序设计》在 2020 年又被评为辽宁省省级优秀教材。

有关我校的计算机基础教学改革：2009 年 10 月，获得辽宁省教育教学改革项目立项；2010 年 1 月，在首届全国民族院校计算机基础课程教学研讨会上，我校做了“基于应用型人才培养的计算机基础教学课程体系及教学内容的探讨”的主题发言，初步介绍了计算机基础教学改革思路与设想，得到与会代表的热烈反响；2011 年 7 月，在辽宁省计算机基础学会年会上，我校做了“基于能力培养与等级考试需求的计算机基础教学改革”的主题发言，得到与会同行的充分肯定和兄弟院校的广泛关注；2011 年 11 月，获得国家民族事务委员会本科教学改革与质量建设研究项目立项；2012 年 10 月，在全国高等院校计算机基础教学研究会学术年会上，发表了题为《新形势下的计算机基础教学改革实践——以大连民族学院为例》的研究论文，全面介绍了我校的计算机基础教学改革，获得优秀论文二等奖；2013 年 6 月，在国家民族事务委员会 2013 年民族院校教学观摩会上，我校介绍了计算机基础课教学改革的经验，并于同年获得辽宁省教学成果二等奖；2020 年 10 月，在辽宁省计算机基础教育学会 2020 年学术年会上，我校介绍了计算机基础教学改革的新思路。

该套教材在第三版的基础上进行了修订，使教材结构更加合理。该套教材适合作为高等院校的计算机基础教学用书，也可作为学生自学计算机基础知识和相关程序设计基础知识、准备全国计算机二级等级考试的参考用书。

为了继续做好计算机基础教学的改革工作，我们热忱欢迎专家、同行以及广大读者多提宝贵意见！

焉德军

2021 年 4 月

前　言

本书是《计算机基础与C语言程序设计(第四版)》的配套实验指导书，全书共分4篇。

第一篇为C语言程序设计实验指导，包括3章内容。第1章介绍了使用Visual C++ 2010编辑、编译、运行C程序的方法。Visual C++ 2010也是全国计算机等级考试(C语言)指定的编译系统。第2章是上机实验部分，安排了11个实验，并根据实验内容分别安排了不同的学时——2学时或4学时。实验进度与主教材同步。教师可根据具体的上机时长安排实验，并根据具体情况选取实验内容，还可根据每个学生的不同情况，适当安排必做题和选做题作为课后练习。学生在开展上机实验之前应做好实验准备，如阅读实验内容、复习主教材中的有关章节等。对于程序设计题，需要在进行上机实验之前编好程序。第3章给出了实验参考答案。

第二篇为《计算机基础与C语言程序设计(第四版)》习题解答。选择题和填空题主要测试读者对基本概念、基本理论和基本方法的掌握程度。在学完每章后，读者应独立将选择题和填空题做完，然后与给出的答案做比较，由此检查自己的学习情况。编程题的类型和数目较多，读者可根据自己的情况选做题目。每一道编程题的解法都有多种，书中只提供了一种答案，供读者参考和比较，以启发思路。本书所有程序都在Visual C++ 2010环境下调试通过，它们也可在Dev C++环境下运行。

第三篇是全国计算机等级考试二级C介绍，包括全国计算机等级考试大纲、基础知识和模拟试题，另外还给出了模拟试题的解答。这部分可供参加全国计算机等级考试的读者参考使用。

第四篇是MATLAB软件入门，我们以MATLAB 7.10.0版本为例，介绍了MATLAB软件的使用方法及其在数学建模中的应用。

本书第一篇由刘明才编写，第二篇由辛慧杰编写，第三篇由王鹏编写，第四篇由焉德军编写。

在本书的编写过程中，得到了郑智强、张丽丽、邹冰冰和通拉嘎若曼等几位老师的热情帮助，另外我们还参考了一些网上资源，在此一并致谢。

本书作者长期从事高等学校计算机基础课程的教学工作，在总结多年的“大学计算机基础”“C语言程序设计”课程的教学经验和教改实践的基础上，编写了本套教材。由于作者水平有限，书中难免存在不足，恳请读者批评指正。我们的邮箱是992116@qq.com，电话是010-62796045。

编　者

2021年4月

目　录

第一篇

C语言程序设计实验指导

第1章　Visual C++ 2010 使用指南

Visual C++ 软件是目前使用极为广泛的可视化开发环境，可用于对C程序或C++程序进行各种操作，如建立、打开、浏览、编辑、保存、编译、链接和调试等。

本章主要介绍利用 Visual C++ 2010 集成环境(简称 VC 环境)对 C 程序进行编译和运行的一般方法。

1.1　运行 C 程序

使用 Visual C++ 2010 运行 C 程序一般分以下几个阶段。

1. 启动 Visual C++ 2010 集成环境

在 Windows 操作系统下，启动 Visual C++ 2010 系统的方法是：选择“开始”→“程序”→Microsoft Visual Studio 2010→Microsoft Visual C++ 2010 命令，则出现 Visual C++ 2010 集成环境窗口，如图 1-1 所示。

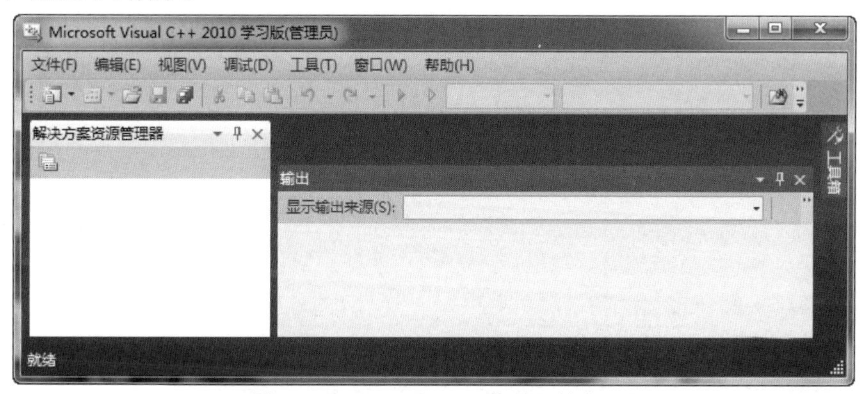

图 1-1　Visual C++ 2010 集成环境窗口

也可以在桌面上为 Visual C++ 2010 系统创建一个快捷方式，利用该快捷方式启动 Visual C++ 2010 系统。

2. 创建项目

为了使用 Visual C++ 2010 系统运行 C 程序，首先需要创建项目(Project)。项目中存放了 C 程序的所有信息。创建项目的步骤如下：

(1) 选择 Visual C++ 2010 集成环境窗口中的“文件(F)”→“新建(N)”→“项目(P)”菜单命令，如图 1-2 所示，打开“新建项目”对话框。

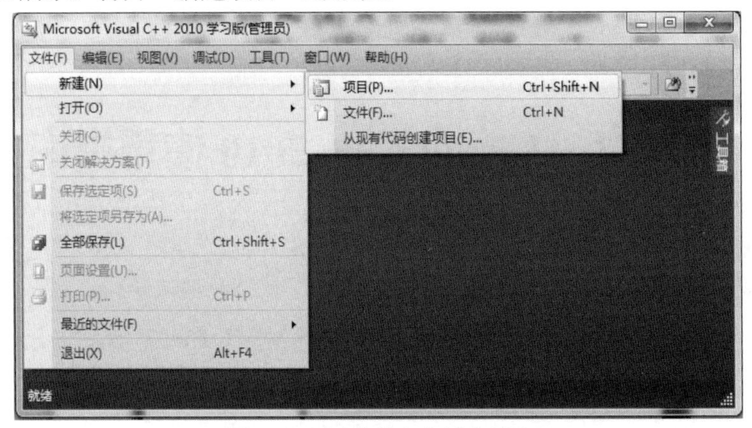

图 1-2　通过菜单命令新建项目

(2) 在如图 1-3 所示的“新建项目”对话框中，从左侧的“最近的模板”栏目的“已安装的模板”下选择 Visual C++，在展开的节点中选择 Win32 选项，然后在对话框中间的栏目中选择“Win32 控制台应用程序”，并在对话框下方的“名称(N)”文本框中对项目进行命名(如 exampl)，而在“位置(L)”下拉列表中指定项目的存放位置(也可采用默认路径)，如图 1-3 所示。在输入项目名称后，解决方案名称默认为项目名称(也可自定义解决方案名称)，如果选中“为解决方案创建目录”复选框，系统将为整个项目创建一个与解决方案名称同名的目录。单击“确定”按钮，将弹出如图 1-4 所示的应用程序向导。

图 1-3　创建并设置项目

(3) 在图 1-4 所示的界面中单击“下一步”按钮，将会弹出如图 1-5 所示的应用程序设置界面。首先在“应用程序类型”区域选中“控制台应用程序”单选按钮，然后在“附加选项”区域选中“空项目”复选框，单击“完成”按钮。

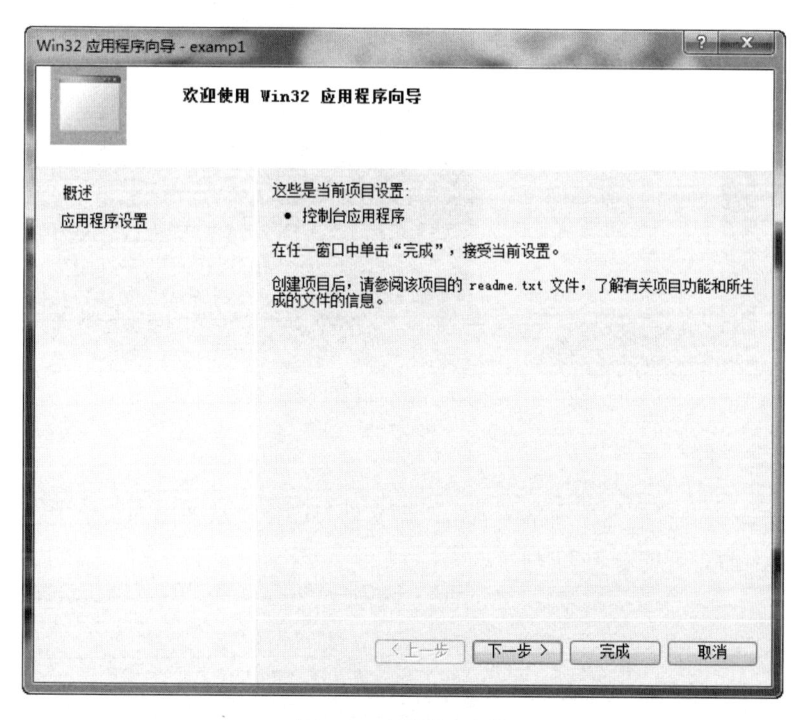

图 1-4　应用程序向导

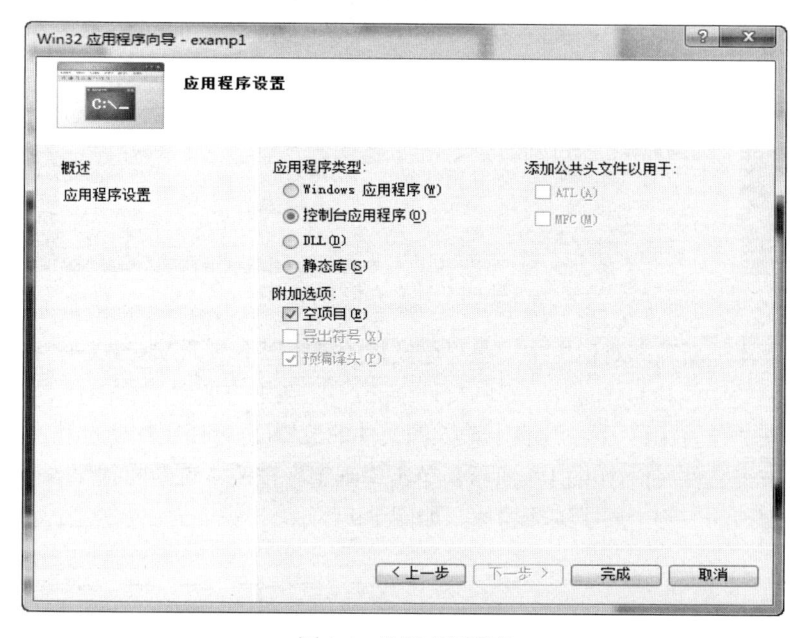

图 1-5　设置应用程序

(4) 回到 Visual C++ 2010 集成环境窗口，弹出“解决方案资源管理器”窗格，如图 1-6 所示。

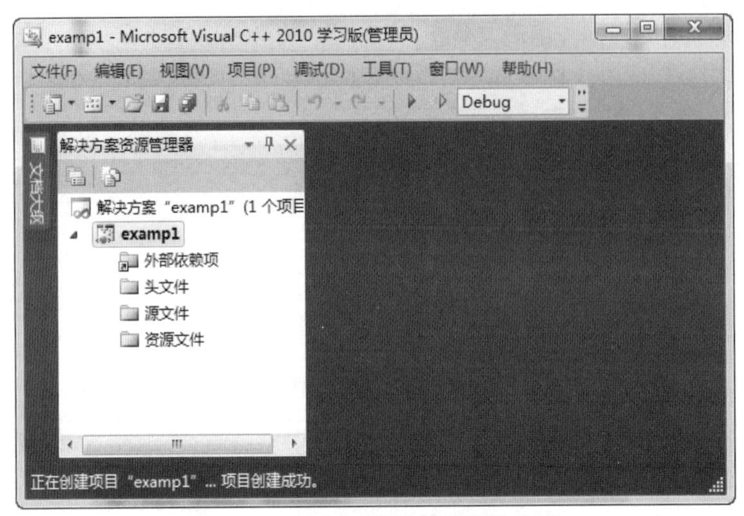

图 1-6 “解决方案资源管理器”窗格

3. 建立 C 源文件

在“解决方案资源管理器”窗格中右击“源文件”图标，从弹出的菜单中选择“添加(D)”→“新建项(W)”命令，如图 1-7 所示。

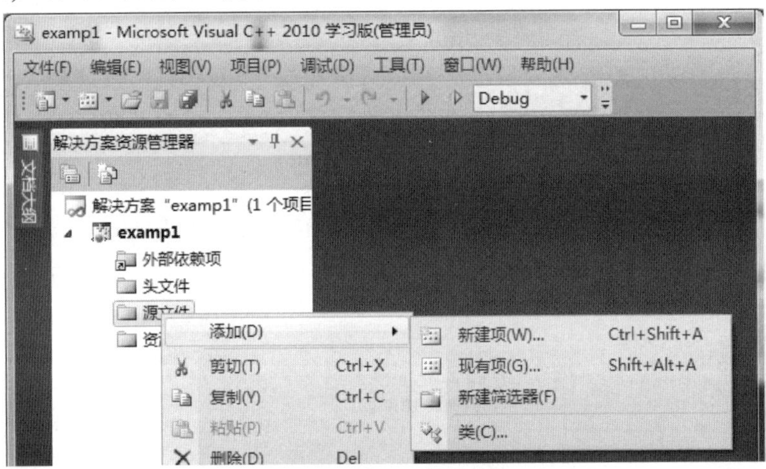

图 1-7 建立 C 源文件

在弹出的“添加新项”对话框中，在“已安装的模板”下展开 Visual C++节点，选择“代码”。在对话框的中间栏目中选中“C++文件(.cpp)”，在下方的“名称(N)”文本框中输入源文件的名称，在“位置(L)”下拉列表中输入源文件的位置(也可使用默认位置，默认位置为前面新建的解决方案文件夹)，如图 1-8 所示。单击“确定”按钮，重新回到 Visual C++ 2010 集成环境窗口，窗口的右侧出现了编辑窗体，如图 1-9 所示。

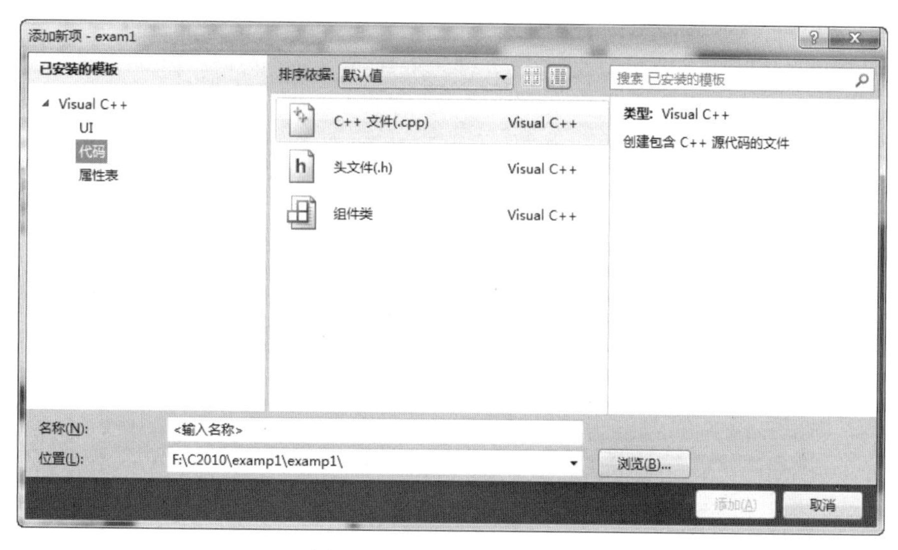

图 1-8 “添加新项”对话框

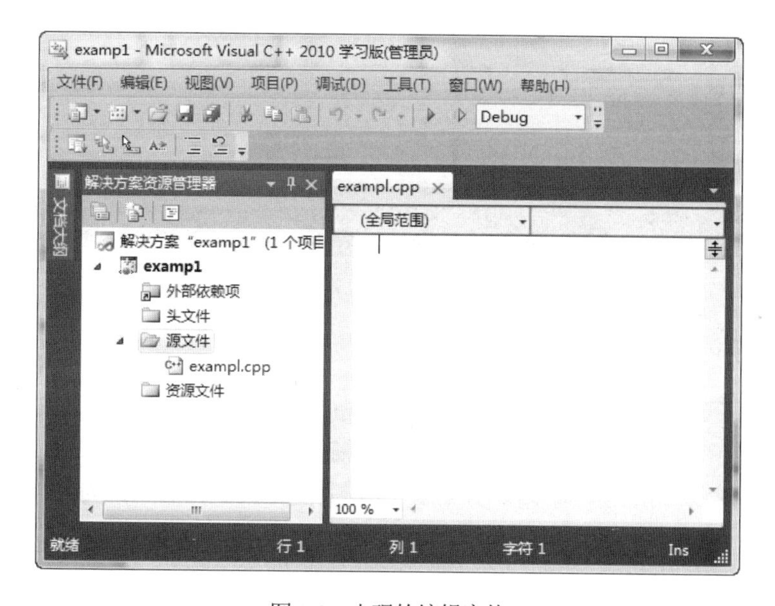

图 1-9 出现的编辑窗体

4. 编辑 C 源文件

在编辑窗体中输入 C 源文件的内容，例如，可输入如下代码：

```
#include<stdio.h>
void main()
{
        int x,y,sum;
        printf("Input a integer:");
        scanf("%d",&x);
```

```
    printf("Input another integer:");
    scanf("%d",&y);
    sum=x+y;
    printf("sum=%d\n",sum);
}
```

结果如图 1-10 所示。

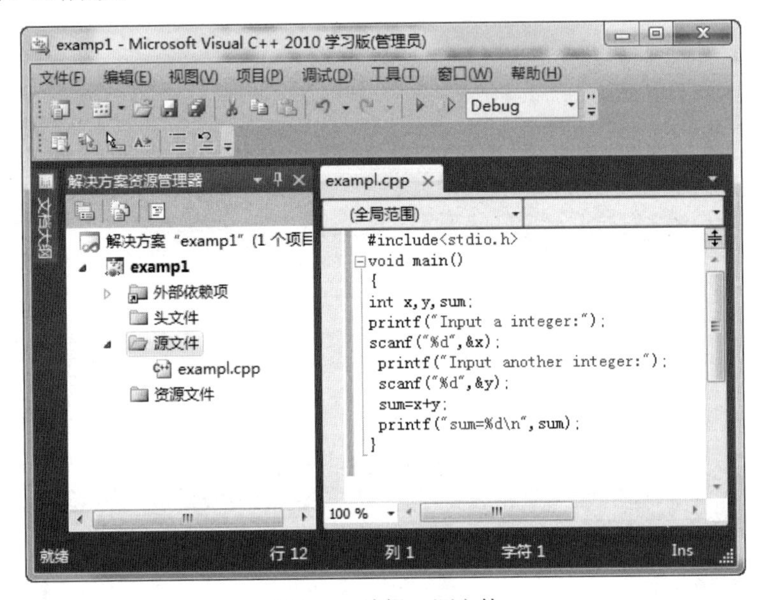

图 1-10　编辑 C 源文件

5. 编译 C 源文件

在 Visual C++ 2010 集成环境窗口中选择“调试(D)”→“启动调试(S)”菜单命令，弹出如图 1-11 所示的提示对话框。单击“是(Y)”按钮，编译 examp1.cpp 源文件。

编译结果如图 1-12 所示。如果没有错误，系统将显示提示信息，例如：

```
========= 生成：成功1 个，失败0 个，最新 0 个，跳过 0 个 =========
```

这表示没有任何错误。另外，有时虽然会出现一些警告信息，但却不影响程序的执行。如果程序有错误，那么编译结果如图 1-13 所示，系统给出的错误信息的格式如下：

```
<源程序路径>(行)<错误代码>：<错误内容>
```

系统会根据错误的不同显示不同的错误信息。可根据编译结果中给出的错误信息，进入编辑查错状态，到 C 源程序中进行修改。

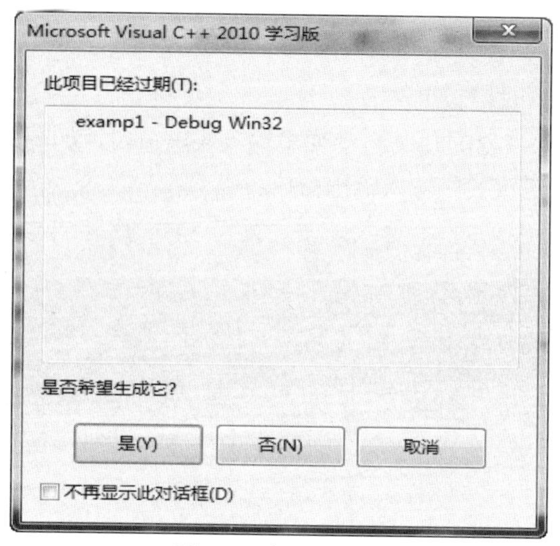

图 1-11　提示对话框

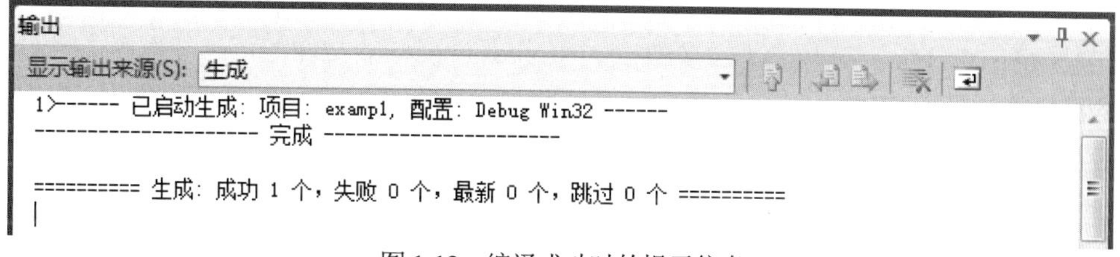

图 1-12　编译成功时的提示信息

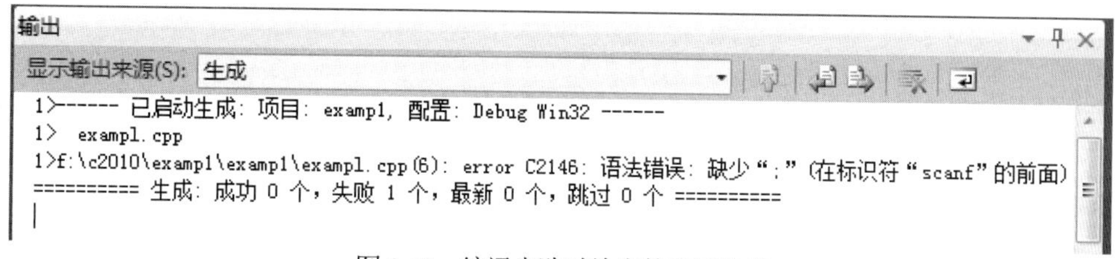

图 1-13　编译失败时给出的出错信息

从图 1-13 可以看出，程序中有 1 个错误(error)，系统给出的错误信息如下：

```
f:\c2010\examp1\examp1\examp1.cpp(6): error C2146: 语法错误: 缺少 “;” (在标识符 “scanf” 的前面)
```

以上信息说明在 examp1.cpp 的第 6 行中，标识符 scanf 前缺少分号。

双击编译结果中的出错信息，编辑窗体中会指示对应的出错位置，可根据出错信息对代码进行纠正。例如，在程序的第 6 行的末尾加上分号，然后再次编译，编译结果中就没有错误了。

在检查程序时一定要细心，可首先查看第一个错误出现的地方及其前面的一小段程序。在查出并改正这个错误之后，可以看一看其后的几个错误说明中的错误位置是否和第一个错误的位置邻近。如果邻近，那么有可能反映的还是那个错误，这时可以再编译一次，根据经验，错误的数量将大为减少。重复上述过程，直到纠正了所有的错误为止。

6. 运行程序

按快捷键 Ctrl+F5，即可运行程序。

运行程序后，Visual C++ 2010 将自动弹出输入输出窗口，如图 1-14 所示。输入数据后，程序将输出结果，按任意键可关闭输入输出窗口。

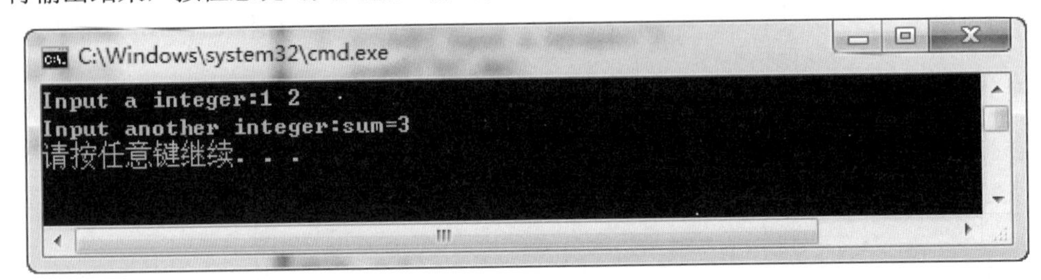

图 1-14　输入输出窗口

另外，生成的可执行文件可以单独运行。根据之前创建项目时所做的设置，本例的所有信息都位于 F:\c2010\examp1\ 目录下。实际上，可执行文件 examp1.exe 所在的目录为 F:\c2010\examp1\Debug。打开 Debug 文件夹，双击 examp1.exe 文件即可运行程序。

关闭 Visual C++ 2010 集成环境窗口，系统将自动保存各种文件(它们都被保存到与项目名称同名的文件夹中)。

对于程序的编译和运行，Visual C++ 2010 还提供了一组工具按钮，如图 1-15 所示。

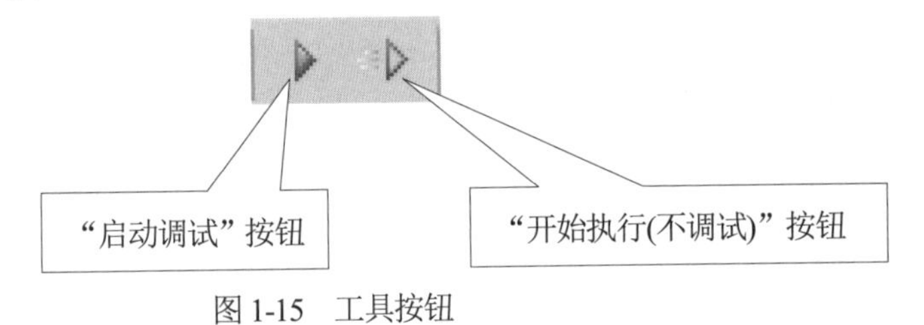

图 1-15　工具按钮

1.2 打开 C 源文件

如果要打开某个已建立的 C 源文件，可使用以下两种方法。

第一种方法如下：启动 Visual C++ 2010 后，选择集成环境窗口中的“文件(F)”→“打开(O)”→“文件(F)”菜单命令，如图 1-16 所示。

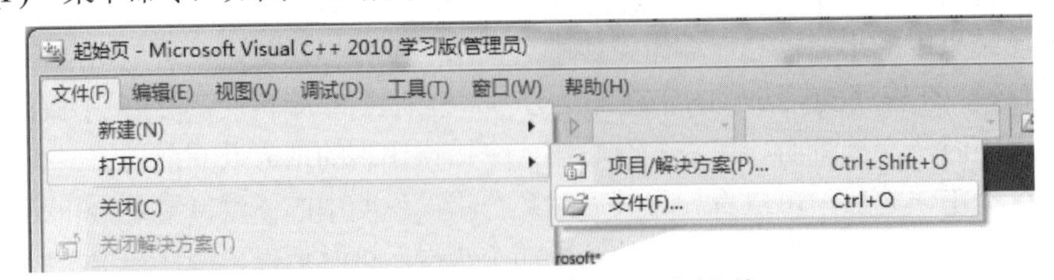

图 1-16　使用菜单命令打开 C 源文件

在“打开项目”对话框中，可根据自己的需要选择打开项目还是文件，如图 1-17 所示。如果需要打开的是项目，那么请找到扩展名为.sln 的文件，然后单击“解决方案资源管理器”窗格中的解决方案，在 C 源文件所在的文件夹中双击想要打开的.cpp 源文件，即可对代码进行编辑、调试和运行。

图 1-17 选择想要打开的项目或文件

另一种打开 C 源文件的方法如下：打开项目所在的文件夹(如 examp1 文件夹)，双击项目文件(如 examp1.sln)即可启动 Visual C++ 2010。然后单击“解决方案资源管理器”窗格中的解决方案，在 C 源文件所在的文件夹中双击想要打开的.cpp 源文件，即可对代码进行编辑、调试和运行。

注意：如果单独打开 C 源文件，那么程序不可调试，也不可运行，只能进行编辑。

1.3 调试 C 程序

下面介绍使用 Visual C++ 2010 提供的调试器调试 C 程序的一般方法。假设想要调试的程序如下：

```
/* 求 n!(也就是 1*2*3*…*n)，n=6 */
#include<stdio.h>
void main()
{
 int p,i,n;
 p=1;
 n=6;
 for(i=1;i<=n;i++)
   p=p*i;
 printf("\n%d!=%d\n",n,p);
}
```

1. 使程序执行到光标所在行时暂停，以便观察中间结果

(1) 在需要暂停的行上单击，定位光标。

(2) 按 Ctrl+F10 快捷键，程序将在执行到光标所在行时暂停，如图 1-18 所示，这么做是为了查看相关的中间结果。在图 1-18 中，“局部变量”窗格中自动显示了相关变量的值：n 和 p

的值分别是 6 和 1，而变量 i 尚未赋值，因而不确定。在编辑窗体中，左侧的箭头指示了当前程序暂停的位置。

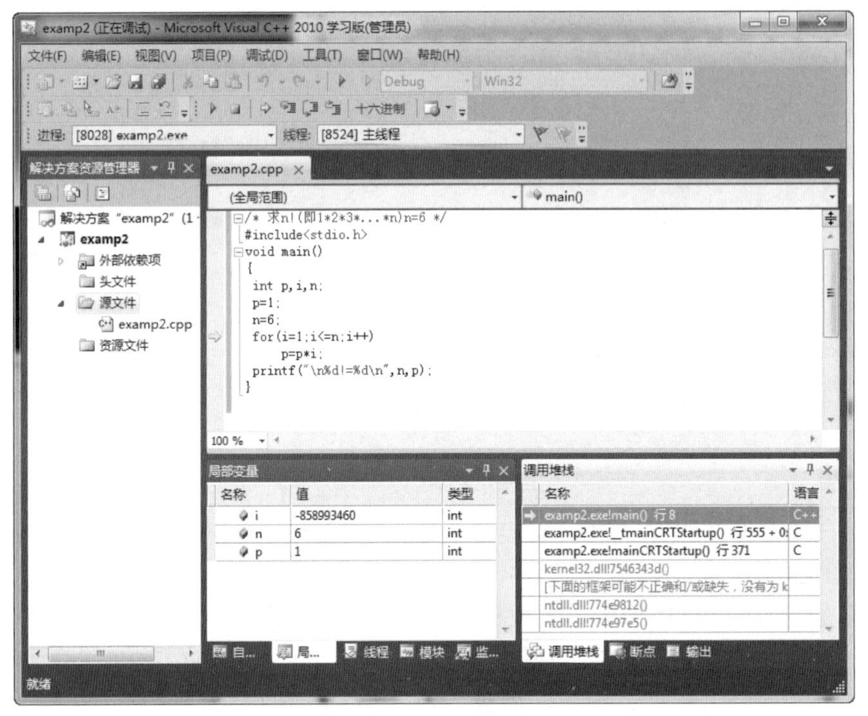

图 1-18　观察变量的值

在编辑窗体中，如果把光标移到后面的某个位置，再按 Ctrl+F10 快捷键，程序将从当前的暂停位置继续执行到新的暂停位置，然后再次暂停。

(3) 按 Shift+F5 快捷键，程序将停止调试，回到正常的运行状态。

2. 通过设置断点，使程序暂停以便观察中间结果

(1) 在需要设置断点的行的左侧边框上单击或按 F9 功能键，断点所在行的左侧将出现一个红色的圆点标志。当光标位于包含断点的行时，按 F9 功能键可去掉断点标志。设置了断点之后，可使用前面介绍的方法查看变量的值或结束调试，也可按照下面的步骤进行操作。

(2) 单击“启动调试”按钮(如图 1-15 所示)或按 F5 功能键，程序将在执行到第一个断点时暂停，这时在“局部变量”窗格中可以查看有关变量的值。再按 F5 功能键，程序继续往下执行，并在执行到第二个断点时暂停，以此类推。

(3) 按 Shift+F5 快捷键，程序将停止调试，回到正常的运行状态。

3. 单步执行

在调试过程中，当程序执行到某个位置时，如果发现结果已经不正确了，那么说明在此之前一定有错误存在。如果能够确定某一小段程序有错，我们就可以使用前面介绍的方法将程序暂停在这一小段程序的头一行，输入若干变量，然后单步执行，一次执行一行语句，逐行检查，从而找出错误并进行修改。单步执行时，可单击“调试”工具条中的“逐语句”按钮，如图 1-19

所示，也可按 F10 功能键。当遇到自定义函数调用时，如果想进入函数内部并单步执行，可单击“调试”工具条中的“逐语句”按钮或按 F11 功能键。要想结束函数的单步执行，可单击“调试”工具条中的“跳出”按钮或按 Shift+F11 快捷键。对于不是函数调用的语句来说，F11 功能键和 F10 功能键的作用相同，但一般对于系统函数不要按 F11 功能键。

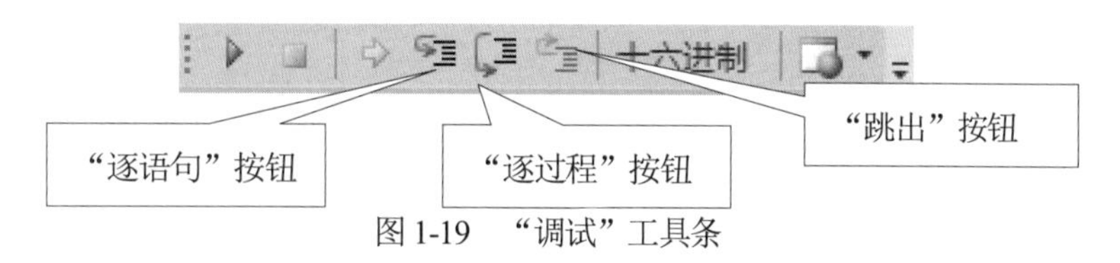

图 1-19　“调试”工具条

上面只对 Visual C++ 2010 中的主要功能进行了介绍，对于其他功能，读者可以自行练习或参考有关 Visual C++ 2010 的使用手册。

第 2 章　实 验 内 容

本章给出了 11 个实验，每个实验所需学时及其与主教材《计算机基础与 C 语言程序设计(第四版)》(以下简称“主教材”)中各章的对应关系如表 2-1 所示。

表 2-1　每个实验所需学时及其与主教材中各章的对应关系

序　号	题　目	学　时	主 教 材
实验一	熟悉 VC 环境	2	第 2 章
实验二	数据类型	2	第 3 章
实验三	运算符和表达式	2	第 4 章
实验四	选择结构	2	第 5 章
实验五	循环结构	4	第 5 章
实验六	数组	4	第 6 章
实验七	函数	4	第 7 章
实验八	指针	4	第 9 章
实验九	结构体	4	第 10 章
实验十	文件	4	第 11 章
实验十一	综合设计	4	各章

教师可根据实际情况选取实验项目以及其中的内容。

实验一　熟悉 VC 环境

1. 实验目的

(1) 熟悉 Visual C++ 2010 集成环境。

(2) 通过编辑和运行给出的程序，掌握如何在计算机上编辑、编译、链接和运行 C 程序。

2. 实验准备

(1) 阅读主教材第 2 章的主要内容。

(2) 阅读本书第一篇第 1 章的主要内容。

(3) 了解实验内容。

3. 实验内容

(1) 程序改错：改正下面程序中的错误，将运行正确的程序存盘，文件名为 ex1_1.c。程序的功能是求两个整数的乘积。程序在运行时会输出提示信息“Input a, b:”，当输入 3 和 5 时，输出 p=15。

程序如下：

```
#include<stdio.h>
int main()
{
 /*******found********/
   int a,b;
   printf("Input a,b:");
 /******found********/
   scanf("%d%d,&a,&b");
   p=a*b;          /*  “*” 为乘法运算符  */
   printf("p=%d\n",p);
   return 0;
}
```

注意：注释部分/*******found********/表示修改下方代码中的错误。

(2) 程序填空：下面是求两个实数相除的程序，请填空并使程序运行正确，以文件名 ex1_2.c 存盘。当输入 3 和 2 时，输出 c=1.500000。

程序如下：

```
#include<stdio.h>
int main()
{
   float a,b,c;
   scanf( ______1______ );
```

```
    c=a/b;      /* “/” 是除法运算符 */
    printf( ______2______ );
    return 0;
}
```

(3) 编写程序：输入立方体的长、宽、高，输出其体积。
(4) 编写程序：输入圆的半径，输出其面积。

实验二　数据类型

1. 实验目的

(1) 通过实验加深对数据类型的理解，熟悉整型、字符型和实型变量的用法。
(2) 掌握格式输入输出函数的用法。
(3) 进一步熟悉 C 程序的编辑、编译、链接和运行过程。

2. 实验准备

(1) 阅读主教材第 3 章的有关内容。
(2) 阅读本书第一篇第 1 章的主要内容。
(3) 了解实验内容。

3. 实验内容

(1) 程序改错：改正下面程序中的错误，使程序运行正确。程序的功能是：输入一个大写字母，输出对应的小写字母。例如，当输入 A 时，输出 a。

程序如下：

```
/*******found*********/
include<stdio.h>
int main()
{
    char c1,c2;
    printf("c1=?\n");
    /********found*********/
    getchar(c1);
    c2=c1+32;       /* 小写字母的 ASCII 码值比对应的大写字母大 32 */
    printf("%c\n",c2);
    return 0;
}
```

(2) 程序填空：以下程序的功能是，输入一个十进制整数，输出对应的八进制数和十六进制数，请填空并使程序运行正确。例如，当输入 26 时，输出 032 和 0x1a。

程序如下：

```
#include<stdio.h>
int main()
{
   int a;
   printf("Please input a number:");
   scanf("__1__",&a);
   printf("____2____\n",a,a);
   return 0;
}
```

(3) 编写程序，输出各基本数据类型的长度(字节数)。

(4) 编写程序，已知直角三角形的两条直角边，求斜边的长度。

实验三　运算符和表达式

1. 实验目的

(1) 通过实验加深对运算符及表达式的理解。

(2) 掌握自动类型转换规则和强制类型转换方法。

(3) 掌握运算符的优先级和结合性。

(4) 理解表达式的求解过程。

2. 实验准备

(1) 阅读主教材第 4 章的有关内容。

(2) 了解实验内容。

3. 实验内容

(1) 程序改错：以下程序的功能是，如果输入大写字母，则输出对应的小写字母；如果输入的是其他字符，则原样输出。改正错误，使程序运行正确。

程序如下：

```
#include <stdio.h>
int main()
{
   char ch1,ch2;
   printf("Input a capital letter:");
   ch1=getchar();
   /**********found**********/
   ch2= 'A'<=ch1<='Z'?ch1+32:ch1;
   putchar(ch2);
   putchar('\n');
```

```
    return 0;
}
```

(2) 程序填空：以下程序的功能是，输入一个两位的整数，按倒序输出。例如，如果输入 56，则输出 65。请填空，使程序运行正确。

程序如下：

```
#include <stdio.h>
int main()
{
    int n,k;
    printf("Input a number:");
    scanf("%d",&n);
    k=_______+n/10;
    printf("%d\n",k);
    return 0;
}
```

(3) 编写程序：输入两个整数，输出它们的和、差、积、商、余数。

(4) 编写程序：输入一个 3 位的整数，求各位上的数字之和。例如，如果输入 312，则输出 6。

实验四　选择结构

1. 实验目的

(1) 通过实验加深对结构化程序设计的理解。

(2) 掌握 if 和 if-else 语句的使用方法。

(3) 掌握 switch 语句的使用方法。

2. 实验准备

(1) 阅读主教材第 5 章的有关内容。

(2) 了解实验内容。

3. 实验内容

(1) 程序改错：以下程序的功能是，输入学生的成绩，将它们转换成 Good、Pass、Fail 并输出。转换规则是：80~100 为 Good，60~79 为 Pass，0~59 为 Fail。改正错误，直到程序运行正确为止。

程序如下：

```
#include<stdio.h>
int main()
{ float score;
```

```
printf("Please input score:\n");
scanf("%f",&score);
printf("score=%f\n",score);
/******found*******/
switch(score/10)
{ case 0:
   case 1:
   case 2:
   case 3:
   case 4:
   /********* found *********/
   case 5: printf("Fail\n");
   case 6:
   /********* found *********/
   case 7: printf("Pass\n");
   case 8:
   case 9:
   case 10: printf("Good\n");
  }
  return 0;
}
```

(2) 程序填空：输入 x 的值，按下式计算 y 的值并输出结果。

$$y=\begin{cases}-1 & x<0\\ 0 & x=0\\ 1 & x>0\end{cases}$$

程序如下：

```
#include<stdio.h>
int main()
{   double x;
    int y;
    scanf("___1___", &x);
    if( __2__ ) y=-1;
    else if( __3__ ) y=0;
        else y=1;
   printf("y=%d\n",y);
   return 0;
}
```

(3) 程序设计：使用 if 语句编写程序，输入 x 的值，按下式计算 y 的值并输出。

$$y=\begin{cases}x^2+10 & 0\leqslant x\leqslant 8\\ x^3-10 & x<0\text{或}x>8\end{cases}$$

(4) 程序设计：输入一个 3 位的正整数，找出使用其中各位上的数字所能组成的最大数和最小数。例如，如果输入 528，则最大数为 852、最小数为 258。

实验五　循环结构

1. 实验目的

(1) 通过实验加深对结构化程序设计的理解。
(2) 掌握 while、for 和 do-while 语句的使用方法。
(3) 学会使用顺序结构、选择结构和循环结构编写一般程序。

2. 实验准备

(1) 阅读主教材第 5 章的有关内容。
(2) 了解实验内容。

3. 实验内容

(1) 程序改错：以下程序的功能是，求数字 1~100 的和，也就是计算 1+2+3+…+100。改正错误，使程序运行正确，输出结果为 sum=5050。

程序如下：

```
#include<stdio.h>
int main()
{
 /********found*********/
   int i,sum;
   i=1;
   while(i<=100)
 /********found********/
   sum=sum+i;
 /*********found*******/
   i++;
   printf("sum=%d\n",sum);
   return 0;
}
```

(2) 程序改错：输入一个整数，计算它是一个几位数。例如，如果输入 123123，则输出 n=6。改正错误，直到程序运行正确为止。

程序如下：

```
#include<stdio.h>
int main()
{ long x;
```

```
   int n=0;
   printf("input x=");
 /********found********/
   scanf("%d",&x);
    do
    {   n++;
        x/=10;
 /********found*******/
    }while(x=0);
    printf("n=%d\n",n);
}
```

(3) 程序填空：计算数字的阶乘，如果输入6，则输出6!=720。
程序如下：

```
#include<stdio.h>
int main()
{   int i,n;
    long np;
    printf("Input a number:");
    scanf("%d",&n);
  ______1______
    for(i=2;i<=n;i++)
  ______2________
    printf("%d!=%ld\n",n,np);
    return 0;
}
```

(4) 程序填空：求Fibonacci数列的前40项。Fibonacci数列如下：

1，1，2，3，5，8，13，21，…

Fibonacci数列的特点是：最前面的两项都为1，其余每一项都是前两项之和。
程序如下：

```
#include<stdio.h>
int main()
{   int i;
    long f1,  f2;
  ______1______;
    for(i=1;i<=20;i++)
  {   printf("%12ld%12ld",f1,f2);
      if(i%2==0)printf("\n");
      f1+=f2;
  _______2_______;
```

```
  }
  return 0;
}
```

(5) 编写程序，输入一个正整数 n，输出 2 与 n 之间的所有素数(要求 n 必须大于 2)。

(6) 使用循环语句编写程序，要求输出如下图形：

实验六　数组

1. 实验目的

(1) 通过实验掌握数组的使用方法。

(2) 学会使用数组编写一般程序。

2. 实验准备

(1) 阅读主教材第 6 章的有关内容。

(2) 了解实验内容。

3. 实验内容

(1) 程序改错：以下程序的功能是，输入 1，输出“1,2,4”。修改错误，使程序运行正确。程序如下：

```
#include<stdio.h>
int main()
/********found********/
{   int a(3);
    int i;
    printf("Please input a[0]:");
  /*********found********/
    scanf("%d",&a);
    for(i=1;i<3;i++)    a[i]=2*a[i-1];
  /**************found*****************/
    printf("%d, %d, %d\n",a);
    return 0;
}
```

(2) 程序改错：改正下面程序中的错误，使其完成以下功能——从键盘输入一行字符，统计其中有多少个单词，单词之间用空格分开。

程序如下：

```
#include<stdio.h>
int main()
{   char s[80],c1,c2;
    int i=0,num=0;
    printf("Please input a string:\n");
    gets(s);
  /*********found********/
    while(s[i]!='\n')
      {   c1=s[i];
          if(i==0) c2=' ';
          else c2=s[i-1];
        /***********found**********/
          if(c1!=' '&& c2!=' ') num++;
          i++;
      }
    printf("There are %d words.\n",num);
    return 0;
}
```

(3) 程序填空：以下程序的功能是，使用选择排序法对 5 个整数按升序进行排序。请填空并使程序运行正确。

程序如下：

```
#include <stdio.h>
#define N 5
int main()
{   int i, j, k, t, a[N];
    printf("Please input array a:\n");
    for(i=0;i<=N-1;i++) scanf("%d",&a[i]);
    for(i=0;i<N-1;i++)
        { ______1______
            for(j=i+1; ______2______ ;j++)
            if(a[j]<a[k]) k=j;
            if( ______3______ ){t=a[i];a[i]=a[k];a[k]=t;}
        }
    printf("output the sorted array:\n");
    for(i=0;i<=N-1;i++)   printf("%5d",a[i]);
    printf("\n");
    return 0;
```

```
}
```

(4) 程序填空：以下程序的功能是输出 26 个大写英文字母。请填空并使程序运行正确。程序如下：

```
#include <stdio.h>
int main (void)
 {   char string[27];
     int i;
     for(i=0; i< 26;____1____)
         string[i] = ____2____;
     ______3______;
     printf ("the array contains %s\n",______4______);
     return 0;
 }
```

(5) 编写程序，求一个 3×3 矩阵的主对角线上的元素之和。

(6) 编写程序，输出以下杨辉三角的前 10 行：

```
1
1    1
1    2    1
1    3    3    1
1    4    6    4    1
1    5    10   10   5    1
1    6    15   20   15   6    1
...
```

实验七　函数

1. 实验目的

(1) 掌握定义函数的方法。

(2) 掌握调用函数的方法。

(3) 学会使用函数编写程序。

2. 实验准备

(1) 阅读主教材第 7 章的有关内容。

(2) 了解实验内容。

3. 实验内容

(1) 程序改错：fac 函数的功能是求 *n* 的阶乘，也就是求 *n*!。请改正程序中的错误，使程序得出正确的运行结果。

程序如下：

```
#include <stdio.h>
int fac(int n)
/****found****/
{   int f;
    while(n>1)
      {   f*=n;
        /****found*******/
          n++;
      }
      return f;
}
int main()
{   int n;
    printf("Please input a number:");
    scanf("%d",&n);
    printf("%d!=%d\n",n,fac(n));
    return 0;
}
```

(2) 程序改错：fun 函数的功能是判断 *m* 是否为素数，若是返回 1，否则返回 0。main 函数的功能是：按每行 5 个输出 1 和 100 之间的全部素数。分析产生错误的原因并改正错误，直到程序的运行结果正确为止。

程序如下：

```
#include <stdio.h>
/****found******/
void fun( int n)
{   int i,k=1;
    if(n<=1) k=0;
    for(i=2;i<n;i++)
    /*****found****/
    if(n%i=0) k=0;
    return k;
}
int main()
{   int m,k=0;
    for(m=1;m<100;m++)
        /****found***/
        if(fun(m)==0)
        {   printf("%4d",m);k++;
            if(k%5==0) printf("\n");
```

```
    }
    return 0;
}
```

(3) 程序填空：已知直角三角形的两条直角边 a 和 b，求斜边 c。请填空并运行程序。
程序如下：

```
#include <stdio.h>
#include <math.h>
______1______ hypot(double a,double b)
{   double c;
    c=sqrt(a*a+b*b);
    return c;
}
int main()
{   double a,b;
    printf("Please input two numbers:");
    scanf("_____2_____",&a,&b);
    printf("%lf\n",hypot(a,b));
    return 0;
}
```

(4) 程序填空：通过函数的递归调用计算数字的阶乘。请填空并运行程序。
程序如下：

```
#include <stdio.h>
long power(int n)
{   long f;
    if(n>1)_______1_______;
    else f=1;
    return(f);
}
int main()
{   int n;
    long y;
    printf("input a integer number:\n");
    scanf("%d",&n);
    y= _______2_______;
    printf("%d!=%ld\n",n,y);
    return 0;
}
```

(5) 程序设计：编写 fun 函数，计算如下多项式。

$$s = 1 + x + \frac{x^2}{2!} + \frac{x^3}{3!} + \cdots + \frac{x^n}{n!}$$

请在 main 函数中调用 fun 函数。

(6) 程序设计：编写 fun 函数，求 n 以内(不包括 n)能同时被 3 与 7 整除的所有自然数之和的平方根 s 并作为函数值返回。请在 main 函数中调用 fun 函数。

实验八　指针

1. 实验目的

(1) 通过实验进一步掌握指针的概念和使用方法。

(2) 学会正确使用数组的指针、字符串的指针和函数的指针。

(3) 学会使用指针编写一般程序。

2. 实验准备

(1) 阅读主教材第 9 章的有关内容。

(2) 了解实验内容。

3. 实验内容

(1) 程序改错：在下面的程序中，fun 函数的功能是实现两个整数之间的交换。例如，给 a 和 b 分别输入 44 和 56，输出“a=56　b=44”。

请改正程序中的错误，使程序能得出正确的运行结果。

程序如下：

```
#include <stdio.h>
/********found********/
void fun(int a,int b)
{   int t;
    /********found********/
    t=b;
    b=a;
    a=t;
}
int main()
{
    int a, b;
    printf("Enter a,b: ");
    scanf("%d%d",&a,&b);
    fun(&a,&b);
    printf("a=%d b=%d\n",a,b);
    return 0;
```

```
}
```

(2) 程序改错：在下面的程序中，fun 函数的功能是从 *n* 名学生的成绩中统计出低于平均分的学生人数并作为函数值返回，平均分存放在形参 aver 指向的存储单元中。例如，如果输入的 5 名学生的成绩分别为 80、75.6、77、96 和 65.7，则低于平均分的学生人数为 3(平均分为 78.86)。请改正程序中的错误，使程序能得出正确的运行结果。

程序如下：

```
#include <stdio.h>
int fun(float *s,int n,float *aver)
{    float ave, t=0.0;
     int count=0,k,i;
     /**********found********/
     for(k=0;k<n;k++)  t=s[k];
     ave=t/n;
     for(i=0;i<n;i++)
          if(s[i]<ave)
               count++;
     /********found********/
     *aver=&ave;
     return count;
}
int main()
{   float s[30], aver;
     int m, i;
     printf("Please enter m: ");
     scanf("%d", &m);
     printf("Please enter %d mark:\n",m);
     for(i=0;i<m;i++)
          scanf("%f",s+i);
     printf("The number of students:%d\n",fun(s,m,&aver));
     printf("Ave=%.2f\n",aver);
     return 0;
}
```

(3) 程序填空：请补充 fun 函数，fun 函数的功能是返回字符数组中指定字符的个数，想要指定的字符可从键盘输入。例如，输入字符串 abcdaaf 和字符 a，程序将输出 3。

程序如下：

```
#include <stdio.h>
#define N 80
int fun(char s[],char ch)
{   int i=0,   n=0;
    while(____1____)
```

```
    {  if(____2____)  n++;
       i++;
    }
    ______3______;
}
int main()
{ int n;
  char str[N], ch;
  printf("Input a string:\n");
  gets(str);
  printf("Input a charactor:\n");
  scanf("%c",&ch);
  n=fun(str,ch);
  printf("number of %c: %d",ch,n);
  return 0;
}
```

(4) 程序填空：数组 str 全由大小写字母组成。请补充 fun 函数，fun 函数的功能是：把数组 str 中的字母转换成紧接着的下一个字母。例如，如果原来的字母为'z'或'Z'，就相应地转换成'a'或'A'。转换结果仍保存在原来的数组中。

程序如下：

```
#include <stdio.h>
#define N 80
void fun(char s[])
{   int i;
    for(i=0;____1____;i++)
    {   if(s[i]=='z'||s[i]=='Z')
            s[i]-=____2____;
        else
            s[i]+=____3____;
    }
}
int main()
{   char str[N];
    printf("Input a string:\n");
    gets(str);
    printf("original string :\n");
    puts(str);
    fun(str);
    printf("new string:\n");
    puts(str);
    return 0;
```

```
}
```

(5) 编写一个函数，功能是计算 n 门功课的平均分，将计算结果作为函数值返回。

(6) 编写一个函数，功能是删除一维数组中所有相同的数，仅保留其中一个。假设一维数组中的数已按从小到大的顺序排好，请将执行删除操作后的数组元素的个数作为函数值返回。

实验九　结构体

1. 实验目的

(1) 掌握结构体变量的定义和使用方法。
(2) 掌握结构体数组的使用方法。
(3) 学会使用结构体类型编写一般程序。

2. 实验准备

(1) 阅读主教材第 10 章的有关内容。
(2) 了解实验内容。

3. 实验内容

(1) 程序改错：输入 5 门功课的成绩，计算平均成绩并输出。请修改程序中的错误并进行调试。程序如下：

```
#include <stdio.h>
int main()
{   struct student
    {   double score[5], ave;
    /**********found**********/
    }stu
    int i;
    stu.ave=0;
    for(i=0;i<5;i++)
    /**********found**********/
    {   scanf("%f",&stu.score[i]);
        stu.ave+=stu.score[i]/5.0;
    }
    for(i=0;i<5;i++)
    printf("%6.1f", stu.score[i]);
    printf(" average=%6.1f\n",stu.ave);
    return 0;
}
```

(2) 程序改错：输入 3 个复数的实部和虚部，将它们存放到一个结构体数组中，根据复数的模，按照由大到小的顺序对这个结构体数组中的元素进行排序并输出。请改正程序中的错误，使程序能得出正确的运行结果。

程序如下：

```
#include <stdio.h>
#include <math.h>
int main()
/**********found**********/
{   complex
    {   double x, y, m; } a[3], temp;
    int i,j,k;
    for(i=0;i<3;i++)
      {   scanf("%lf%lf",&a[i].x,&a[i].y);
      /**************found**************/
          a[i]->m=sqrt(a[i].x*a[i].x+a[i].y*a[i].y);
      }
    for(i=0;i<2;i++)
      {   k=i;
          for(j=i+1;j<3;j++)
           if(a[k].m<a[j].m) k=j;
          temp=a[i]; a[i]=a[k]; a[k]=temp;
      }
    for(i=0;i<3;i++) printf("%.2f%+.2fi\n",a[i].x,a[i].y);
    return 0;
}
```

(3) 程序填空：以下程序的功能是读入一行字符，并按输入时的逆序建立一条链表——先输入的字符位于链表的末尾，然后按照与输入时相反的顺序输出这些字符，并释放全部节点。请填空并运行程序。

程序如下：

```
#include <stdio.h>
#include <stdlib.h>
int main( )
{   struct node
    {   char info;
        struct node *link;
     } *top, *p;
    char c;
   top=NULL;
   while((c=_____1_____) != '\n'   )
  {   p=(struct node *)malloc(sizeof(struct node));
      p->info=c;
      p->link=top;
```

```
    ______2______;
  }
  while( top )
  {  p=top;
     ______3______;
     putchar(p->info);
     free(p);
  }
  return 0;
}
```

(4) 程序填空：在下面的程序中，fun 函数的功能是对 N 名学生的学习成绩，按从高到低的顺序找出前 $m(m\leqslant10)$名学生，并将这些学生的信息存放到一块动态分配的连续存储区域，将这块存储区域的首地址作为函数值返回。请填空并运行程序。

程序如下：

```
#include<stdio.h>
#include<string.h>
#include<stdlib.h>
#define N 10
typedef struct ss
{  char num[10];
   int s;
}STU;
STU *fun(STU a[], int m)
{  STU b[N], *t;
   int i,j,k;
   t=  ______1______
   for(i=0; i<N;i++) b[i]=a[i];
   for(k=0; k<m;k++)
   {  for(i=j=0;i<N; i++)
            if(b[i].s>b[j].s)j=i;
         ______2______
      t[k].s=b[j].s;
      b[j].s=0;
   }
   return t;
}
int main()
{  STU a[N]={ {"A01",81},{"A02",89},{"A03",66},{"A04",87},{"A05",77},
              {"A06",90},{"A07",79},{"A08",61},{"A09",80},{"A10",71}};
   STU *porder;
   int i, m;
```

```
    printf("\nGive the number of the students who have better score: ");
    scanf("%d",&m);
    while(m>10)
    {   printf("\nGinve the number of the students who have better score: ");
        scanf("%d",&m);
    }
    porder=fun(a,m);
    printf("The top :\n");
    for(i=0; i<m; i++)
        printf(" %s    %d\n",porder[i].num,porder[i].s);
    free(porder);
    return 0;
}
```

(5) 编写程序：统计候选人的得票信息。假设有 3 名候选人，每次输入一个得票的候选人的姓名，要求最后输出所有候选人的得票信息。

(6) 编写程序：已知学生的记录由学号和学习成绩构成，*N* 名学生的记录已在 main 函数中被保存到一个结构体数组中。请编写一个函数，该函数的功能是找出成绩最低的那名学生的记录，然后通过形参返回给 main 函数(规定只有一个最低分)。

实验十　文件

1. 实验目的

(1) 通过实验进一步理解文本文件和二进制文件的概念及特点。
(2) 掌握文件的建立、读写和关闭方法。
(3) 熟悉顺序存取文件的方法。
(4) 了解随机存取文件的方法。

2. 实验准备

(1) 阅读主教材第 11 章的有关内容。
(2) 了解实验内容。

3. 实验内容

(1) 程序改错：从键盘输入一个字符串，将其中的小写字母全部转换成大写字母，然后输出到磁盘文件 test 中并进行保存。输入的字符串以!结束。请修改程序中的错误并进行调试。

程序如下：

```
#include "stdio.h"
#include "string.h"
int main()
```

```
{   FILE *fp;
    char str[100];
    int i=0;
    /*************found*************/
    fp=fopen("test.txt","r");
    printf("please input a string:\n");
    /**********found*********/
    gets(&str);
    while(str[i]!='!')
    {    if(str[i]>='a'&&str[i]<='z')
              str[i]=str[i]-32;
         fputc(str[i],fp);
         i++;
    }
    /*******found**********/
    fclose(*fp);
    fp=fopen("test.txt","r");
    fgets(str,strlen(str)+1,fp);
    printf("%s\n",str);
    fclose(fp);
    return 0;
}
```

(2) 程序改错：将若干学生的档案存放到一个文件中，并显示其中的内容。请修改程序中的错误并进行调试。

程序如下：

```
#include <stdio.h>
struct student
{   int num;
    char name[10];
    int age;
};
struct student stu[3]={{101,"Li Mei",18},{102,"Ji Hua",19},{103,"Sun Hao",18}};
int main()
{   struct student *p;
    /*********found*********/
    file fp;
    int i;
    fp=fopen("stu_list","wb");
    /**********found********/
    for(*p=stu;p<stu+3;p++)
```

```
    fwrite(p,sizeof(struct student),1,fp);
    fclose(fp);
    fp=fopen("stu_list","rb");
    printf(" No.   Name          age\n");
    for(i=1;i<=3;i++)
        {   fread(p,sizeof(struct student),1,fp);
            printf("%4d %-10s %4d\n",p->num,p->name,(*p).age);
        }
    fclose(fp);
    return 0;
}
```

(3) 程序填空：以下程序与文件操作有关，请填空并运行程序。

程序如下：

```
#include <stdio.h>
#include <stdlib.h>
int main()
{ /* 定义文件指针 fp */
    ____1____ *fp;
    char  filename[10];
    printf("Please input the name of file: ");
    scanf("%s", filename);  /* 输入字符串并赋给变量 filename */
  /* 以读的方式打开文件*/
    if((fp=fopen(filename, "r")) == NULL)
      {   printf("Cannot open the file.\n");
          ______2______;  /* 正常跳出程序 */
      }
/* 关闭文件 */
    ________3________;
    return 0;
}
```

(4) 程序填空：以下程序的功能是从键盘输入一个字符串，然后对这个字符串进行升序排列并输出到文件 test.txt 中，最后从 test.txt 文件中读出这个字符串并显示出来。请填空并运行程序。

程序如下：

```
#include<stdio.h>
#include<string.h>
#include <stdlib.h>
int main()
{  FILE *fp;
   char t,str[100];
   int n,i,j;
```

```
    if((fp=fopen("test.txt","w"))==NULL)
        { printf("can't open this file.\n");exit(0);}
    printf("input a string:\n");
    gets(str);
    _______1_______;
    for(i=0; i<n ;i++)
        for(j=0;_______2_______;j++)
            if(str[j]>str[j+1]) { t=str[j];str[j]=str[j+1];str[j+1]=t; }
    _______3_______;
    fclose(fp);
    fp=fopen("test.txt","r");
    fgets(str,100,fp);
    printf("%s\n",str);
    fclose(fp);
    return 0;
}
```

(5) 编写程序：求 Fibonacci 数列的前 40 项并将它们保存到一个文件中，然后从这个文件中读出数据并显示在屏幕上。Fibonacci 数列如下：

$$1，1，2，3，5，8，13，21，\cdots$$

Fibonacci 数列的前两项均为 1，之后的每一项都是前两项之和。

(6) 编写程序：有 5 名学生，每名学生的数据包括学号、姓名、成绩，从键盘输入这 5 名学生的数据，将它们存放到文件 stud.dat 中，然后将 stud.dat 文件中的数据读出并计算平均成绩，最后将数据显示在屏幕上。

实验十一　综合设计

1. 实验目的

(1) 通过实验了解较大程序的设计方法。
(2) 掌握结构化程序设计方法。

2. 实验准备

(1) 复习主教材各章的主要内容。
(2) 了解实验内容。

3. 实验内容

编写学生成绩管理程序。学生信息包括：学号、姓名、M门功课的成绩、总成绩、平均成绩。一名学生的信息称为一条记录，要求实现以下功能。

(1) 输入记录。
(2) 显示记录。
(3) 排序记录。
(4) 查询记录。

第3章 实验参考答案

实验一 熟悉 VC 环境

(1) 程序改错
第1处：将 int a,b;改为 int a,b,p;
第2处：将 scanf("%d%d,&a,&b");改为 scanf("%d%d",&a,&b);
(2) 程序填空
第1处填空："%f%f",&a,&b
第2处填空："c=%f\n",c
(3) 编写程序
计算立方体体积的程序如下：

```
#include<stdio.h>
int main()
{
   float a,b,c,v;
   printf("a,b,c=?\n");
   scanf("%f%f%f",&a,&b,&c);
   v=a*b*c;;
   printf("v=%f\n",v);
   return 0;
}
```

程序运行结果如下：

```
a,b,c=?
2 3 4↙
v=24.000000
```

(4) 编写程序
计算圆面积的程序如下：

```
#include<stdio.h>
int main()
```

```
{
   float r,s;
   printf("r=?");
   scanf("%f",&r);
   s=3.141592*r*r;
   printf("s=%f\n",s);
   return 0;
}
```

程序运行结果如下：

```
r=?1↙
s=3.141592
```

实验二　数据类型

(1) 程序改错

第 1 处：开头加#

第 2 处：将 getchar(c1);改为 c1=getchar();

(2) 程序填空

第 1 处填空：%d

第 2 处填空：%#o,%#x

(3) 编写程序

程序如下：

```
#include<stdio.h>
int main()
{
   printf("char:%d\n",sizeof(char));
   printf("short:%d\n",sizeof(short));
   printf("int:%d\n",sizeof(int));
   printf("long:%d\n",sizeof(long));
   printf("float:%d\n",sizeof(float));
   printf("double:%d\n",sizeof(double));
   return 0;
}
```

程序运行结果如下：

```
char:1
short:2
int:4
long:4
float:4
```

```
double:8
```

(4) 编写程序

程序如下：

```
#include<stdio.h>
#include<math.h>
int main()
{
   float a,b,c;
   scanf("%f%f",&a,&b);
   c=sqrt(a*a+b*b);
   printf("\n%f\n",c);
   return 0;
   }
```

程序运行结果如下：

```
3  4↙
5.00000
```

实验三　运算符和表达式

(1) 程序改错

将 ch2= 'A'<=ch1<='Z'改为 ch2=ch1>='A' && ch1<='Z'

(2) 程序填空

n%10*10

(3) 编写程序

程序如下：

```
#include<stdio.h>
int main()
{
   int a,b;
   printf("Input two numbers:");
   scanf("%d%d",&a,&b);
   printf("%d+%d=%d\n",a,b,a+b);
   printf("%d-%d=%d\n",a,b,a-b);
   printf("%d*%d=%d\n",a,b,a*b);
   printf("%d/%d=%d\n",a,b,a/b);
   printf("%d%%%d=%d\n",a,b,a%b);
   return 0;
}
```

程序运行结果如下：

```
Input two numbers:12 10↙
12+10=22
12-10=2
12*10=120
12/10=1
12%10=2
```

(4) 编写程序

程序如下：

```
#include<stdio.h>
int main()
{   int a,b;
    printf("a=?");
    scanf("%d",&a);
    b=a/100+a%100/10+a%10;
    printf("b=%u\n",b);
    return 0;
}
```

程序运行结果如下：

```
a=?123↙
b=6
```

实验四　选择结构

(1) 程序改错

第 1 处：将 score/10 改为(int)score/10

第 2 处：加 break;

第 3 处：加 break;

(2) 程序填空

第 1 处填空：%lf

第 2 处填空：x<0

第 3 处填空：x= =0

(3) 编写程序

程序如下：

```
#include<stdio.h>
int main()
{   float x,y;
    printf("Input x:");
```

```
    scanf( "%f", &x);
    if(x>=0&&x<=8)y=x*x+10;
    else y=x*x*x-10;
    printf("y=%f\n",y);
    return 0;
}
```

程序运行结果如下：

```
Input x:4↙
y=26.000000
Input x:-3↙
y=-37.000000
```

(4) 编写程序

程序如下：

```
#include<stdio.h>
int main()
{   int x,max,mid,min,maxnum,minnum,t;
    printf("Input a number:");
    scanf( "%d", &x);
    max=x/100;
    mid=x%100/10;
    min=x%10;
    if(max<mid){t=max;max=mid;mid=t;}
    if(max<min){t=max;max=min;min=t;}
    if(mid<min){t=mid;mid=min;min=t;}
    maxnum=max*100+mid*10+min;
    minnum=min*100+mid*10+max;
    printf("maxnum=%d\nminnum=%d\n",maxnum,minnum);
    return 0;
}
```

程序运行结果如下：

```
Input a number:528↙
maxnum=852
minnum=258
```

实验五　循环结构

(1) 程序改错

第 1 处：将 sum 改为 sum=0

第 2 处：将 sum=sum+i;改为{ sum=sum+i;

第 3 处：将 i++;改为 i++;}

(2) 程序改错

第 1 处：将%d 改为%ld

第 2 处：将 x=0 改为 x!=0

(3) 程序填空

第 1 处填空：np=1;

第 2 处填空：np=np*i;

(4) 程序填空

第 1 处填空：f1=f2=1 或 f1=1;f2=1

第 2 处填空：f2+=f1 或 f2=f2+f1

(5) 编写程序

程序如下：

```
#include <stdio.h>
#include <math.h>
int main()
{   int N,n,i,k,flag,count=0;
    printf("input N:");
    scanf("%d",&N);
    for(n=2;n<=N;n++)
      {   flag=1;
          k=sqrt(n);
          for(i=2;i<=k;i++)
              if(n%i==0) {flag=0; break;}
          if(flag==1)
          {   printf("%5d",n); count++;
              if(count%10==0) printf("\n");
          }
      }
      printf("\n");
    return 0;
}
```

程序运行结果如下：

```
input N:20↙
    2    3    5    7   11   13   17   19
```

(6) 编写程序

程序如下：

```
#include <stdio.h>
int main()
{   int n,i,j;
    for(i=1;i<=6;i++)
        {   for(j=1;j<=6-i;j++) putchar(' ');
            for(j=1;j<=6;j++) putchar('*');
            putchar('\n');
        }
    return 0;
}
```

程序运行结果如下：

```
     ******
    ******
   ******
  ******
 ******
******
```

实验六　数组

(1) 程序改错

第 1 处：将 a(3)改为 a[3]

第 2 处：将&a 改为&a[0]或 a

第 3 处：将 a 改为 a[0],a[1],a[2]

(2) 程序改错

第 1 处：将'\n'改为'\0'

第 2 处：将 c2!=' '改为 c2==' '

(3) 程序填空

第 1 处填空：k=i;

第 2 处填空：j<=N-1

第 3 处填空：i!=k

(4) 程序填空

第 1 处填空：i++

第 2 处填空：'A'+i

第 3 处填空：string[i]='\0'

第 4 处填空：string

(5) 编写程序

程序如下：

```
#include <stdio.h>
int main()
 {   int i,j,a[3][3],sum=0;
     printf("Please input 3×3 array:\n");
     for(i=0;i<3;i++)
         for(j=0;j<3;j++)
             scanf("%d",&a[i][j]);
     for(i=0;i<3;i++) sum=sum+a[i][i];
     printf("sum=%d\n",sum);
     return 0;
}
```

程序运行结果如下：

```
Please input 3×3 array:
1  2  3↙
4  5  6↙
7  8  9↙
sum=15
```

(6) 编写程序

程序如下：

```
#include <stdio.h>
int main()
 {   int i,j,a[10][10]={0};
     for(i=0;i<10;i++)
        {   a[i][0]=1;
            a[i][i]=1;
         }
     for(i=2;i<10;i++)
         for(j=1;j<i;j++)
             a[i][j]=a[i-1][j-1]+a[i-1][j];
     for(i=0;i<10;i++)
        {   for(j=0;j<=i;j++)
                printf("%4d",a[i][j]);
            printf("\n");
        }
   return 0;
}
```

程序运行结果如下：

```
1
1   1
```

```
1   2   1
1   3   3   1
1   4   6   4   1
1   5  10  10   5   1
1   6  15  20  15   6   1
1   7  21  35  35  21   7   1
1   8  28  56  70  56  28   8  1
1   9  36  84 126 126  84  36  9   1
```

实验七　函数

(1) 程序改错
第 1 处：将 int f 改为 int f=1
第 2 处：将 n++改为 n--
(2) 程序改错
第 1 处：将 void 改为 int
第 2 处：将 n%i=0 改为 n%i==0
第 3 处：将 fun(m)==0 改为 fun(m)==1 或 fun(m)
(3) 程序填空
第 1 处填空：double
第 2 处填空：%lf%lf
(4) 程序填空
第 1 处填空：f=n*power(n -1)
第 2 处填空：power(n)
(5) 编写程序
程序如下：

```
#include <stdio.h>
double fun(double x, int n)
{   double s=1.0,p=1.0;
    int i,j,t=1;
    for(i=1; i<=n; i++)
    {   t=t*i;
        p=p*x;
        s=s+p/t;
    }
    return s;
}
int main()
{
   printf("%f\n", fun(0.3,10));
```

```
    return 0;
}
```

程序运行结果如下：

```
1.349859
```

(6) 编写程序

程序如下：

```
#include <math.h>
#include <stdio.h>
double fun( int n)
{   double s=0.0;
    int i;
    for(i=1; i<n; i++)
    if(i%3==0&&i%7==0) s=s+i;
    s=sqrt(s);
    return s;
}
main()
{   printf("s=%f\n",fun(1000));
    return 0;
}
```

程序运行结果如下：

```
s=153.909064
```

实验八　指针

(1) 程序改错

第 1 处：void fun(int a,int b)应改为 void fun(int*a,int*b)

第 2 处：t=b;b=a;a=t;应改为 t=*b;*b=*a;*a=t;

(2) 程序改错

第 1 处：t=s[k];应改为 t+=s[k];

第 2 处：*aver=&ave;应改为*aver=ave;

(3) 程序填空

第 1 处填空：s[i]

第 2 处填空：s[i]==ch

第 3 处填空：return n

(4) 程序填空

第 1 处填空：s[i]!='\0'

第 2 处填空：25

第 3 处填空：1

(5) 编写程序

程序如下：

```
#include <stdio.h>
float fun (float *a, int n)
{   float ave=0.0;
    int i;
    for(i=0; i<n; i++) ave+=a[i];
    ave/=n;
    return ave;
}
int main()
{   float score[30]={90.5,72,80,61.5,55}, aver;
    aver=fun(score,5);
    printf("Average score is:%5.2f\n",aver);
    return 0;
}
```

程序运行结果如下：

```
Average score is:71.80
```

(6) 编写程序

程序如下：

```
#include <stdio.h>
#define N 80
int fun(int a[],int n)
{   int i,t,j=0,*p=a;
    t=p[0];
    for(i=1; i<n; i++)
        if(t!=p[i]) {a[j]=t; t=p[i]; j++; }
    if(i>=n) a[j]=t;
    return j+1;
}
int main()
{   int a[N]={2,2,2,3,4,4,5,6,6,6,6,7,7,8,9,9,10,10,10,10}, i,n=20;
    printf("The original data :\n");
    for(i=0; i<n; i++) printf("%3d",a[i]);
    n=fun(a,n);
    printf("\nThe data after deleted :\n");
    for(i=0;i<n;i++) printf("%3d",a[i]);
```

```
    printf("\n ");
    return 0;
}
```

程序运行结果如下：

```
The original data :
2  2  2  3  4  4  5  6  6  6  6  7  7  8  9  9 10 10 10 10
The data after deleted :
2  3  4  5  6  7  8  9  10
```

实验九　结构体

(1) 程序改错

第 1 处：句末加分号;

第 2 处：%f 应改为%lf

(2) 程序改错

第 1 处：complex 应改为 struct complex

第 2 处：a[i]->m 应改为 a[i].m

(3) 程序填空

第 1 处填空：getchar()

第 2 处填空：top=p

第 3 处填空：top=p->link

(4) 程序填空

第 1 处填空：(STU*)malloc(sizeof(STU)*m);

第 2 处填空：strcpy(t[k].num,b[j].num);

(5) 编写程序

程序如下：

```
#include<stdio.h>
#include<string.h>
#define N 10
struct person
{ char name[20];
   int count;
}leader[3]={"wang",0,"liu",0,"li",0};
int main()
{   int i,j;
    char lname[20];
    printf("Please enter selected person's name:\n");
    for(i=1;i<=N;i++)
```

```
    {   gets(lname);
        for(j=0;j<3;j++)
            if(strcmp(lname,leader[j].name)==0)
                leader[j].count++;
    }
    printf("The result:\n");
    for(i=0;i<3;i++)
        printf("%5s:%d\n",leader[i].name,leader[i].count);
    return 0;
}
```

程序运行结果如下：

```
wang↙
wang↙
li↙
liu↙
li↙
wang↙
liu↙
liu↙
li↙
wang↙
The result:
wang:4
  liu:3
   li:3
```

(6) 编写程序

程序如下：

```
#include <stdio.h>
#include <string.h>
#define N 10
typedef struct ss
{   char num[10];
    int s;
}STU;
void fun(STU a[], STU *s)
{   int i,min;
    min=a[0].s;
    for(i=0; i<N; i++)
        if(a[i].s<min)
        {   min=a[i].s;
```

```
            *s=a[i];
        }
}
int main()
{   STU a[N]={ {"A01",81},{"A02",89},{"A03",66},{"A04",87},{"A05",77},
               {"A06",90},{"A07",79},{"A08",61},{"A09",80},{"A10",71}}, m ;
    int i;
    printf("**** The original data *****\n");
    for(i=0;i<N; i++)
        printf("N0=%s Mark=%d\n", a[i].num,a[i].s);
    fun(a,&m);
    printf("***** The result *****\n");
    printf("The lowest : %s ,%d\n", m.num, m.s);
    return 0;
}
```

程序运行结果如下：

```
**** The original data *****
N0=A01 Mark=81
N0=A02 Mark=89
N0=A03 Mark=66
N0=A04 Mark=87
N0=A05 Mark=77
N0=A06 Mark=90
N0=A07 Mark=79
N0=A08 Mark=61
N0=A09 Mark=80
N0=A10 Mark=71
***** The result *****
The lowest :A08 ,61
```

实验十　文件

(1) 程序改错

第 1 处："r"应改为"w"

第 2 处：&str 应改为 str

第 3 处：*fp 应改为 fp

(2) 程序改错

第 1 处：file fp;应改为 FILE *fp;

第 2 处：*p=stu 应改为 p=stu

(3) 程序填空

第 1 处填空：FILE

第 2 处填空：exit(0)

第 3 处填空：fclose(fp)

(4) 程序填空

第 1 处填空：n=strlen(str)

第 2 处填空：j<n-i-1

第 3 处填空：fputs(str,fp)

(5) 编写程序

程序如下：

```
#include<stdio.h>
int main()
{   long f1=1,f2=1;
    int i;
    FILE *fp;
    if((fp=fopen("fib.txt","w+"))==NULL)
      {   printf("can't open this file.\n");exit(0);}
    for(i=1;i<=20;i++)
    {
        fprintf(fp,"%15ld%15ld",f1,f2);
        if(i%2==0) fprintf(fp,"\n");
        f1=f1+f2;
        f2=f2+f1;
    }
   rewind(fp);
   printf("\n");
    for(i=1;i<=40;i++)
    {
       fscanf(fp,"%ld",&f1);
       printf("%15ld",f1);
       if(i%4==0)printf("\n");
    }
    fclose(fp);
   return 0;
}
```

(6) 编写程序

程序如下：

```
#include<stdio.h>
#define N 5
struct stu
{   int num;
```

```
    char name[10];
    float score;
}st,*sp;
int main()
{   FILE *fp;
    int i;
    float x,ave=0;
    sp=&st;
    fp=fopen("stud.dat","wb+");
    printf("input number name score of %d students:\n",N);
    for(i=0;i<N;i++)
      {   scanf("%d%s%f",&sp->num,sp->name,&x);
          sp->score=x;
          fwrite(sp,sizeof(struct stu),1,fp);
      }
    rewind(fp);
    printf("\nnumber       name          score\n");
    for(i=0;i<N;i++)
       {   fread(sp,sizeof(struct stu),1,fp);
           printf("%-10d%-10s%-10.0f\n",sp->num,sp->name,sp->score);
           ave=ave+sp->score;
       }
    ave=ave/N;
    printf("average=%.0f\n",ave);
    fclose(fp);
    return 0;
}
```

实验十一　综合设计

分析：从题目要求可知，每一名学生的记录包括 5 个属性——学号、姓名、*M* 门功课的成绩、总成绩和平均成绩。每个属性需要使用不同的数据类型来表示，学号可以用整数表示，姓名必须用字符串表示，每科成绩可用整数表示，*M* 门功课的成绩可用整型数组表示，总成绩可用整数表示，平均成绩用实数表示。因此，每一名学生的记录可用结构体表示。

程序如下：

```
struct student
{  int number;
   char name[15];
   int score[M];
   int sum;
   float average;
```

```
}
```

根据题目要求，可编写 4 个函数来分别完成相应的功能。同时为了方便用户使用，还可编写一个供用户选择功能的 Menu 函数。本题选择使用简单的字符界面作为操作菜单。菜单的形式确定后，从程序设计角度画出系统结构图，如图 3-1 所示。

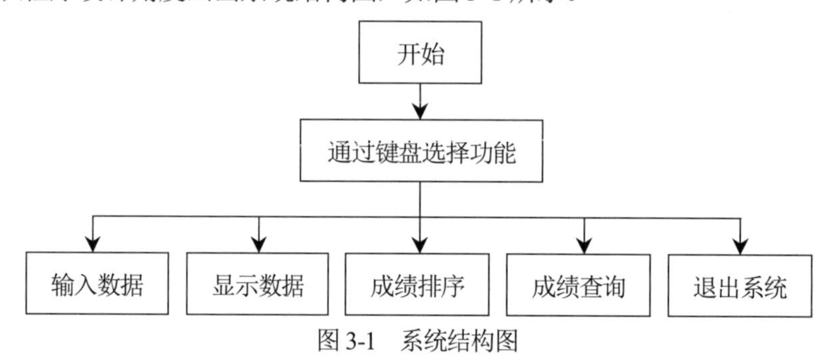

图 3-1 系统结构图

根据以上分析，可编写如下程序：

```
#include<stdio.h>
#include<stdlib.h>
#include<conio.h>
#define N 3                 /* 学生人数 */
#define M 2                 /* 功课数 */
struct student
{
  int number;               /* 学号 */
  char name[15];            /* 姓名 */
  int score[M];             /* M 门功课的成绩 */
  int sum;                  /* 总成绩 */
  float average;            /* 平均成绩 */
};
typedef struct student STU;
/*   Output 函数
     功能：输出 n 名学生的信息
     参数：指向结构体数组的指针 pt 表示想要输出的学生信息的起始地址
     返回值：无
*/
void Output(STU *pt, int n)
{
  STU *p;
  int i;
  printf("%8s%10s","number","name"); /* 以下三行输出表头 */
  for(i=0;i<M;i++)
  printf("%7s%d","score",i+1);
  printf("%8s%8s\n","sum","average");
  for(p=pt;p<pt+n;p++)           /* 输出 n 名学生的信息 */
```

```
  {
     printf("%8d%10s",p->number,p->name);
     for(i=0;i<M;i++)
        printf("%8d",p->score[i]);
     printf("%8d%8.1f\n",p->sum,p->average);
  }
}
/*  Input 函数
    功能：从键盘输入学生信息
    参数：指向结构体数组的指针 pt 表示想要输入的学生信息的起始地址
    返回值：无
*/
void Input(STU *pt)
{
  int i;
  STU *p;
  for(p=pt;p<pt+N;p++)
  {
     printf("\n Input number of student:");
     scanf("%d",&p->number);
     printf("\n Input name:");
     scanf("%s",p->name);
     p->sum=0;
     for(i=0;i<M;i++)
     {
        printf("\n Input score%d:",i+1);
        scanf("%d",p->score+i);
        p->sum+=*(p->score+i);
     }
     p->average=p->sum/(float)M;
  }
}
/*  Sort 函数
    功能：使用选择排序法按总成绩由高到低进行排序
    参数：pt 表示指向结构体数组中第一个元素的指针
    返回值：无
*/
void Sort(STU *pt)
{
  int i,j,k;
  STU temp;
  for(i=0;i<N;i++)
  {
     k=i;
     for(j=i;j<N;j++)
```

```
            if((pt+j)->sum>(pt+k)->sum) k=j;
        if(k!=i)
        {
            temp=*(pt+k);
            *(pt+k)=*(pt+i);
            *(pt+i)=temp;
        }
    }
}
/*  Find 函数
    功能：按学号查找学生
    参数：pt 表示指向结构体数组中第一个元素的指针
    返回值：无
*/
void Find(STU *pt)
{
  int i,k=-1,n;
  printf("Please input the number you want to search:");
  scanf("%d",&n);
  for(i=0;i<N;i++)
      if((pt+i)->number==n) k=i;
  if(k==-1)
      printf("\n Not found!\n");
  else
      Output(pt+k,1);
}
/*  Menu 函数
    功能：显示菜单并获知用户通过键盘选择的功能
    参数：无
    返回值：用户通过键盘输入的字符
*/
char Menu(void)
{
  system("cls");      /* 清屏函数 */
  printf("\n**********************************\n");
  printf("            1. Input record\n");
  printf("            2. List record\n");
  printf("            3. Sort record\n");
  printf("            4. Find record\n");
  printf("            5. Exit \n");
  printf("**********************************\n");
  printf("Input your choice:\n");
  return getch();
}
int main()                  /* 主程序 */
```

```
{
  STU stu[N];
  while(1)
  {
    switch(Menu())          /* 显示菜单并获得用户输入的字符 */
    {
    case '1':
      Input(stu);           /* 输入学生信息 */
      break;
    case '2':
      Output(stu,N);        /* 显示学生信息 */
      break;
    case '3':
      Sort(stu);            /* 排序 */
      printf("Sorted result\n");
      Output(stu,N);        /* 显示排序结果 */
      break;
    case '4':
      Find(stu);            /* 查找学生信息 */
      break;
    case '5':
      exit(0);              /* 退出程序 */
      break;
    default:
      break;
    }
  printf("\nPress any key to menu");
     getch();
  }
  return 0;
}
```

程序运行后将会出现以下菜单：

```
*********************************
        1. Input record
        2. List record
        3. Sort record
        4. Find record
        5. Exit
*********************************
Input your choice:
```

用户通过键盘输入 1，屏幕上将出现如下信息：

```
Input number of student:1↙
```

```
Input name:LiuMing↙
Input score1:78↙
Input score2:80↙
Input number of student:2↙
Input name:WingLi↙
Input score1:60↙
Input score2:90↙
Input number of student:3↙
Input name:ZhangHong↙
Input score1:77↙
Input score2:88↙
Press any key to menu
```

按任意键，返回菜单，通过键盘选择 2，屏幕上将显示 3 名学生的信息：

```
number    name     score1   score2   sum    average
     1  LiMing        78       80    158      79.0
     2  WangLi        60       90    150      75.0
     3  ZhangHong     77       88    165      82.5
Press any key to menu
```

按任意键，返回菜单，通过键盘选择 3，屏幕上将显示如下信息：

```
Sorted result
number    name     score1   score2   sum   average
   3    ZhangHong    77       88     165    82.5
   1    LiMing       78       80     158    79.0
   2    WangLi       60       90     150    75.0
Press any key to menu
```

按任意键，返回菜单，通过键盘选择 4，屏幕上将显示如下信息：

```
Please input the number you want to search:
```

按任意键，通过键盘选择 2，屏幕上将显示以下信息：

```
number    name    score1   score2   sum   average
     2   WangLi     60       90     150    75.0
Press any key to menu
```

按任意键，返回菜单，通过键盘选择 5，便可退出程序。

程序说明：程序所能管理的学生人数 N 和功课数 M 是在程序中确定的，想要调整的话，就必须修改程序，这正是静态结构体数组的致命缺陷。为了解决这个问题，我们需要使用动态链表结构。

第二篇

《计算机基础与C语言程序设计(第四版)》习题解答

第1章 习题解答

一、选择题

1. 完整的计算机系统包括________两大部分。

A) 控制器和运算器　　B) CPU 和 I/O 设备

C) 硬件和软件　　D) 操作系统和计算机设备

答案：C

2. 计算机硬件系统包括________。

A) 内存储器和外部设备　　B) 显示器、机箱和键盘

C) 主机和外部设备　　D) 主机和打印机

答案：C

3. 计算机软件系统包括________。

A) 操作系统和语言处理系统　　B) 数据库软件和管理软件

C) 程序和数据　　D) 系统软件和应用软件

答案：D

4. 银行的储蓄程序属于________。

A) 表格处理软件　　B) 系统软件

C) 应用软件　　D) 文字处理软件

答案：C

5. 系统软件中最重要的是________。

A) 解释程序　　B) 操作系统

C) 数据库管理系统　　D) 工具软件

答案：B

6. 计算机能直接执行________。

A) 使用高级语言编写的源程序　B) 机器语言程序
C) 英语程序　D) 十进制程序

答案：B

7. 将高级语言翻译成机器语言的方式有________两种。

A) 解释方式和编译方式　B) 文字处理和图形处理
C) 图像处理和翻译　D) 语音处理和文字编辑

答案：A

8. “程序存储思想”是由________提出来的。

A) 丹尼尔·里奇　B) 冯·诺依曼　C) 贝尔　D) 马丁·理查德

答案：B

9. $(10110110)_2+(111101)_2=(\_\_\_\_\_\_\_\_)_2$。

A) 110101　B) 11110011
C) 11001100　D) 11010111

答案：B

10. $(10010100)_2-(100101)_2=(\_\_\_\_\_\_\_\_)_2$。

A) 11110101　B) 10010011
C) 1101111　D) 1100111

答案：C

11. $(1101)_2\times(101)_2=(\_\_\_\_\_\_\_\_)_2$。

A) 1000001　B) 1010011
C) 1011100　D) 1101111

答案：A

12. $(10010)_2\div(11)_2=(\_\_\_\_\_\_\_\_)_2$。

A) 1010　B) 111
C) 1100　D) 110

答案：D

13. 将如下补码转换为十进制数：$(11110110)_{补}=(\_\_\_\_\_\_\_\_)_{10}$。

A) 8　B) −9
C) −10　D) 11

答案：C

14. 已知字符 8 的 ASCII 码值是 56，那么字符 5 的 ASCII 码值是________。

A) 52　B) 53
C) 54　D) 55

答案：B

15. 1 KB 表示________。

A) 1024 位　B) 1000 位
C) 1000 字节　D) 1024 字节

答案：D

16. 指令存储在存储器的________存储区。

A) 程序　　B) 数据　　C) 栈　　D) 堆

答案：A

二、填空题

1. 计算机由如下5个基本部分组成：运算器、控制器、________和输出设备。

答案：存储器、输入设备

2. 运算器的主要功能是算术运算和________。

答案：逻辑运算

3. 存储器通常分为内存储器和________。

答案：外存储器

4. 计算机能够直接识别和执行的计算机语言是________。

答案：机器语言

5. 中央处理器是决定计算机性能的核心部件，由________组成。

答案：运算器和控制器

6. $(254)_{10}$=(__________$)_2$=(__________$)_8$=(__________$)_{16}$。

答案：11111110　376　FE

7. $(3.40625)_{10}$=(__________$)_2$=(________$)_8$=(________$)_{16}$。

答案：11.01101　3.32　3.68

8. $(125)_{10}$=(________$)_{原}$=(__________$)_{反}$=(________$)_{补}$。

答案：01111101　01111101　01111101

9. $(-25)_{10}$=(________$)_{原}$=(__________$)_{反}$=(________$)_{补}$。

答案：10011001　11100110　11100111

10. 十进制数3527的8421 BCD码的表示形式为______________。

答案：0011 0101 0010 0111

11. 已知字符a的ASCII码值是97，那么字符f的ASCII码值是________。

答案：102

第2章　习题解答

一、选择题

1. C程序的基本单位是________。

A) 函数　　B) 过程

C) 子程序　　D) 子例程

答案：A

分析：C程序由main函数和若干(包括零个)其他函数组成，函数是C程序的基本单位。

2. 下列叙述中不正确的是________。

A) main 函数在 C 程序中必须唯一。

B) C 程序的执行是从 main 函数开始的，所以 main 函数必须放在程序的最前面。

C) 函数可以带参数，也可以不带参数。

D) 函数在执行时，将按函数体中语句的先后次序，依次执行每条语句。

答案：B

分析：C 程序是由函数组成的，函数的排列顺序是任意的。因此，main 函数放在其他函数的前面、后面或中间均可。

3. 以下叙述中正确的是________。

A) C 程序中的注释只能出现在程序的开始位置或语句的后面。

B) C 程序书写格式严格，要求一行内只能写一条语句。

C) C 程序书写格式自由，一条语句可以写在多行中。

D) 使用 C 语言编写的程序只能放在一个程序文件中。

答案：C

分析：C 语言书写格式自由，一条语句可以写在多行中，一行中也可以写多条语句。

4. 以下叙述中正确的是________。

A) C 程序的基本组成单位是语句。

B) C 程序中的每一行只能写一条语句。

C) 简单的 C 语句必须以分号结束。

D) C 语句必须在一行内写完。

答案：C

分析：分号是 C 语句的一部分，不能省略。

5. 计算机能直接执行的程序是________。

A) 源程序　B) 目标程序　C) 汇编程序　D) 可执行程序

答案：D

二、填空题

1. 在 C 源程序中，注释部分两侧的分界符分别为________和________。

答案：/*　*/

分析：C 程序的注释部分需要使用分界符/*和*/括起来。注释部分可以使用任何文字符号，但分界符不能出现嵌套形式。换言之，注释内不能再出现分界符，例如/*……/*……*/……*/是错误的。

2. C 程序总是从________开始执行。

答案：main 函数

分析：C 程序总是从 main 函数开始执行，而不论 main 函数被放在何处。

3. C 语言既可用来编写________软件，也可用来编写应用软件。

答案：系统

分析：C 语言既像汇编语言那样允许直接访问物理地址，能进行位运算，还能实现汇编语言的大部分功能，比如直接对硬件进行访问；也有高级语言的面向用户、容易记忆、容易学习且易于书写的特点。因此，C语言既可以用来编写系统软件，也可以用来编写应用软件。

4. C源程序的后缀是________；经过编译后，生成的目标程序的后缀是________；经过链接后，生成的可执行程序的后缀是________。

答案：.c　.obj　.exe

三、编程题

1. 编写程序，在屏幕上显示如下信息：

```
******************************
Merry  Christmas!
Happy  New  Year!
******************************
```

分析：可利用库函数printf的输出功能方便地实现上述效果。

程序如下：

```
#include <stdio.h>
int main()
{
    printf("******************************\n");
    printf(" Merry Christmas!\n");
    printf(" Happy New Year!\n");
    printf("******************************\n");
    return 0;
}
```

2. 输入 a 和 b 后，输出一元一次方程 $ax+b=0$ 的解。

分析：这个方程的解为 $x=-b/a$。

程序如下：

```
#include<stdio.h>
int main()
{
    float a,b,x;                /* 定义存放实数的3个变量a、b、c */
    scanf("%f %f",&a,&b);       /* 输入两个实数，分别赋给a和b */
    x=-b/a;                     /* 求方程的解 x */
    printf("x=%f\n",x);         /* 输出变量x的值 */
    return 0;
}
```

程序运行结果如下：

```
5  6↙
```

```
x=-1.200000
```

3. 输入 3 个数，输出其中的最小值。

分析：既可采用例 2.3 中的形式，也可按如下算法编写程序。

第 1 步：输入 3 个数并分别赋给 a、b、c。

第 2 步：将 a 的值赋给 min。

第 3 步：如果 min>b，将 b 的值赋给 min。

第 4 步：如果 min>c，将 c 的值赋给 min。

第 5 步：输出 min 的值。

提示：上面的第 3 步可通过语句 if(min>b) min=b;来实现。

程序如下：

```
#include<stdio.h>
int main()
{
    float a,b,c,min;                    /* 定义存放实数的变量 a、b、c、min */
    printf("a,b,c=?\n");                /* 输出提示信息"a,b,c=?" */
    scanf("%f%f%f",&a,&b,&c);           /* 输入 3 个数并分别赋给 a、b、c */
    min=a;                              /* 将 a 的值赋给 min */
    if(min>b)min=b;                     /* 当 min>b 时，将 b 的值赋给 min */
    if(min>c)min=c;                     /* 当 min>c 时，将 c 的值赋给 min */
    printf("min=%f\n",min);             /* 输出变量 min 的值 */
    return 0;
}
```

程序运行结果如下：

```
a,b,c=?
5 3 8↙
min=3.000000
```

第3章 习题解答

一、选择题

1. 在 C 程序中，________。

   A) 用户标识符中可以出现下画线和中画线(减号)。

   B) 用户标识符中不可以出现中画线，但可以出现下画线。

   C) 用户标识符中可以出现下画线，但不可以放在用户标识符的开头。

   D) 用户标识符中可以出现下画线和数字，它们都可以放在用户标识符的开头。

答案：B

分析：在 C 语言中，标识符的命名规则如下。

(1) 标识符由数字、字母、下画线组成。

(2) 标识符的首字符必须为字母或下画线。

(3) 标识符不能是C语言中的保留字。

(4) C语言对英文字母区分大小写。例如，A与a表示不同的标识符。

2. 以下选项中不合法的标识符是________。

A) print B) FOR C) &a D) _00

答案：C

3. 以下选项中不属于C语言数据类型的是________。

A) signed short int B) unsigned long int

C) unsigned int D) long short

答案：D

分析：选项D不是合法的C语言数据类型。C语言中的整型变量可分为以下6种类型：有符号基本整型[signed]int(方括号表示可省略，比如 signed int 可简写为 int)、无符号基本整型 unsigned int、有符号短整型[signed]short[int]、无符号短整型 unsigned short[int]、有符号长整型[signed]long[int]和无符号长整型 unsigned long [int]。

4. C语言中的基本数据类型包括________。

A) 整型、实型、逻辑型 B) 整型、实型、字符型

C) 整型、逻辑型、字符型 D) 整型、实型、逻辑型、字符型

答案：B

分析：C语言中没有逻辑型数据，而是使用数值0表示“假”，并使用非零值表示“真”。

5. 以下关于 long、int 和 short 型数据所占内存大小的叙述中，正确的是________。

A) 均占用4字节 B) 根据数据的大小来决定所占内存的字节数

C) 由用户自己定义 D) 由C语言编译系统决定

答案：D

分析：C语言并没有规定 long、int 和 short 型数据占用的内存大小，而由编译系统决定。

6. C源程序中不能表示的数制是________。

A) 二进制 B) 八进制 C) 十进制 D) 十六进制

答案：A

分析：C语言只支持使用十进制、八进制和十六进制。

7. 下列选项中能够正确地定义符号常量的是________。

A) #define n=10 B) #define n 10

C) #define n 10; D) #DEFINE N 10

答案：B

分析：符号常量的定义格式为“#define 符号常量名 常量”。符号常量可用标识符命名，注意符号常量名的前后要有空格。

8. 以下所列的C语言常量中，错误的是________。

A) 0xFF B) 1.2e0.5 C) 2L D) '\n'

答案：B

分析：选项 A 中的常量是以 0x 开头的十六进制数；选项 C 中的常量是长整型常量；选项 D 中的常量是转义字符常量；选项 B 中的常量表示形式错误，e 的右侧不能是小数，而只能是整数。

9. 在 C 语言中，字符型数据在内存中的存储形式是________。

A) 原码　　B) 反码　　C) 补码　　D) ASCII 码

答案：D

分析：字符型数据在内存中保存的是 ASCII 码，而 ASCII 码都是正整数，正整数的原码、反码和补码完全相同。

10. 若有定义语句 char c='\72';，则变量 c________。

A) 包含 1 个字符　　B) 包含 2 个字符

C) 包含 3 个字符　　D) 定义不合法

答案：A

分析：字符型变量只能保存一个字符，而'\72'是转义字符，表示编码为 072(八进制)的字符。

11. 不合法的八进制数是________。

A) 0　　B) 028　　C) 077　　D) 01

答案：B

分析：八进制数由数字 0~7 组成，并且以 0 开头，不包含数字 8。

12. 以下选项中正确的字符串常量是________。

A) "\\\"　　B) 'abc'　　C) OlympicGames　　D) ""

答案：D

分析：选项 A 错，因为转义字符\\表示字符\，而转义字符\"表示字符"，所以选项 A 的右端缺少定界符"。选项 B 和 C 也错，因为字符串必须用双引号引起来。选项 D 表示一个空的字符串。

13. 以下选项中正确的定义语句是________。

A) double a;b;　　B) double a=b=7;

C) double a=7,b=7;　　D) double ,a,b;

答案：C

分析：选项 A 错，a 和 b 应该用逗号分开。选项 B 错，应为 double a=7,b=7;。选项 D 错，double 和 a 之间应使用空格隔开，而不能使用逗号。

14. 假设 c1、c2 为字符型变量，执行语句 cl=getchar(); c2=getchar(); 时，从键盘输入 A↙，此时 c1 和 c2 的值分别为________。

A) 都是'A'　　B) c1 是'A'，c2 未输入

C) c1 未输入，c2 是'A'　　D) c1 是'A'，c2 是'\n'

答案：D

分析：getchar 函数的功能是从键盘接收一个字符，当输入 A↙(↙表示按回车键，也就是输入换行符'\n')时，第一个字符'A'被赋给 c1，第二个字符'\n'被赋给 c2。

15. 假设 c 为字符型变量，值为'A'；a 为整型变量，值为 97；执行语句 putchar(c);putchar(a);后，输出结果为________。

A) Aa　　B) A97　　C) A9　　D) aA

答案：A

分析：putchar(x)函数的功能是输出字符x。参数x可以是字符，也可以是整数。当x是整数时，就输出以这个整数作为ASCII码值的字符。

16. 假设a和b是整型变量，执行语句scanf("a=%d,b=%d", &a,&b);，为了使a和b的值分别为1和2，正确的输入应该是________。

A) 1 2　　B) 1,2　　C) a=1,b=2　　D) a=l b=2

答案：C

分析：当scanf输入函数的格式字符串中包含普通字符时，必须原样输入。在这里，格式字符串"a=%d,b=%d"中的a=和b=是普通字符，因此必须原样输入。

17. 为了使用输入语句scanf("%4d%4d%10f", &i，&j，&x);，为i输入−10，为j输入12，为x输入345.67，正确的输入形式应该是________。

A) −1012345.67↙　　B) −10 12 345.67↙

C) −10001200345.67 ↙　　D) −10,12,345.67↙

答案：B

分析：选项D是错误的，因为scanf输入函数的格式字符串中没有逗号。由于变量i的输入格式为%4d，这表示宽度为4，因此系统在从选项A或C中读取数据时，将获得−101或−100，选项A和D都是错的。选项B是对的，因为选项B中的3个数是用空格分开的，而题目中为3个变量指定的输入格式的宽度都大于对应的数据，宽度将不起作用。

18. 已知字母A的ASCII码值为65，以下语句的输出结果是________。

```
char cl='A' , c2='Y'; printf("%d,%d\n", c1,c2);
```

A) 输出格式非法，因而输出错误信息　　B) 65,90

C) A,Y　　D) 65,89

答案：D

分析：字符型数据实际上是整型数据，也就是字符的ASCII码值。比如，字符'A'的ASCII码值是65，字符'B'的ASCII码值是65+1，以此类推，字符'Y'的ASCII码值是65+24=89。

二、填空题

1. 在C语言程序中，用关键字________定义基本整型变量，用关键字________定义单精度实型变量，用关键字_________定义双精度实型变量。

答案：int　float　double

2. 把a1、a2定义成单精度实型变量并赋初值1的语句是________。

答案：float a1=1.0, a2=1.0;

分析：也可以将1.0改为1，因为在进行赋值时，系统会自动进行转换。

3. C程序中定义的变量代表内存中的________。

答案：存储单元

分析：在编译C程序时，系统会根据变量的类型给变量分配存储单元，给变量赋值就是将数据存放到变量所代表的存储单元中。

4. 若有定义语句int i=123; float x=−45.678;，则语句printf("i=%5d x=%7.4f\n",i,x);的输出结

果是________。

答案：i=   123   x=-45.6780

分析：格式字符串中的普通字符原样输出；格式说明符%5d表示输出项i的值(123)的宽度为5，左补两个空格；%7.4表示输出项x的值的宽度为7，其中小数部分有4位，整数部分以实际宽度输出。

5. 若有定义语句 float alfa=60,pi=3.1415926535626;，那么语句 printf("sin(%3.0f*%.4f/180)\n",alfa,pi);的输出结果是________。

答案：sin(60*3.1416/180)

分析：格式字符串中的普通字符原样输出；格式说明符%3.0f表示输出项alfa的值的小数部分不输出；%.4f表示输出项pi的值的小数部分保留4位，整数部分以实际宽度输出。

6. 若有定义语句 char ch='$',float x=153.4523;，那么语句 printf("%c%-8.2f\\n",ch,x);的输出结果是________。

答案：$153.45   \n

分析：%c表示对应的输出项ch的值以字符形式输出；%-8.2f表示对应的输出项x的值以小数形式输出，宽度为8，小数点后取两位，负号表示左对齐，右补空格；转义字符\\表示输出一个\，然后输出n。

7. 假设整型变量a和b的值分别为7和9，要求按以下格式输出a和b的值：

```
a=7
b=9
```

请完成如下输出语句：printf("__________", a, b);。

答案：a=%d\nb=%d

8. 执行以下程序时，若输入1234567↙，则输出结果是________。

```
#include <stdio.h>
main()
{
    int a=1,b;
    scanf("%2d%2d",&a,&b);
    printf("%d    %d\n",a,b);
}
```

答案：12   34

分析：由于在输入语句中为a和b指定的输入宽度都是2，因此系统从输入的数字中依次各取两位并分别赋给a和b。

三、编程题

1. 输入一个字符，然后输出这个字符及其ASCII码值。

分析：字符型数据在内存中以相应的ASCII码值存放，因而既可以字符的形式输出，也可以ASCII码值(整数)的形式输出。

程序如下：

```
#include<stdio.h>
int main()
{   char ch;                    /* 定义字符型变量 ch */
    scanf("%c",&ch);            /* 为变量 ch 输入字符 */
    printf("%c   %d\n",ch,ch);
    return 0;
}
```

程序运行结果如下：

```
B↙
B   66
```

2. 求平面上两点之间的距离。

分析：求平面上两点(x_1,y_1)和(x_2,y_2)之间距离的公式如下

$$d=\sqrt{(x_1-x_2)^2+(y_1-y_2)^2}$$

程序如下：

```
#include <stdio.h>
#include <math.h>                    /* sqrt 函数所在的头文件 */
int main()
{
   float x1, y1,x2,y2,d;
   printf("input (x1,y1),(x2,y2):\n");              /* 输出提示信息 */
   scanf("%f%f%f%f",&x1,&y1,&x2,&y2);
   d=sqrt((x1-x2)*(x1-x2)+(y1-y2)*(y1-y2));  /* 使用 sqrt 函数求平方根 */
   printf("d=%0.2f\n",d);
   return 0;
}
```

程序运行结果如下：

```
input (x1,y1),(x2,y2):
1  1  2  2↙↙
d=1.41
```

3. 已知等差数列的第一项为*a*，公差为*d*，求前*n*项之和，*a*、*d*、*n*可由键盘输入。

分析：等差数列的前*n*项之和的计算公式为$a*n+n*(n-1)*d/2$。

程序如下：

```
#include<stdio.h>
int main()
{   int a,d,n,sum;                       /* 定义 4 个整型变量 */
    printf("input a d n:\n");            /* 输出提示信息 input a d n: */
    scanf("%d%d%d",&a,&d,&n);           /* 输入 3 个整数，分别赋给 a、d、n */
    sum=a*n+n*(n-1)*d/2;                /* 求等差数列的前 n 项之和 */
```

```
    printf("sum=%d\n",sum);              /* 输出结果 */
    return 0;
}
```

程序运行结果如下：

```
input a d n:
1 3 50↙↙
sum=3725
```

第4章 习题解答

一、选择题

1. 若变量已正确定义并赋值，则符合C语言语法的表达式是________。

A) a=a+7;　　B) a=7+b+c,a++　C) int(12.3%4)　　D) a=a+7=c+b

答案：B

分析：在表达式后加分号可构成语句，选项A是语句；选项 C错，应为(int)12.3%4；选项D错，赋值运算符的左边只能是变量。

2. 假设已经定义double x=l,y;，那么表达式y=x+3/2的值是________。

A) 1　　B) 2　　C) 2.0　　D) 2.5

答案：C

分析：y=1.0+3/2，也就是y=1.0+1，因此y=2.0。

3. 假设已经定义int x;float y;，那么下列表达式中结果为整型的是(　　)。

A) (int)y+x　　B) (int)x+y　　C) int(y+x)　　D) (float)x+y

答案：A

分析：选项A中的表达式(int)y+x能将y的值转换成整数，然后和整数x相加，结果为整数；选项B中的表达式(int)x+y则将整数和实数相加，结果为实数；选项C中的表达式存在语法错误，在进行类型转换时，必须使用圆括号将类型说明符int括起来；选项D中的表达式则将两个实数相加，结果为实数。

4. 假设已经定义int x=3,y=4,z=5;，那么下列表达式中值为0的是________。

A) 'x'&&'y'　　B) x<=y　　C) x||y+z&&y−z　D) !((x<y)&&!z||1)

答案：D

分析：在选项A中，逻辑运算符&&两边的值均为非零值，故结果为1；在选项B中，比较运算符<=两边的值分别为3和4，故结果为1；在选项C中，逻辑运算符||左边的值为非零值，因此右边的值就不必再计算了，结果为1；在选项D中，表达式的值为!((3<4)&&!5||1)，即!(1&&0||1)，即!(0||1)，即!1，故结果为0。

5. 已知x=10、ch='A'、y=0，表达式x>=y&&ch<'B'&&!y的值是________。

A) 0　　B) 1　　C) “假”　　D) “真”

答案：B

分析：题目中表达式的值为 10>=0&&'A'<'B'&&!0，即 1&&1&&1，即 1&&1，故结果为 1。

6. 若 a、b、c、d 都是 int 型变量且初值为 0，则以下选项中不正确的赋值语句是________。

A) a=b=c=100;　　B) d++;　　C) c+b;　　D) d=(c=22)-(b++);

答案：C

分析：选项 A 是正确的赋值语句；选项 B 中的 d++;相当于 d=d+1;，这是正确的赋值语句；选项 C 中的语句没有赋值运算符，不是赋值语句；选项 D 也是正确的赋值语句。

7. 判断字符型变量 c 为数字字符的正确表达式为________。

A) '0'<=c<='9'　　B) '0'<=c&&c<='9'

C) c>='0'||c<='9'　　D) c>=0&&c<=9

答案：B

分析：在选项 A 中，'0'<=c 的结果或是 1，或是 0，但肯定小于'9'，所以不论 c 为何值，结果总是 1，故选项 A 是错误的；选项 B 中的表达式表示 c 不小于字符'0'，但同时也不大于字符'9'，所以满足该表达式要求的 c 必为数字字符。

8. 下列运算符中，优先级最低的是________。

A) ?:　　B) &&　　C) ==　　D) *=

答案：D

分析：本题中的运算符由高到低分别是==、&&、?:、*=。

9. 若有条件表达式 x?a++:b--，则下列表达式中的________等价于表达式 x。

A) x==0　　B) x!=0　　C) x==1　　D) x!=1

答案：B

分析：在本题中，x 在条件表达式中起条件判断的作用，x 为 0 表示“假”，x 不等于 0 表示“真”。当 x 为 0 时，表达式 x!=0 的值也为 0；当 x 不等于 0 时，表达式 x!=0 的值也不等于 0。因此，当作为逻辑值(用于条件判断)时，x 和 x!=0 是等价的。

10. 假设已经定义 int k=4,a=3,b=2,c=1;，那么表达式 k<a?k:c<b?c:a 的值是________。

A) 4　　B) 3　　C) 2　　D) 1

答案：D

分析：条件表达式的结合性是自右向左，所以表达式 k<a?k:c<b?c:a 可写为 k<a?k:(c<b?c:a)。由于 k<a 为 0(“假”)，因此表达式的值为 c<b?c:a；又由于 c<b 的值为 1(“真”)，因此表达式的值为 c，也就是 1。

11. 假设已经定义 int a=9;，那么语句 a+=a-=a+a;执行后，变量 a 的值是________。

A) 18　　B) 9　　C) −18　　D) −9

答案：C

分析：赋值运算符的结合性是自右向左，所以语句 a+=a−=a+a;先计算表达式 a−=a+a 的值，因此 a= a−(a+a)，a=−9；之后才计算表达式 a+=−9 的值，因此 a=a+(−9)，a=−18。

12. 对于整型变量 x，下列说法中错误的是________。

A) 5.0 不是表达式　　B) x 是表达式

C) !x 是表达式　　D) sqrt(x)是表达式

答案：A

分析：使用运算符将参与运算的对象连接起来的合法的式子，就是表达式。例如，!x 是逻辑表达式。表达式一定有确定的值。常量、变量以及有返回值的函数都是表达式。

13. 假设已经定义 char x=040;，那么语句 printf("%d\n",x=x<<1);的输出结果是______。

A) 100　　B) 160　　C) 120　　D) 64

答案：D

分析：表达式 x<<1 会将 x 值的二进制形式左移 1 位，这相当于乘以 2，将 040(八进制)乘以 2，得到 0100(八进制)，等于十进制数 64。

14. 假设已经定义 char a=3, b=6, c;，那么表达式 c=a^b<<2 的二进制值是________。

A) 00011011　　B) 00010100　　C) 00011100　　D) 00011000

答案：A

分析：在表达式 c=a^b<<2 中，左移运算符<<的优先级最高，其次是按位异或运算符^(两个二进制整数的对应位相同，结果为 0；对应位不同，结果为 1)，赋值运算符的优先级最低。于是，系统先计算 b<<2，也就是计算 00000110<<2，结果为 00011000；之后再计算 a^00011000，也就是计算 00000011^00011000，结果为 00011011。

二、填空题

1. 假设已经定义 int k=11;，请写出进行 k++运算后表达式的值_____以及变量的值_____。

答案：11、12

分析：自增运算符++位于变量 k 的右边，这表示先取 k 的值 11 作为表达式 k++的值，然后 k 自增 1，变为 12。

2. C 语言使用________表示逻辑值“真”，使用________表示逻辑值“假”。

答案：非零值、0

分析：C 语言没有逻辑型数据，并且在进行逻辑运算或判断时，用 0 表示“假”，用非零值表示“真”；但 C 语言在给出关系运算或逻辑运算的结果时，用 0 表示“假”，用 1 表示“真”。

3. 将数学算式|x|>4 写成 C 语言中的逻辑表达式：________。

答案：x<-4|| x>4

分析：当 x 是负数时，关系表达式 x<-4 与数学算式|x|>4 等价；当 x 是非负数时，关系表达式 x>4 与数学算式|x|>4 等价；一般情况下，逻辑表达式 x<-4|| x>4 与数学算式|x|>4 等价。

4. 假设已经定义 float x=2.5,y=4.7; int a=7;，表达式 a%3*(int)(x+y)%2/4 的值为_____。

答案：0

分析：表达式 a%3*(int)(x+y)%2/4 的值为 1*(int)(7.2)%2/4，即 7%2/4，即 1/4，结果为 0。

5. 假设已经定义 int x=8;且 y=8，执行语句 x+=x--+--y;后 x 的值为________。

答案：22

分析：x--表示先取 x 的值，之后再将 x 的值减 1；--y 表示先将 y 的值减 1，之后再取 y 的值。因此，x--+--y 的值是 8+7(也就是 15)；而当执行 x+=15(也就是 x=x+15)时，x 的值已经是 7，因此 x=7+15，x=22。

6. 假设已经定义 int a=2,b=4,x,y;，表达式!(x=a)||(y=b)&&!(2−3.5)的值为________。

答案：0

分析：表达式 x=a 的值是 2，所以!(x=a)的值是 0；表达式(y=b)&&!(2−3.5)的值是 4&&0，也就是 0；逻辑运算符||两边的值都是 0，因此最终结果是 0。

7. 假设已经定义 int m=2,n=1,a=1,b=2,c=3;，执行语句 d=(m=a==b)&&(n=b>c);后，m 和 n 的值分别为________。

答案：0 和 1

分析：表达式(m=a==b)的值是 m=1==2，即 m=0。由于&&运算符左边的值是 0，因此右边的表达式(n=b>c)没有执行，n 的值仍是 1。

8. 假设已经定义 int a=2;，执行语句 a=3*5,a*4;后，a 的值为________。

答案：15

分析：在所有的运算符中，逗号表达式的优先级最低，其功能是将两个或两个以上的表达式连接起来，从左到右依次计算各个表达式，最后一个表达式的值即为整个逗号表达式的值。因此，表达式 a=3*5,a*4;的值为 60，但 a 的值是 15。

三、编程题

1. 输入华氏温度，要求输出对应的摄氏温度。计算公式如下：

$$t=\frac{5}{9}(\mathrm{tF}-32)$$

其中，t 表示摄氏温度，tF 表示华氏温度。计算结果取两位小数。

分析：C 语言规定，两个整数相除，结果取整数部分。在程序中，上述计算公式应写为 t=(5.0/9.0)*(tF−32)或 t=5.0/9.0*(tF−32)。

程序如下：

```
#include<stdio.h>
int main()
{   float t,tF;
    scanf("%f",&tF);    /* 输入华氏温度并赋给变量 tF */
    t=(5.0/9.0)*(tF-32);     /* 按公式计算摄氏温度 t */
    printf("t=%.2f\n",t); /* 输出摄氏温度 t */
    return 0;
}
```

程序运行结果如下：

```
56↙
t=13.33
```

2. 编写程序，输入一个实数，输出这个实数的绝对值。

分析：利用条件表达式可以求一个实数的绝对值，例如表达式 a>0?a:-a 的值就是 a 的绝对值。

程序如下：

```
#include <stdio.h>
int main()
{   float a;
    printf("input a:");
    scanf("%f",&a);
```

```
    a=a>0?a:-a;        /* 求 a 的绝对值 */
    printf("%f\n",a);
    return 0;
}
```

程序运行结果如下：

```
input a:-5↙↙
5.000000
```

3. 输入 3 个字符后，参考它们的 ASCII 码值，按从小到大的顺序输出这 3 个字符。

分析：字符的比较与数值的比较类似。比较字符的大小，实际上就是比较它们的 ASCII 码值的大小。例如，比较'a'>'b'相当于比较 97>98，因为字符 a 和 b 的 ASCII 码值分别是 97、98。

程序如下：

```
#include <stdio.h>
int main()
{ char c1,c2,c3,m1,m2,m3;           /* 定义字符型变量 */
   printf("input c1,c2,c3:");        /* 输出提示信息 */
   scanf("%c%c%c",&c1,&c2,&c3);      /* 输入 3 个字符，分别赋给 c1、c2、c3 */
   m1=c1>c2?c1:c2;                   /* 将 c1 和 c2 中的较大字符赋给 m1 */
   m1=m1>c3?m1:c3;                   /* 将这 3 个字符中最大的那个字符赋给 m1 */
   m3=c1<c2?c1:c2;
   m3=m3<c3?m3:c3;
   m2=c1+c2+c3-m1-m3;                /* 注意，变量中存放的是 ASCII 码值 */
   printf("%c %c %c\n",m3,m2,m1);
   return 0;
}
```

程序运行结果如下：

```
input c1,c2,c3:bac↙
a b c
```

4. 输入一个实数，使这个实数保留两位小数，并对第三位小数进行四舍五入。

程序如下：

```
#include<stdio.h>
int main()
{   float x;
    printf("Enter x:");
    scanf("%f",&x);
    printf("x=%f\n",x);
    x=(int)(x*100+0.5)/100.0;
    printf("x=%f\n",x);
    return 0;
}
```

程序运行结果如下：

```
Enter x:12.3456↙
x=12.345600
x=12.350000
```

第5章 习题解答

一、选择题

1. 假设已经定义 int a=2,b= −1,c=2;，那么在执行语句 if(a<b) if(b<0) c=0;else c+=1;后，变量 c 的值是 ________。

A) 0　　B) 1　　C) 2　　D) 3

答案：C

分析：else 与 if 的匹配规则是，else 总是与它前面相距最近的尚未配对的 if 配对。本题中的 if 语句实际上是 if(a<b) {if(b<0) c=0; else c+=1;}，只有当条件 a<b 满足时，才执行语句 if(b<0) c=0; else c+=1;。

2. 运行以下程序后，将输出________。

```
int main()
{   int k= -3;
    if(k<=0) printf("****\n")   else   printf("&&&&\n");
    return 0;
}
```

A) ****　　B) &&&&

C) ####&&&&　　D) 有语法错误，程序无法通过编译

答案：D

分析：在上述 if 语句中，分支语句 printf("****\n")后缺少分号。

3. 以下程序的输出结果是________。

```
int i,sum;
for(i=1; i<6; i++) sum+=sum;
printf("%d\n",sum);
```

A) 15　　B) 14　　C) 不确定　　D) 0

答案：C

分析：变量 sum 没有赋初值，其值不确定。

4. 下列语句中能够将小写字母转换为大写字母的是________。

A) if(ch>='a'&ch<='z') ch=ch−32;　　B) if(ch>='a'&&ch<='z') ch=ch−32;

C) ch=(ch>='a'&&ch<='z')?ch−32;　　D) ch=(ch>'a'&&ch<'z')?ch−32:ch;

答案：B

分析：选项 A 是错的，因为&是按位与运算符；选项 B 是对的，条件 ch>='a'&&ch<='z'表示字符 ch 是小写字母，小写字母的 ASCII 码值比对应的大写字母的 ASCII 码值大 32，所以使用 ch=ch-32 可将小写字母转换为大写字母；选项 C 有语法错误，因为有?无：；选项 D 是错误的，如果 ch 是小写字母'a'，那么执行后，ch 仍为'a'，并未转换为大写字母'A'。

5. 下列语句中能够将变量 u 和 s 中的最大值赋给变量 t 的是________。

A) if(u>s) t=u;t=s;　　B) t=s;if(u>s) t=u;

C) if(u>s) t=s;else t=u;　　D) t=u;if(u>s) t=s;

答案：B

分析：选项 A 是错的，因为当 u>s 时，虽然执行了 t=u;，但仍需要执行 t=s;；选项 C 和 D 也是错的，因为 t 中存放的是最小值。

6. 下列选项中与语句 while(!s)中的条件等价的是________。

A) s==0　　B) s!=0　　C) s==1　　D) s=0

答案：A

分析：当 s 为 0 时，!s 和 s==0 的值都为 1，表示真；当 s 为非零值时，!s 和 s==0 的值都为 0，表示假。所以，!s 和 s==0 等价。

7. 下列语句中能够输出 26 个大写英文字母的是________。

A) for(a='A';a<='Z';printf("%c",++a));　　B) for(a='A';a<'Z';a++)printf("%c",a);

C) for(a='A';a<='Z';printf("%c",a++));　　D) for(a='A';a<'Z';printf("%c",++a));

答案：C

分析：选项 A 和 D 没有输出大写字母'A'，选项 B 则没有输出大写字母'Z'。

8.下面的循环体执行的次数是________。

```
i=0;k=10; while(i=8) i=k--;
```

A) 8 次　　B) 10 次　　C) 2 次　　D) 无数次

答案：D

分析：while 循环中的条件 i=8 是赋值表达式，其值永远是 8。循环体中就一条语句，不存在能够使循环停止的语句，所以循环将执行无数次。

9. 以下程序的输出结果是________。

```
int k,j,s;
for(k=2; k<6; k++,k++)
   { s=1;   for(j=k; j<6; j++)   s+=j; }
printf("%d\n", s);
```

A) 9　　B) 1　　C) 11　　D) 10

答案：D

分析：外循环将循环两次，但 s 是在循环体中进行初始化的，所以只需要分析最后一次循环体的执行情况即可，也就是 k 的值为 4 的情况，此时 s=1+4+5，因此输出=10。

10. 以下程序的输出结果是________。

```
int i,j,m=0;
```

```
for(i=1; i<=15; i+=4)
    for(j=3; j<=19; j+=4) m++;
printf("%d\n", m);
```

A) 12　　B) 15　　C) 20　　D) 25

答案：C

分析：外循环将循环 4 次(i=1、5、9、13)，内循环将循环 5 次(j=3、7、11、15、19)，所以 m++;共执行 4×5=20 次，因此 m 的值是 20。

11. 以下程序的输出结果是________。

```
int x=3;
do { printf("%3d",x-=2); } while(!(--x));
```

A) 1　　B) 30　　C) 1　-2　　D) 死循环

答案：C

分析：do 循环首先执行循环体，输出 x-=2 的值，即 x=x−2，即 x=1；然后计算循环条件!(--x)，其值为 1(因为 x=0)，循环条件为真，执行循环体，输出 x-=2 的值，即 x=−2；然后再次计算循环条件!(--x)，其值为 0(因为 x=−3)，循环条件为假，循环结束。

12. 以下程序的输出结果是________。

```
int y=10;
for(; y>0; y--)   if(y%3==0)   {printf("%d", --y); continue; }
```

A) 741　　B) 852　　C) 963　　D) 875421

答案：B

分析：当 y=10 时，for 循环的循环条件 y>0 为真，执行循环体：if 语句的执行条件 y%3==0 的值是 10%3==0，即 1==0(为假)，因而不执行其后的分支语句(由大括号括起来的复合语句)。然后计算 for 循环中的 y--，使得 y=9，此时，循环条件 y>0 为真，再次执行循环体：if 语句的执行条件 y%3==0 的值是 9%3==0，即 0==0(为真)，因而执行其后的分支语句：输出--y 的值，也就是输出 y=8，随后执行 continue;语句，进入下一次循环，如表 5-1 所示。

表 5-1　循环执行情况

循环次数	y>0	y%3==0	--y	y--
第 1 次，y=10	真	假	不输出	y=9
第 2 次，y=9	真	真	输出 y=8	y=7
第 3 次，y=7	真	假	不输出	y=6
第 4 次，y=6	真	真	输出 y=5	y=4
第 5 次，y=4	真	假	不输出	y=3
第 6 次，y=3	真	真	输出 y=2	y=1
第 7 次，y=1	真	假	不输出	y=0

(续表)

循环次数	y>0	y%3==0	--y	y--
第 8 次，y=0	假，结束循环			

13. 以下程序的输出结果是________。

```
# include<stdio.h>
int main()
{    int i;
     for(i=1; i<=5; i++) { if(i%2) printf("*"); else   continue;   printf("#"); }
     printf("$\n");
     return 0;
}
```

A) *#*#*#$　　B) #*#*#*$　　C) *#*#$　　D) #*#*$

答案：A

分析：for 循环将执行 5 次循环体(i=1、2、3、4、5)，循环体由两条语句组成：双分支 if 语句和输出语句。当 i 为奇数时，输出字符*和字符#；当 i 为偶数时，不输出任何字符。因此，上述程序的输出结果是选项 A。

二、填空题

1.以下程序的输出结果是____。

```
int a=100;
if(a>100) printf("%d\n",a>100); else printf("%d\n",a<=100);
```

答案：1

分析：if 语句的执行条件 a>100 为假，故执行 else 后面的语句，输出 a<=100 的值，也就是 1。

2. 当 a=1、b=2、c=3 时，语句 if(a>c) b=a; a=c; c=b;执行后，a、b、c 的值分别为____、____、____。

答案：3、2、2

分析：本题由 3 条语句组成，第一条语句是 if(a>c) b=a;，由于条件 a>c 为假，因此 b 的值不变，系统执行后两条语句 a=c;和 c=b;，a 和 c 的值分别为 3 和 2。

3. 当执行以下程序后，i 的值是____，j 的值是____，k 的值是____。

```
int a,b,c,d,i,j,k;
a=10;   b=c=d=5;   i=j=k=0;
for( ; a>b; ++b) i++;
while(a>++c) j++;
do k++;   while(a>d++);
```

答案：5、4、6

分析：for 循环的循环体 i++;共执行 5 次，i 的值是 5；while 循环的循环体 j++;共执行 4 次，j 的值是 4；do 循环的循环体 k++;共执行 6 次，k 的值是 6。

4. 以下程序的输出结果是____。

```
int x=2;
while(x--);
printf("%d\n",x);
```

答案：−1

分析：当 x 的值是 0 时，表达式 x--的值是 0，循环结束，然后将 x 的值减 1，因此 x 的值是−1。

5. 以下程序的输出结果是____。

```
int i=0,sum=1;
do { sum+=i++; }while(i<5);
printf("%d\n",sum);
```

答案：11

分析：do 循环的循环体 sum+=i++;共执行 5 次，因而 sum 的值是 1+0+1+2+3+4=11。

三、编程题

1. 输入三角形的三条边长，计算并输出三角形的面积。

分析：三个正数能够构成三角形的三条边的条件是其中任意两个数的和大于第三个数。假设这三个数分别为 x、y、z，则它们能够构成三角形的三条边的条件为 $x+y>z\&\&y+z>x\&\&z+x>y$。

利用如下数学公式可以求出三角形的面积。

$$\text{三角形的面积}=\sqrt{s(s-x)(s-y)(s-z)}\text{，其中}s=(x+y+z)/2$$

程序如下：

```
#include <stdio.h>
#include <math.h>
int main()
{   float x,y,z,s,dime;
    scanf("%f%f%f",&x,&y,&z);
    if(x+y>z&&y+z>x&&z+x>y)
      {  s=(x+y+z)/2;
         dime=sqrt(s*(s-x)*(s-y)*(s-z));
         printf("dime=%f\n",dime);
      }
     else printf("error\n");
     return 0;
}
```

2. 使用 if 语句编写程序，输入 x 的值之后，按下式计算 y 的值并输出。

$$y=\begin{cases}x+2x^2+10 & 0\leqslant x\leqslant 8\\ x-3x^3-9 & x<0\text{或}x>8\end{cases}$$

分析：可利用双分支 if 语句计算 y 的值，条件 $0\leqslant x\leqslant 8$ 的表达式为 0<=x&&x<=8。

程序如下：

```
#include <stdio.h>
 int main()
 {   float x,y;
     scanf("%f",&x);
     if(0<=x&&x<=8) y=x+2*x*x+10;
     else y=x-3*x*x*x-9;
     printf("y=%f\n",y);
     return 0;
}
```

3. 输入 10 名学生的成绩，输出最低分数。

分析：可使用变量 min 存放最低分数，先给 min 赋初值 100，再将每个成绩都与 min 做比较，只要比 min 小，就存入 min。

程序如下：

```
#define N 10
#include <stdio.h>
int main()
{   int i;
    float x,min=100;
    for(i=0;i<N;i++)
    {   scanf("%f",&x);
        if(x<min)min=x;
    }
    printf("min=%.1f\n",min);
    return 0;
}
```

4. 使用 for 循环语句输出 26 个大写字母，使用 while 循环语句输出 26 个小写字母。

分析：对字符型变量 ch，先赋初值'A'，再利用字母连续的特点，循环输出 ch++，循环条件为 ch<='Z'。最后，使用类似的方法处理小写字母即可。

程序如下：

```
#include <stdio.h>
int main()
{   char ch;
```

```
    for(ch='A';ch<='Z';ch++) printf("%c ",ch);
    printf("\n");
    ch='a';
    while(ch<='z')
    {   printf("%c ",ch);    ch++; }
    printf("\n");
    return 0;
}
```

5. 编写程序，输入一个三位的正整数，找出能够使用其各位数字组成的最大数和最小数。例如，输入517，那么最大数为751，最小数为157。

分析：假设x为一个三位的正整数，先求出x的百位、十位、个位上的数字，并分别存放到a、b、c三个变量中，然后对它们进行排序，使a中存放最小的数字、b中存放中间的数字、c中存放最大的数字，于是最大数为100×c+10×b+a，最小数为100×a+10×b+c。

程序如下：

```
#include <stdio.h>
int main()
{   int x,a,b,c,t,max,min;
    printf("input a number:");
    scanf("%d",&x);
    a=x/100;
    b=x/10%10;
    c=x%10;
    if(a>b) {t=a;a=b;b=t;}
    if(a>c) {t=a;a=c;c=t;}
    if(b>c) {t=b;b=c;c=t;}
    max=c*100+b*10+a;
    min=a*100+b*10+c;
    printf("max=%d, min=%d\n",max,min);
    return 0;
}
```

程序运行结果如下：

```
input a number:517↙
max=751,min=157
```

6. 输入 n 和 n 个数，输出其中所有奇数的乘积。

分析：定义整型变量n，用于存放数据的个数并控制循环的次数；定义整型变量x，用于存放输入的整数，可利用表达式x%2或x%2!=0来判断x是否是奇数；由于乘积比较大，因此定义实型变量y(赋初值1)，用于存放奇数的乘积。

程序如下：

```
#include <stdio.h>
 int main()
 {  int n,i,x;
    float y=1;        /* 使用 y 存放所有奇数的乘积 */
    printf("input n:");
    scanf("%d",&n);
    printf("input %d numbers:",n);
    for(i=1;i<=n;i++)
    {  scanf("%d",&x);
       if(x%2!=0) y*=x;
     }
     printf("y=%.2f\n",y);
     return 0;
 }
```

程序运行结果如下：

```
input n:7↙↙
input 7 numbers:1   2   3   4   5   6   7↙
y=105.00
```

7. 输入 *n* 和 *n* 个数，统计其中负数、零及正数的个数。

分析：可使用变量 pos、zero、neg 分别存放 *n* 个数中正数、零及负数的个数。

程序如下：

```
#include <stdio.h>
int main()
{  int n,i,pos=0,zero=0,neg=0;
   float x;
   scanf("%d",&n);
   for(i=0;i<n;i++)
   {    scanf("%f",&x);
        if(x>0) pos++;
        else if(x<0) neg++;
        else   zero++;
   }
   printf("pos=%d, zero=%d, neg=%d\n",pos,zero,neg);
   return 0;
}
```

程序运行结果如下：

```
6↙
1  0  -2  3  -4  5↙
pos=3, zero=1, neg=2
```

8. 求数列的和。假设数列的首项为81，以后各项为前一项的平方根(如81、9、3、1.732、…)，求前20项之和。

分析：可使用库函数sqrt求平方根，假设s=0、t=81，循环执行20次循环体{s=s+t; t=sqrt(t)}即可。

程序如下：

```
#define N 20              /* 定义符号常量N */
#include <stdio.h>
#include <math.h>         /* 库函数sqrt所在的头文件 */
int main()
{   int i;
    double s=0,t=81;
    for(i=1;i<=N;i++)
      {  s+=t;  t=sqrt(t);  }
    printf("s=%.3f\n",s);
    return 0;
}
```

程序运行结果如下：

```
s=111.336
```

9. 输出3以上且1000以内的水仙花数。水仙花数是指这样的三位数：其各位数字的立方和等于这个三位数本身(例如$153=1^3+5^3+3^3$)。

分析：对于三位数n，用i、j、k分别表示其百位、十位、个位上的数字，如果$n=i^3+j^3+k^3$，则n为水仙花数。

程序如下：

```
#include <stdio.h>
int main()
{   int i,j,k,n;
    for(n=100;n<1000;n++)
    {  i=n/100;        /*  i为百位上的数字 */
       j=n/10-i*10;    /*  j为十位上的数字 */
       k=n%10;         /*  k为个位上的数字 */
       if(n==i*i*i+j*j*j+k*k*k) printf("%6d",n);
    }
    printf("\n");
    return 0;
}
```

程序运行结果如下：

```
   153   370   371   407
```

10. 求算式1–1/2+1/3–1/4+1/5–1/6+…中的前40项之和。

分析：在以上算式中，每一项的符号都和前一项的相反，分母则比前一项的大 1。利用此规律，设s=1(表示和)、sign=1(表示各项的符号)、i=2(表示分母)，循环执行39次循环体{sign= −sign; s=s+sign/i++; }即可。注意：sign和i++中至少有一个需要是实数，否则sign/i++为0。

程序如下：

```
#include <stdio.h>
int main()
{   int i,sign=1;
    float s=1;
    for(i=2;i<=40;i++)
      {    sign*=-1;
           s+=sign/(float)i;
      }
    printf("s=%f\n",s);
    return 0;
}
```

程序运行结果如下：

```
s=0.680803
```

11. 使用循环语句编写程序，输出如下图形：

```
   *
  ***
 *****
*******
 *****
  ***
   *
```

分析：上述图形可利用两个二重循环来输出。第一个二重循环输出4行：其中，第1行先输出3个空格，再输出1个*；第2行先输出2个空格，再输出3个*；以此类推，第i行先输出$4-i$个空格，再输出$2i-1$个*。第二个二重循环输出3行：其中，第1行先输出1个空格，再输出5个*；第2行先输出2个空格，再2输出3个*；以此类推，第i行先输出i个空格，再输出$7-2i$个*。

程序如下：

```
#include <stdio.h>
int main()
{   int i, j;
    for(i=1;i<=4;i++)
    {   for(j=1;j<=4-i;j++) printf(" ");
        for(j=1;j<=2*i-1;j++) printf("*");
        printf("\n");
```

```
    }
    for(i=1;i<=3;i++)
    {   for(j=1;j<=i;j++) printf(" ");
        for(j=1;j<=7-2*i;j++) printf("*");
        printf("\n");
    }
    return 0;
}
```

第6章　习题解答

一、选择题

1. 下列语句中能够正确定义一维数组a的是________。

A) int a(10);　　　　B) int n=10, a[n];

C) int n;scanf("%d"，&n);　　　D) # define n 10
int a[n];　　　　　int a[n];

答案：D

分析：选项A中的定义格式有错误，数组名的后面只能用方括号；C语言不允许对数组进行动态定义，因此数组元素的个数必须是常量，选项B和C都是错的。选项D是对的，因为n为符号常量。

2. 下列语句中能够对一维数组a正确进行初始化的是________。

A) int a[6]={6*1}　　　B) int a[6]={1…3}

C) int a[6]={}　　　　D) int a[6]=(0，0，0)

答案：A

分析：初值可以是常量表达式，如6*1，选项A是对的；初值之间需要用逗号分开，选项B是错的；选项C的大括号中无初值，也是错的；选项D中的初值要用大括号括起来，而不是用圆括号。

3. 若有定义语句int a[10];，则下列选项中能够对数组元素进行正确引用的是________。

A) a[10/2－5]　　B) a[10]　　C) a[4.5]　　D) a(1)

答案：A

分析：选项A是对的，a[10/2－5]即a[0]；选项B是错的，因为下标越界；选项C是错的，下标必须是整数；选项D是错的，下标必须用方括号(即下标运算符)括起来。

4. 若有定义语句char array[ ]="China";，则数组array所占的存储空间为________。

A) 4字节　　B) 5字节　　C) 6字节　　D) 7字节

答案：C

分析：字符串结束标志'\0'也要占1字节，因而总共占6字节。

5. 下列语句中，合法的数组定义语句是________。

A) char a[ ]="string";　　B) int a[5]={0,1,2,3,4,5};

C) char a="string";　　D) char a[ ]=[0,1,2,3,4,5];

答案：A

分析：选项 B 中的初值个数大于数组元素的个数；选项 C 中的数组名 a 的后面缺少方括号；选项 D 中的初值应该用大括号而不是方括号括起来。

6. 若有定义语句 int a[5],i;，则能够输入数组 a 的所有元素的语句是________。

A) scanf("%d%d%d%d%d",a[5]);

B) scanf("%d",a);

C) for(i=0;i<5; i++) scanf("%d",&a[i]);

D) for(i=0;i<5; i++) scanf("%d",a[i]);

答案：C

分析：选项 A 中输入项的个数、格式都不对；选项 B 只能给 a[0]赋值，数组名 a 表示第一个数组元素的地址，即&a[0]；选项 D 中的输入项应为&a[i]。

7. 下列语句中能够正确定义二维数组的是________。

A) int a[][];　　B) int a[][4];　　C) int a[3][]　　D) int a[3][4];

答案：D

分析：在定义二维数组时，如果对全部元素赋初值，那么第一维的长度可不指定，但第二维的长度不能省略，所以选项 A、B、C 都是错的。

8. 若有定义语句 int a[3][4];，则下列选项中能够对数组元素进行正确引用的是________。

A) a[3][1]　　B) a[2,1]　　C) a[3][4]　　D) a[3 – 1][4 – 4]

答案：D

分析：选项 A 中的第一维下标越界；选项 B 中的两个下标应该用两对方括号括起来；选项 C 中的下标也越界了。

9. 下列语句中能够对二维数组 a 进行正确初始化的是________。

A) int a[2][ ]={{1},{4,5}};

B) int a[2][3]={1,2,3,4,5,6,7};

C) int a[ ][ ]={1,2,3,4,5,6};

D) int a[ ][3]={1,2,3,4,5};

答案：D

分析：定义二维数组时，第二维的长度不能省略，所以选项 A 和 C 是错的；选项 B 中的初值个数大于数组元素的个数。

10. 下列用于对字符数组 s 进行初始化的语句中，不正确的是________。

A) char s[5]="abc";　　B) char s[5]={'a','b','c','d','e'};

C) char s[5]="abcde";　　D) char s[ ]="abcde";

答案：C

分析：选项 B 是对的，但 s 中存放的是字符而不是字符串，因为字符串必须有结束标志；选项 C 是错的，因为所赋初值的字符个数加字符串结束标志共 6 个字符，而数组元素只有 5 个。

11. 当判断字符串 s1 与 s2 是否相等时，应当使用的语句是________。

A) if(s1==s2)　　B) if(s1=s2)

C) if(s1[ ]=s2[ ]) D) if(strcmp(s1,s2)==0)

答案：D

分析：判断两个字符串是否相等时，不能使用比较运算符==进行整体比较，更不能使用赋值运算符=进行整体比较，而应该使用 strcmp 函数进行比较。

12. 下列语句的运行结果为________。

```
char s[ ]= "ab\0cd"; printf("%s",s);
```

A) ab0 B) ab C) abcd D) ab cd

答案：B

分析：字符串的结束标志是'\0'，所以只有选项 B 是对的。

13. 下列语句的运行结果为________。

```
char s[]= "a\128b\\\tcd\n";printf("%d", strlen(s));
```

A) 8 B) 9 C) 10 D) 14

答案：B

分析：转义字符'\12'、'\\'、'\t'、'\n'各代表一个字符，strlen 函数用于求字符串的长度，当计算字符串的长度时，字符串结束标志'\0'不包括在内。

14. 以下程序的输出结果是________。

```
int main()
{   int n[2]={0},i,j,k=2;
    for(i=0;i<k;i++)
        for(j=0;j<k;j++)   n[j]=n[i]+1;
    printf("%d\n",n[k]);
    return 0;
}
```

A) 不确定的值 B) 3 C) 2 D) 1

答案：A

分析：循环语句用于对数组的两个元素 n[0]和 n[1]赋值；输出语句中的 n[k]为 n[2]，没有赋值，其值不确定。

15. 以下程序的输出结果是________。

```
int main()
{  int i,x[3][3]={1,2,3,4,5,6,7,8,9};
   for(i=0; i<3; i++)   printf("%d,",x[i][2-i]);
   return 0;
}
```

A) 1,5,9 B) 1,4,7 C) 3,5,7 D) 3,6,9

答案：C

分析：输出的元素为“x[0][2],x[1][1],x[2][0]”，因而输出结果是“3,5,7”。

二、填空题

1. 在C语言中，一维数组的定义形式为：类型标识符　数组名________。

答案：[常量表达式]

2. 构成数组的各个元素必须具有相同的_________。

答案：类型

3. 在C语言中，数组名是________，因而不能对其执行赋值操作。

答案：地址常量

4. 若有定义语句 int a[10]={1,2};，则数组元素 a[2]的值为________。

答案：0

分析：题目中仅对部分数组元素赋初值，其他数组元素为0。

5. 若有定义语句 int a[3][4];，则数组 a 的行下标的上限为________，列下标的上限为_____。

答案：2　3

6. C语言程序在执行过程中，不检查数组下标是否____。

答案：越界

7. 在C语言中，二维数组元素在内存中的存放顺序是_____。

答案：按行存放

8. 若有定义语句 int a[3][4];，则位于数组元素 a[2][2]前的元素个数为____。

答案：10

分析：二维数组元素在内存中的存放顺序按行存放。

9. 若有定义语句 char s1[10]="aaa",s2[]="bbb";，则表达式 strcmp(strcat(s1,s2),s2)的值为____。

答案：－1

分析：函数 strcat(s1,s2)的返回值是字符串"aaabbb"，函数 strcmp("aaabbb","bbb")的返回值是两个字符串实参中对应位不同的第一对字符的差值，也就是'a' – 'b'的值，即 – 1。

10. 若有定义语句 char s1[]="abc",s2[]={'a','b','c'};，则数组 s1 与数组 s2 的长度分别是_____。

答案：4 和 3

分析：数组 s1 所赋的初值是字符串，包括字符串结束标志'\0'；而数组 s2 所赋的初值是 3 个字符。

三、编程题

1. 将 5 个数 21、32、35、18、40 存放到一个数组中，求这 5 个数的和以及平均值。

程序如下：

```
#include<stdio.h>
int main()
{   int a[5]={21,32,35,18,40};
    int i,sum=0;
    float aver;
    for(i=0;i<5;i++) sum+=a[i];
    aver=sum/5.0;          /* 注意：不能写成 sum/5   */
```

```
    printf("sum=%d, aver=%.2f",sum,aver);
    return 0;
}
```

程序运行结果如下：

```
sum=146, aver=29.20
```

2. 输入 $n(n \leqslant 100)$ 个数并存放到一个数组中，求这 n 个数的最大数和最小数。

分析：将数组 a 的大小定义为 100，n 的值则在程序运行时确定，然后根据 n 的值输入 n 个数并存入数组 a 中。用 max 表示最大数，用 min 表示最小数。最后，将数组 a 中的第一个数存入 max 和 min 中，并将数组 a 中其余的 $n-1$ 个数分别与 max 和 min 做比较，从而选出最大数和最小数。

程序如下：

```
#include <stdio.h>
int main()
{   float a[100],max,min;
    int n,i;
    printf("input n: ");
    scanf("%d",&n);
    for(i=0;i<n;i++) scanf("%f",&a[i]);
    max=min=a[0];
    for(i=1;i<n;i++)
      {   if(max<a[i]) max=a[i];
          if(min>a[i]) min=a[i];
      }
    printf("max=%.2f, min=%.2f\n",max,min);
    return 0;
}
```

程序运行结果如下：

```
input n:5↙
12   43   8   78   21↙
max=78.00,min=8.00
```

3. 将数组中的元素按逆序重新存放。例如，假设原来的存放顺序为 9、1、6、4、2，要求改为 2、4、6、1、9。

分析：先输入 N 个数并存入数组 a 中，再将 a[0]的值与 a[$N-1$]的值交换，将 a[1]的值与 a[$N-2$]的值交换，以此类推。

程序如下：

```
#include <stdio.h>
#define N 5
```

```
int main()
{   int a[N],t,i,j;
    for(i=0;i<N;i++)
         scanf("%d",&a[i]);
    for(i=0,j=N-1;i<j;i++,j--)
        { t=a[i];a[i]=a[j];a[j]=t;}
    putchar('\n');
    for(i=0;i<N;i++)
         printf("%d   ",a[i]);
    putchar('\n');
    return 0;
}
```

程序运行结果如下：

```
9  1  6  4  2↙
2  4  6  1  9
```

4. 假设有 $n(n\leqslant10)$个数，它们已按从小到大的顺序排成数列，要求输入一个数，把它插到这个数列中，使数列仍然有序，然后输出新的数列。

分析：假设数组 a 中的 n 个数已由小到大排好序，x 为想要插入的数。先将 x 与最后一个数 a[$n-1$]做比较，若 x>a[$n-1$]，将 x 存入 a[n]；否则，将 a[$n-1$]的值往后移，使 a[n]=a[$n-1$]，然后将 x 与 a[$n-2$]做比较，以此类推，重复前面的操作。

程序如下：

```
#include <stdio.h>
int main()
{   int i,n,x;
    int a[21]={1,3,6,15,20};
    n=5;               /* n 表示数组元素的个数 */
    scanf("%d",&x);
    for(i=n-1;i>=0;i--)
        { if(x<a[i]) a[i+1]=a[i]; else break; }
    a[i+1]=x;
    n++;
    for(i=0;i<n;i++)   printf("%d   ",a[i]);
    printf("\n");
 }
```

程序运行结果如下：

```
10↙
1  3  6  10  15  20
```

5. 输入 $n(n\leqslant50)$名职工的工资(单位为元，一元以下部分舍去)，首先计算工资总额，然后计算在给职工发放工资时所需的各种面额人民币的最少张数(分100元、50元、10元、5元、1元5种)。

分析：假设在数组a中存放*n*名职工的工资，用m100表示所需一百元面额人民币的最少张数，用m50表示所需50元面额人民币的最少张数，以此类推。若使用t表示一名职工的工资，则所需一百元面额人民币的最少张数为t/100，所需50元面额人民币的最少张数为(t%100)/10，以此类推。

程序如下：

```
#include <stdio.h>
int main()
{
    int a[50],total=0;              /* 使用total存放工资总额 */
    int m100=0,m50=0,m10=0,m5=0,m1=0;
    int i,n,t;
    printf("How many mens? \n");
    scanf("%d",&n);
    for(i=0;i<n;i++)
      {
     scanf("%d",&a[i]);             /* 输入第i+1名职工的工资 */
          t=a[i]; total+=t;         /* 计算工资总额 */
          m100+=t/100; t%=100;      /* 统计100元面额人民币的最少张数 */
          m50+=t/50; t%=50;         /* 统计50元面额人民币的最少张数 */
          m10+=t/10; t%=10;
          m5+=t/5; t%=5;
          m1+=t;
      }
    printf("total=%d\n", total);
    printf("m100=%d  m50=%d  m10=%d  m5=%d  m1=%d\n",
           m100,m50,m10,m5,m1);
  return 0;
}
```

程序运行结果如下：

```
How many mens?
5↙
356  569  782  625  983↙
m100=30  m50=4  m10=9  m5=3  m1=10
```

6. 假设有$n(n\leqslant 20)$名学生，每人考$m(m\leqslant 5)$门课，求每名学生的平均成绩和每门课的平均成绩，并输出每门课的成绩均在平均成绩以上的学生的编号。

分析：定义数组s的大小为21×6，使用s[*i*][*j*]($1\leqslant i\leqslant n$，$1\leqslant j\leqslant m$)存放第*i*名学生的第*j*门课的成绩，使用s[*i*][0]存放第*i*名学生的平均成绩，使用s[0][*j*]存放第*j*门课的平均成绩。

程序如下：

```
#include<stdio.h>
int main()
{   float s[21][6],t;
    int n,m,i,j,flag;
  printf("input n    m: ");
  scanf("%d%d",&n,&m);
  for(i=1;i<=n;i++)
      { s[i][0]=0;
         for(j=1;j<=m;j++)
               { scanf("%f",&s[i][j]); s[i][0]+=s[i][j];}
         s[i][0]/=m;
      }
  for(j=1;j<=m;j++)
      {   s[0][j]=0;
          for(i=1;i<=n;i++)    s[0][j]+=s[i][j];
          s[0][j]/=n;
      }
   printf("the student over the average:\n");
   for(i=1;i<=n;i++)
      {   flag=1;
          for(j=1;j<=m;j++)
               if(s[i][j]<s[0][j]) flag=0;
          if(flag) printf("%d    ",i);
      }
   return 0;
}
```

程序运行结果如下：

```
input n    m: 4    3↙↙
56   78   65↙↙
63   72   78↙↙
75   83   90↙↙
82   92   85↙↙
the student over the average:
3   4
```

7. 输入一个字符串，统计其中数字字符出现的次数。

分析：判断字符 ch 是否为数字字符的表达式是 ch>='0'&&ch<='9'。

程序如下：

```
#include<stdio.h>
int main()
{   char str[81];
    int i=0,n=0;
```

```
    gets(str);
    while(str[i]!='\0')
      {  if(str[i]>='0'&&str[i]<='9') n++;
         i++;
      }
     printf("n=%d\n",n);
     return 0;
}
```

程序运行结果如下：

```
abc123ef01↙↙
n=5
```

8. 输入一个字符串，判断它是不是C语言中的合法标识符。

分析：C语言中的合法标识符由字母、下画线及数字组成，且数字不能是第一个字符。

程序如下：

```
#include<stdio.h>
int main()
{   char c[81];
    int i=0,n=0;
    gets(c);
    while(c[i++]!='\0') n++;          /* 计算字符串的长度 */
    if(!(c[0]=='_'||c[0]>='A'&&c[0]<='Z'||c[0]>='a'&&c[0]<='z'))
       {printf("No\n"); exit(0); }     /* 若第一个字符不是字母或下画线，则不是标识符 */
    for(i=1;i<n;i++)
        if(!(c[i]=='_'||c[i]>='A'&&c[i]<='Z'||c[i]>='a'&&c[i]<='z'|| c[i]>='0'&&c[i]<='9'))
           {printf("No\n"); exit(0); }   /* 若其中的某个字符不是下画线、字母或数字，则不是标识符 */
    printf("Yes\n");
    return 0;
}
```

程序第一次运行时的结果如下：

```
pro_12↙↙
Yes
```

程序第二次运行时的结果如下：

```
1ab↙↙
No
```

9.输入一个字符串并保存到字符数组中，查找其中最大的那个元素，在这个元素的后面插入字符串"(max)"。

分析：将输入的字符串存放在数组c中，首先找出最大元素的下标，假设为k。为了将字符串"(max)"插到 c[k]之后，必须将 c[k]之后的所有元素往后移 5 个位置。如果使用 strcpy 函数移动元素，那么还需要考虑到字符串结束标志'\0'。

程序如下：

```
#include<stdio.h>
#include<string.h>
int main()
{   char c[81];
    int i,n,max,k;
    gets(c);
    i=n=0;
    while(c[i++]!='\0') n++;            /* 计算字符串的长度 */
    max=c[0]; k=0;                      /* k 表示最大元素的下标 */
    for(i=1;i<n;i++)
        if(max<c[i]){ max=c[i];k=i;}
    strcpy(&c[k+7],&c[k+1]);            /* 将 c[k+1]及之后的所有元素后移 5 个位置 */
    strcpy(&c[k+1],"(max)");            /* 将"(max)"插到 c[k]之后 */
    strcpy(&c[k+6],&c[k+7]);            /* 将"(max)"之后的'\0'删除 */
    puts(c);
    return 0;
}
```

程序运行结果如下：

```
abcdefghab↙
abcdefgh(max)ab
```

第7章　习 题 解 答

一、选择题

1. 以下说法中正确的是________。

   A) C 语言程序总是从第一个定义的函数开始执行。

   B) 在 C 语言程序中，将要调用的函数必须在 main 函数中定义。

   C) C 语言程序总是从 main 函数开始执行。

   D) C 语言程序中的 main 函数必须放在程序的开始部分。

答案：C

分析：C 语言对 main 函数和其他函数的排放顺序没有要求，程序总是从 main 函数开始执行，选项 A 和 D 是错的；因为不能在一个函数的内部再定义另一个函数，所以选项 B 也是错的。

2. 下列叙述中正确的是________。

   A) 定义函数时，必须有形参。

B) 函数中可以没有return语句，但也可以有多条return语句。

C) 函数*f*可以使用*f*(*f*(*x*))的形式进行调用，这种调用形式是递归调用。

D) 函数必须有返回值。

答案：B

分析：函数可以没有参数，所以选项A是错的。选项C也是错的，如果函数*f*有返回值，那么虽然可以使用*f*(*f*(*x*))的形式进行调用，但这不是递归调用，递归调用是指在定义函数时让函数调用自身。函数可以没有返回值，所以选项D是错的。

3. 下列叙述中不正确的是________。

A) 在进行函数调用时，形参只有在被调用时才会创建(分配存储单元)。

B) 在进行函数调用时，实参可以是常量、变量或表达式。

C) 在定义局部变量时，若省略对变量存储类别的定义，则定义的变量是自动变量。

D) 使用了语句return(a,b);的函数可以返回两个值。

答案：D

分析：语句return(a,b);只能返回一个值，(a,b)是逗号表达式。

4. 以下函数的类型是________。

```
fun(float x)
{ printf("%d\n",x*x); }
```

A) 与参数x的类型相同　　B) void类型

C) int类型　　D) 无法确定

答案：C

分析：C语言规定，函数在定义时如果省略返回值的类型说明符，那么函数默认为int类型。

5. 在max((a,b),max((c,d),e))函数调用中，实参有________。

A) 2个　　B) 3个　　C) 4个　　D) 5个

答案：A

分析：max函数只有两个实参，一个是逗号表达式(a,b)，另一个是函数max((c,d),e)。

6. 如果在函数的复合语句中定义一个变量，那么有关这个变量的作用域的正确说法是________。

A) 仅在复合语句中有效　　B) 在函数中有效

C) 在整个程序中有效　　D) 为非法变量

答案：A

分析：可以在函数的复合语句中定义变量，但这些变量仅在定义它们的复合语句中有效。

7. 对于下面定义的函数*f*，*f*(*f*(3))的值是________。

```
int f(int x)
{   static   int   k=0;
    x+=k--;
    return   x;
}
```

A) 5　　B) 3　　C) 2　　D) 4

答案：C

分析：第一次调用 $f(3)$时，将 3 传递给 x，执行语句 x+=k--;，得到的 x 值是 3；k 是局部静态变量，其值变为－1；执行语句 return x;后得到返回值 3。再次调用 $f(3)$，过程与前面类似，注意 k 的值是－1，得到返回值 2。

8. 以下程序的输出结果是________。

```
main()
{    int i=2,p;
     p=f(i,i+1);
     printf("%d",p);
     return 0;
}
int f(int a, int b)
{    int c;
     c=a;
     if(a>b) c=1;
     else  if(a==b)  c=0;
     else  c=-1;
     return(c);
}
```

A) –1　　B) 0　　C) 1　　D) 2

答案：A

分析：i=2，执行 p=f(i.i+1);，也就是执行 p=f(2,3);，将 2、3 分别传给 a、b；执行 if 语句，由于 a>b 为假且 a==b 为假，因此执行 c=－1;，函数的返回值为－1，此时 p=－1。

9. 以下程序的输出结果是________。

```
fun(int a,int b,int c)
{    c=a*b;    }
main()
{    int c;
     fun(2,3,c);
     printf("%d\n",c);
     return 0;
}
```

A) 0　　B) 1　　C) 6　　D) 无定值

答案：D

分析：函数只能将实参的值传给形参变量，而不能将形参的值传给实参变量。也就是说，只能进行单向传递。main 函数中的变量 c 没有赋值，其值是不确定的。

10. 以下程序的输出结果是________。

```
#include <stdio.h>
```

```
int fun(int a,int b)
{   if(b==0)   return a;
    else   return(fun(--a,--b));
}
main()
{   printf("%d\n", fun(4,2));}
```

A) 1　　B) 2　　C) 3　　D) 4

答案：B

分析：函数递归调用的过程可分为递归过程和回溯过程两个阶段。

(1) 递归过程，将原始问题不断转换为规模更小且处理方式相同的新问题。

(2) 回溯过程，从已知条件出发，沿递归的逆过程，逐一求值并返回，直至递归初始处，完成递归调用。

函数 fun(4,2)的执行过程如下：

```
递归执行 return fun(3,1);   ----> 递归执行 return fun(2,0);
回溯执行 return 2;          <---- 回溯执行 return 2;
```

二、填空题

1. 程序的执行是从_________开始的。

答案：主函数(或 main 函数)

2. 当函数调用在前、函数定义在后时，必须在主调函数中________函数。

答案：声明

3. 在进行函数调用时，如果实参的类型与形参不一致，C 语言采用的处理方法是________。

答案：对实参进行类型转换

4. 以下程序的输出结果是____。

```
unsigned fun6(unsigned num)
{   unsigned k=1;
    do { k*=num%10; num/=10; } while(num);
    return k;
}
main()
{   unsigned n=26;
    printf("%d\n",fun6(n));
    return 0;
}
```

答案：12

分析：fun6 函数的参数和返回值都是 unsigned 类型，即无符号基本整型。fun6 函数的功能是将一个无符号整数的各个位上的数字相乘，并将结果作为返回值。

5. 以下程序的输出结果是____。

```
double sub(double x,double y,double z)
{   y-=1.0;
    z=z+x;
    return z;
}
main()
{   double a=2.5,b=9.0;
    printf("%f\n",sub(b-a,a,a));
    return 0;
}
```

答案：9.000000

分析：当调用 sub(b – a,a,a)，也就是调用 sub(6.5,2.5,2.5)时，系统会将实参的值传给形参，使 x=6.5、y=2.5、z=2.5，执行语句 z=z+x;后，z=9.0，返回值为 9.000000。注意，sub 函数中的语句 y-=1.0;无意义，因而 sub 函数的第二个参数 y 也无意义。

6. 以下程序的输出结果是____。

```
fun1(int a,int b)
{   int c;
    a+=a; b+=b;
    c=fun2(a,b);
    return c*c;
}
fun2(int a,int b)
{   int c;
    c=a*b%3;
    return c;
}
main()
{   int x=11,y=19;
    printf("%d\n",fun1(x,y));
    return 0;
}
```

答案：4

分析：定义函数时，返回值的类型可省略，此时函数隐含为 int 类型。调用函数 fun1(11,19)时，系统会将实参的值传给形参，使 a=11、b=19，执行语句 a+=a;b+=b;后，a=22、b=38；执行语句 c=fun2(a,b);时，系统会调用函数 fun2(22,38)，将实参的值传给形参，使 a=22、b=38，执行语句 c=a*b%3;，也就是执行语句 c=22*38%3;，执行后，c=2，返回到 fun2 函数的调用处，也就是 fun1 函数中的 c=fun2(a,b);处，得到 c=2，将 c*c 的值(结果为 4)返回到主函数中的 fun1 函数调用处。

7. 以下程序的输出结果是________。

```
#include <stdio.h>
int fun(int x)
```

```
{   static int t=0;
    return(t+=x);
}
main()
{   int s,i;
    for(i=1;i<=5;i++)   s=fun(i);
    printf("%d\n",s);
    return 0;
}
```

答案：15

分析：当包含静态变量的函数调用结束后，静态变量的存储空间因为没有释放，所以其值仍然存在。当再次调用该函数时，静态变量上次调用结束时的值将作为此次调用的初值使用。

第 1 次调用：s=fun(1)=1; t=1;

第 2 次调用：s=fun(2)=3; t=3;

第 3 次调用：s=fun(3)=6; t=6;

第 4 次调用：s=fun(4)=10; t=10;

第 5 次调用：s=fun(5)=15; t=15;

三、编程题

1. 编写函数，计算正整数的各位数字之和。

分析：对于整数 x，个位上的数字为 x%10，十位上的数字为(x/10)%10，以此类推。具体的实现算法可描述为：

(1) s=0;

(2) s=s+x%10;

(3) x=x/10;

(4) 如果 x==0，结束，否则转到步骤(2)。

程序如下：

```
#include <stdio.h>
int sum(long x)
{   int s=0,i,j;
    do {s+=x%10; x/=10;} while(x>0);
    return s;
}
int main()
{   long a;
    scanf("%ld",&a);
    printf("sum=%d\n",sum(a));
```

```
    return 0;
}
```

程序运行结果如下：

```
2137↙
sum=13
```

2. 编写程序，输出3个数中的最小值，要求通过编写函数来求两个数中的较小值。

分析：编写函数int min(int x, int y)，使返回值为x和y中的较小值；在主函数中输入3个数a、b、c，输出min(min(a,b),c)即可。

程序如下：

```
#include <stdio.h>
int min(int x,int y)
{   if(x<y)return x;
    else return y;
}
int main()
{   int a,b,c;
    scanf("%d%d%d",&a,&b,&c);
    printf("The smallest: %d\n",min(min(a,b),c));
    return 0;
}
```

程序运行结果如下：

```
5  2  8↙
The smallest: 2
```

3. 编写程序，连续将某个字符输出*n*次后换行(该字符和*n*的值由主调函数指定)。

分析：编写函数void pc(char c, int n)，在函数体中循环调用*n*次库函数putchar(c)，即可输出*n*个字符c。void表示返回值为空，因为pc函数的功能已在函数体中完成，不需要返回值。

程序如下：

```
#include <stdio.h>
void pc(char c,int n)
{   int i;
    for(i=0;i<n;i++)putchar(c);
    putchar('\n');
}
int main()
{   char ch;
    ch=getchar();
    pc(ch,10);
```

```
    return 0;
}
```

程序运行结果如下：

```
*↙
**********
```

4. 输入 5 个实数，分别对这 5 个实数的小数点后的第一位数进行四舍五入，并在转换成整数后进行累加。要求将把实数的小数点后的第一位数四舍五入成整数的操作编写成函数 long round(float x)。

分析：要将一个实数的小数点后的第一位数四舍五入成整数，可以使用表达式(int)(x+0.5)来实现。换言之，对这个实数加 0.5 并取整即可。

程序如下：

```
#include <stdio.h>
long round(float x)
{   return (int)(x+0.5);      /* 将 x 的第一位小数四舍五入 */
}
int main()
{   float x; long s=0;   int i;
    for(i=0;i<5;i++)
      {   scanf("%f",&x);
          s=s+round(x);
      }
    printf("s=%ld\n",s);
    return 0;
}
```

程序运行结果如下：

```
3.15   2.19   1.56   4.61   5.81↙
s=18
```

5. 编写程序，在 main 函数中输出 1!+2!+3!… +15!的值。要求将计算阶乘的运算写成函数。

分析：编写函数 double jc(int n)，15!是很大的数，用整型无法表示，所以我们选择使用 double 类型。

程序如下：

```
#include <stdio.h>
double jc(int n)
{   double p=1;
    int i;
    for(i=1;i<=n;i++) p=p*i;
    return p;
}
int main()
```

```
{   double s=0;   int i;
    for(i=1;i<=15;i++) s=s+jc(i);
    printf("s=%18.0f\n",s);
    return 0;
}
```

程序运行结果如下：

```
s=1401602636313
```

6. 编写函数 int digit(long *n*, int *k*)，作用是返回 *n* 中从右边开始的第 *k* 位数字的值。例如，digit(231456,3)的返回值为 4，digit(1456,5)的返回值为 0。

分析：循环执行 *k*−1 次 n=n/10，n%10 即为所求。

程序如下：

```
#include <stdio.h>
int digit(long n,int k)
{   int i;
    for(i=1;i<k;i++) n=n/10;       /* 将 n 的第 k 位数字变成个位上的数字 */
    return n%10;                   /* 返回个位上的数字 */
}
int main()
{   long m;   int i;
    scanf("%ld%d",&m,&i);
    printf("%d\n",digit(m,i));
    return 0;
}
```

程序第一次运行时结果如下：

```
231456   3↙
4
```

程序第二次运行时结果如下：

```
1456   5↙
0
```

7. 输入 5 个数，要求编写一个排序函数，作用是按绝对值从大到小进行排序。在 main 函数中输入 5 个数，输出排序后的这 5 个数。

分析：使用选择排序法编写函数 sort。

程序如下：

```
#include <stdio.h>
#include <math.h>
#define N 5
```

```
void sort(int a[],int n)
{   int i,j,k,t;
    for(i=0;i<n-1;i++)
    {   k=i;
        for(j=i+1;j<N;j++) if(fabs(a[j])>fabs(a[k])) k=j;
        t=a[k]; a[k]=a[i]; a[i]=t; }
    }
int main()
{   int a[N],i;
    for(i=0;i<N;i++) scanf("%d",&a[i]);
    sort(a,N);
    for(i=0;i<N;i++) printf("%d    ",a[i]);
    printf("\n");
    return 0;
}
```

程序运行结果如下：

```
12   32   22   56   10↙
56   32   22   12   10
```

8. 编写函数，计算 x^n(可以使用两种方法：非递归方法和递归方法)。

分析：

(1) 用非递归方法编写函数 float pow1(float *x*, int *n*)，设 *y*=1，循环执行 *n* 次 *y*=*y***x*，*y* 的值就是 x^n。

(2) 用递归方法编写函数 float pow2(float *x*, int *n*)，当 *n*==0 时返回 1.0，否则返回 pow2 (*x*, *n* − 1)**x*。

程序如下：

```
#include <stdio.h>
float pow1(float x,int n)        /* 非递归方法 */
{   int i;float y=1;
    for(i=0;i<n;i++) y=y*x;
    return y;
}
float pow2(float x,int n)        /* 递归方法 */
{   int i;float y=1;
    if(n==0) return 1.0;
    else return pow2(x,n-1)*x;
}
int main()
{   float x; int n;
    scanf("%f%d",&x,&n);
    printf("%f    %f\n",pow1(x,n),pow2(x,n));
```

```
    return 0;
}
```

程序运行结果如下：

```
2  4↙
16.000000   16.000000
```

9. 编写函数，判断正整数 a 是否为完数。如果是完数，函数的返回值为 1，否则返回值为 0(完数的定义：一个数的所有因子之和等于这个数本身。例如，6 和 28 就是完数；6=1+2+3，28=1+2+4+7+14)。

分析：编写函数 int fun(long x)，用于判断 x 是不是完数，对 x 的所有因子进行求和。如果结果等于 x，返回 1，否则返回 0。

程序如下：

```
#include <stdio.h>
int fun(long x)
{   int s=0,i,j;
    for(i=1;i<x;i++) if(x%i==0) s=s+i;
    if(s==x) return 1;
    else return 0;
}
int main()
{   long a;
    scanf("%ld",&a);
    if(fun(a)) printf("%d: Yes\n",a);
    else printf("%d: No\n",a);
    return 0;
}
```

程序第一次运行时结果如下：

```
28↙
28: Yes
```

程序第二次运行时结果如下：

```
105↙
105: No
```

第8章 习 题 解 答

一、选择题

1. 以下叙述中正确的是________。

A) 使用#include 包含的头文件的后缀不可以是.a。

B) 如果一些源程序中包含某个头文件，那么当这个头文件有错时，只需要对这个头文件进行修改即可，包含这个头文件的所有源程序不必重新进行编译。

C) 宏命令可以看作一行 C 语句。

D) C 语言中的编译预处理是在编译之前进行的。

答案：D

分析：使用#include 包含的头文件的后缀是任意的，所以选项 A 是错的；如果对一个头文件进行了修改，那么包含这个头文件的源程序必须重新进行编译，选项 B 错；宏命令不是 C 语句，选项 C 错。

2. 下列宏定义中，格式正确的是________。

A) #define pi=3.14159;　　B) define pi=3.14159

C) #define pi="3.14159"　　D) #define pi (3.14159)

答案：D

分析：宏定义的格式是“#define　宏名　字符串”。其中，宏名的前后有空格，所以选项 A、B、C 都是错的。

3. 假设宏定义为#define div(x,y) x/y;，对语句 printf("div(x,y)=%d\n", div(x+3,y-3));进行宏替换之后的结果是________。

A) printf("x/y%d\n",(x+3)/(y – 3));

B) printf("x/y=%d\n", x+3/y – 3);

C) printf("div(x,y)=%d\n ",x+3/y – 3;);

D) printf("x/y=%d\n",x+3/y – 3;);

答案：C

分析：字符串中的 div(x,y)不用替换，所以只有选项 C 是对的。

4. 定义带参数的宏以计算两个表达式的乘积，下列宏定义中正确的是________。

A) #define mult(u,v) u*v　　B) #define mult(u,v) u*v;

C) #define mult(u,v) (u)*(v)　　D) #define mult(u,v)=(u)*(v)

答案：C

分析：当定义带参数的宏以计算两个表达式的乘积时，应将两个表达式用圆括号括起来，所以选项 A 和 B 不对；选项 D 中的格式不对；只有选项 C 对。

5. 如果在程序中调用了库函数 strcmp，那么必须包含的头文件是________。

A) stdlib.h　　B) math.h　　C) ctype.h　　D) string.h

答案：D

分析：头文件 string.h 中有关于库函数 strcmp 的原型说明。

6. 以下程序的输出结果是________。

```
#define   MIN(x,y)   (x)<(y)?(x):(y)
main()
{   int i,j,k;
    i=10;   j=15;   k=10*MIN(i,j);
    printf("%d\n",k);
```

```
}
```

A) 15　　B) 100　　C) 10　　D) 150

答案：A

分析：语句 k=10*MIN(i,j);在进行宏展开后变为 k=10*(i)<(j)?(i):(j);，即 k=100<15?10:15;，即 k=15。

7. 在以下程序中，for 循环的执行次数是________。

```
#define  N   2
#define  M  N+1
#define  NUM  (M+1)*M/2
main()
{  int i;
   for(i=1; i<=NUM; i++);
}
```

A) 5　　B) 6　　C) 8　　D) 9

答案：C

分析：宏 NUM 展开后为(M+1)*M/2，再展开后为(N+1+1)*N+1/2，再展开后为(2+1+1)*2+1/2，也就是 8。所以，for 循环的执行条件为 i≤8，循环共执行 8 次。

8. 以下程序的输出结果是________。

```
#include<stdio.h>
#define f(x) x*x*x
main()
{  int a=3,s,t;
   s=f(a+1);    t=f((a+1));
   printf("%d,%d",s,t);
}
```

A) 10，64　　B) 10，10　　C) 64，10　　D) 64，64

答案：A

分析：s=f(a+1)=a+1*a+1*a+1=10，t=f((a+1))=(a+1)*(a+1)*a+1)=64。

二、填空题

1. 定义一个宏，用于判断给出的年份 year 是否为闰年：

```
#define LEAP_YEAR(y)  ________
```

答案：(y%4==0)&&(y%100!=0)||(y%400==0)

分析：闰年必须符合以下条件之一：(1) 能被 4 整除，但不能被 100 整除；(2) 能被 400 整除。

2. 定义如下带参数的宏：

```
#define MAX(a,b) ((a)>(b)?(a):(b))
```

对表达式MAX(a, MAX (b, MAX(c,d)))进行宏替换之后的结果是(用文字进行描述)________。

答案：求a、b、c、d中的最大值

3. 定义一个带参数的宏，作用如下：如果变量中的字符为大写字母，就转换为对应的小写字母。

答案：#define BIGC(x) (x>='A'&&x<='Z'?x+32:x)

分析：如果x是大写字母，那么对应的小写字母的ASCII码值为x+32。

4. 以下程序能够对a和b进行互换，请给出SWAP(a,b)的宏定义。

```
#include<stdio.h>
____________________
int main()
{   int a,b;
    scanf("%d,%d",&a,&b);
    SWAP(a,b);
    printf("%d,%d\n",a,b);
    return 0;
}
```

答案：#define SWAP(a,b) {int t; t=a;a=b;b=t;}

三、编程题

1. 输入两个整数，求它们相除的余数。要求使用带参数的宏来实现。

程序如下：

```
#include<stdio.h>
#define RM(a,b) a%b
int main()
{   int a,b;
    printf("a,b=");
    scanf("%d,%d",&a,&b);
    printf("%d\n",RM(a,b));
    return 0;
}
```

程序运行结果如下：

```
a,b=8,3↙
2
```

2. 输入5个整数，输出其中绝对值最小的那个整数。要求定义带参数的宏，用于找出3个整数中绝对值最小的那个整数。

分析：可利用库函数 abs 求整数的绝对值。

程序如下：

```
#include <stdio.h>
#include <math.h>
#define S(a,b) (abs(a)<abs(b)?a:b)
#define MIN(a,b,c) (abs(S(a,b))<abs(c)?S(a,b):c)
int main()
{   int a,b,c,d,e;
    scanf("%d%d%d%d%d",&a,&b,&c,&d,&e);
    printf("The smallest: %d\n", MIN(MIN(a,b,c),d,e));
    return 0;
}
```

程序运行结果如下：

```
4  3  2  7  9↙
The smallest: 2
```

第9章 习题解答

一、选择题

1. 若有定义语句 int x,*pb;，则以下赋值表达式中正确的是________。

   A) pb=&x　　B) pb=x　　C) *pb=&x　　D) *pb=*x

答案：A

分析：在选项 B 中，赋值运算符的左边是地址，右边是数值，错误；在选项 C 中，赋值运算符的左边是数值，右边是地址，错误；选项 D 也是错误的，因为*运算符的后面只能是地址，但 x 是整型变量而不是地址。

2. 假设想要定义 p 为指向 float 型变量 d 的指针，则下列语句中正确的是________。

   A) float d,*p=d;　　B) float *p=&d,d;

   C) float d,*p=&d;　　D) float d,p=d;

答案：C

分析：在选项 A 中，赋值运算符的左边是指针变量，右边是实型变量，错误；在选项 B 中，赋值运算符右边的 d 没有定义，错误；选项 D 中的 p 不是我们想要定义的指针变量，错误。

3. 指针变量 p1 和 p2 类型的相同，假设想要使 p2 和 p1 指向同一变量，则下列语句中正确的是________。

   A) p2=*&p1;　　B) p2=**p1;　　C) p2=&p1;　　D) p2=*p1;

答案：A

4. 若有定义语句 float a=1.5, b=3.5,*pa=&a;*pa*=3;pa=&b;，则下列说法中正确的是________。

   A) pa 的值是 1.5　　B) *pa 的值是 4.5

C) *pa的值是3.5　　　　D) pa的值是3.5

答案：C

分析：题目中有3条语句。第一条语句是定义语句，将&a赋给pa，pa指向a。第二条语句是赋值语句*pa*=3;，即a*=3;，即a=a*3;，因此a=4.5。第三条语句也是赋值语句，作用是使pa指向b，因此*pa是3.5。综上可知，选项B是错的，而选项C是对的。pa是指针变量，所以选项A和D也是错的。

5. 若有定义语句int a[ ]={0,1,2,3,4,5,6,7,8,9},*p=a, i;，其中0≤i≤9，则下列选项中对数组元素引用不正确的是________。

A) a[p－a]　　B) *(&a[i])　　C) p[i]　　D) *(*(a+i))

答案：D

分析：将两个地址相减后得到的是一个整数，由于p的值是a，它们指向同一地址，因此p－a的结果是0，选项A是对的；选项B是对的，因为*(&a[i])即a[i]；选项C是对的，因为p和a指向同一地址，p[i]即a[i]；选项D中的*(*(a+i))即*(a[i])，这是错误的，因为*运算符的后面只能是地址。

6. 假设数组a被定义为 int a[4][5];，则下列引用中错误的是________。

A) *a　　　　B) *(* (a+2)+3)

C) &a[2][3]　　D) ++a

答案：D

分析：选项A中的*a即a[0]，即&a[0][0]，正确；选项B中的*(* (a+2)+3)即*(a[2]+3)，即a[2][3]，正确；选项C正确；选项D错误，因为数组名是常量，而++运算符只能用于变量。

7. 表达式c=*p++的执行过程是________。

A) 先复制*p的值给c，之后再执行p++。

B) 先复制*p的值给c，之后再执行(*p)++。

C) 先复制p的值给c，之后再执行p++。

D) 执行p++后，将*p的值复制给c。

答案：A

分析：指针运算符*和自增运算符++的优先级相同，结合性也都是自右向左，所以表达式c=*p++等价于c=*(p++)，先将*P赋给c，之后p自增1。

8. 若有定义语句char s[4][15], *p1, **p2;int x, *y;，则下列语句中正确的是________。

A) p2=s;　　B) y=*s;　　C) *p2=s;　　D) y=&x;

答案：D

分析：选项A中的p2是二级指针变量，而s是行指针，指向长度为15的字符型一维数组，两者的类型不同，因而不能赋值；选项B中的y是指向整型变量的指针，而*s(即s[0]，即&s[0][0])是指向字符型变量的指针，两者的类型不同，也不能赋值；选项C中的*p2是字符型指针，而s是行指针，两者的类型不同，同样不能赋值。

9. int *max()的确切含义是________。

A) 返回整型值　　　　B) 返回指向整型变量的指针

C) 返回指向函数max的指针　　D) 以上说法都不正确

答案：B

10. 若有定义语句 int c[4][5], (*cp)[5];cp=c;，则下列选项中对数组元素引用正确的是________。

A) cp+1　　B) *(cp+3)　　C) *(cp+1)+3　　D) **(cp+2)

答案：D

分析：行指针加上整数后仍是行指针，经*运算后变成列指针(即数组元素指针)；列指针加上整数后仍是列指针，列指针经*运算后变成数组元素。选项 A 中的 cp+1 等于 c[1]，是行指针，但不是数组元素；选项 B 中的*(cp+3)等于&c[3][0]，不是数组元素；选项 C 中的*(cp+1)+3 等于&c[1][3]，也不是数组元素；选项 D 中的**(cp+2)等于 c[2][0]，是数组元素。

11. 若有定义语句 int (*ptr)(float);，则下列说法中正确的是________。

A) ptr 是指向一维数组的指针变量。

B) ptr 是指向 int 型数据的指针变量。

C) ptr 是指向函数的指针变量，该函数有一个 float 型参数，返回值是整型。

D) ptr 是函数名，该函数的返回值是指向 int 型数据的指针。

答案：C

12. 以下程序的输出结果是________。

```
#include <stdio.h>
int main()
{   int a[10]={1,2,3,4,5,6,7,8,9,10},*p=a;
    printf("%d\n",*(p+2));
    return 0;
}
```

A) 3　　B) 4　　C) 1　　D) 2

答案：A

分析：*(p+2)为 a[2]。

13. 以下程序的输出结果是________。

```
#include <stdio.h>
int main()
{  int a[ ]={2,4,6,8,10},y=1,x,*p;
   p=&a[1];
   for(x=0;x<3;x++) y+=*(p+x);
   printf("%d\n",y);
   return 0;
}
```

A) 17　　B) 18　　C) 19　　D) 20

答案：C

分析：for 语句循环执行 3 次，因此 y=1+4+6+8，即 y=19。

14. 以下程序的输出结果是________。

```
#include <stdio.h>
int main()
```

```
{   int aa[3][3]={{2},{4},{6}},i,*p=&aa[0][0];
    for(i=0; i<2; i++)
    {   if(i==0) aa[i][i+1]=*p+1;  else  ++p;
        printf("%d",*p);
    }
    printf("\n");
    return 0;
}
```

A) 23　　　　B) 26　　　　C) 33　　　　D) 36

答案：A

分析：给数组aa赋完初值后，aa[0][0]=2，aa[1][0]=4，aa[2][0]=6，其他数组元素为0。第一次执行for循环体(i=0)时，执行aa[0][1]=*p+1，即a[0][1]=aa[0][0]+1，即a[0][1]=3，并输出*p，即输出aa[0][0]=2；第2次执行for循环体(i=1)时，执行++p，使p指向aa[0][1]，并输出*p，即输出aa[0][1]=3；所以选项A正确。

二、填空题

1. 将以下程序中的函数声明语句补充完整：

```
#include <stdio.h>
int ________;
main()
{   int x,y,(*p)( );
    scanf("%d%d",&x,&y);
    p=max;
    printf("%d\n",(*p)(x,y));
}
int max(int a,int b)
{   return (a>b?a:b); }
```

答案：max(int a,int b)

2. 以下程序的输出结果是_____。

```
int *var, ab;
ab=100; var=&ab; ab=*var+10;
printf("%d\n",*var);
```

答案：110

3. 以下程序的输出结果是____。

```
#include<stdio.h>
int main()
{   int a[]={2,4,6},*prt=&a[0],x=8,y,z;
    for(y=0; y<3; y++)    z=(*(prt+y)<x)?*(prt+y):x;
```

```
    printf("%d\n",z);
    return 0;
}
```

答案：6

分析：输出结果是第 3 次执行 for 循环体(y=2)时 z 的值，z=(6<8)?6:8，即 z=6。

4. 以下程序的输出结果是____。

```
#include<stdio.h>
#define N 5
int fun(char *s,char a,int n)
{   int j; *s=a; j=n;
    while(a<s[j]) j--;
    return j;
}
int main()
{   char s[N+1]; int k,p;
    for(k=1; k<=N; k++) s[k]='A'+k+1;
    printf("%d\n",fun(s,'E',N));
    return 0;
}
```

答案：3

分析：主函数中的 for 循环用于给数组 s 赋值，使 a[1]='C'、a[2]='D'、a[3]='E'、a[4]='F'、a[5]='G'。接下来调用 fun(s,'E',N)，将实参的值传给形参，然后执行语句*s=a;，使主函数中的 a[0]='E'；while 循环中的循环条件为 a<s[j]，即'E'<s[j]。因此，当 j=5 时开始循环，当 j=3 时结束循环，fun 函数的返回值为 3。

5. 以下程序的输出结果是____。

```
#include<stdio.h>
int main()
{   char *p[]={"BOOL","OPK","H","SP"};
    int i;
    for(i=3; i>0; i--,i--)    printf("%c",*p[i]);
    printf("\n");
    return 0;
}
```

答案：SO

分析：for 循环共循环两次。第 1 次循环(i=3)时输出*p[3]，即字符'S'，因为 p[3]就是字符'S'的地址；第 2 次循环(i=1)时输出*p[1]，即字符'O'。

6. 以下程序的输出结果是_____。

```
#include<stdio.h>
```

```
int ast(int x,int y,int *cp,int *dp)
{   *cp=x+y;
    *dp=x-y;
}
int main()
{   int a,b,c,d;
    a=4; b=3;
    ast(a,b,&c,&d);
    printf("%d, %d\n",c,d);
    return 0;
}
```

答案：7，1

分析：虽然 ast 函数的返回值为整数，但这并不确定，因为没有 return 语句。ast 函数会通过两个指针型参数带回两个整数。当调用函数 ast(a,b,&c,&d)时，系统会将实参分别传给相应的形参，使 x=4、y=3、cp=&c、dp=&d；然后执行语句*cp=x+y;，即*cp=7;，即主函数中的 c=7;；继续执行语句*dp=x – y;，即*dp=1;，即主函数中的 d=1;。最后输出 c 和 d 的值。

7. 以下程序的输出结果是_____。

```
#include<stdio.h>
void fun(int n,int *s)
{   int f1,f2;
    if(n==1||n==2) *s=1;
    else
    {     fun(n-1,&f1); fun(n-2,&f2);
          *s=f1+f2;
    }
}
int main()
{   int x;
    fun(6,&x);
    printf("%d\n",x);
    return 0;
}
```

答案：8

分析：函数 fun(6,&x)是递归函数，其功能是求 Fibonacci 数列(1、1、2、3、5、8、…)的第 6 项。递归调用过程如下：

第 1 次，调用 fun(6,&x)，n=6，调用 fun(5,&f1)和 fun(4,&f2)。

第 2 次，调用 fun(5,&x)，n=5，调用 fun(4,&f1)和 fun(3,&f2)。

第 3 次，调用 fun(4,&x)，n=4，调用 fun(3,&f1)和 fun(2,&f2)。

第 4 次，调用 fun(3,&x)，n=3，调用 fun(2,&f1)和 fun(1,&f2)。

第 5 次，调用 fun(2,&x)，n=2，得到 x=1。

第 6 次，调用 fun(1,&x)，n=1，得到 x=1。
推出 fun(3,&x)中的 x=2。
推出 fun(4,&x)中的 x=3。
推出 fun(5,&x)中的 x=5。
推出 fun(6,&x)中的 x=8。

三、编程题(要求使用指针完成)

1. 输入 3 个整数，按由小到大的顺序输出。
程序如下：

```
#include<stdio.h>
int main()
{   int a,b,c,*p1=&a,*p2=&b,*p3=&c,*p;
    scanf("%d%d%d",p1,p2,p3);
    if(*p1>*p2) {p=p1;p1=p2;p2=p;}
    if(*p1>*p3) {p=p1;p1=p3;p3=p;}
    if(*p2>*p3) {p=p2;p2=p3;p3=p;}
    printf("%d %d %d\n",*p1,*p2,*p3);
    return 0;
}
```

程序运行结果如下：

```
23 11 56↙
11 23 56
```

2. 输入 5 个数，按绝对值从小到大进行排序后输出。
分析：库函数 fabs 用于求实数的绝对值，所在的头文件为 math.h。这里使用选择排序法。
程序如下：

```
#include <stdio.h>
#include <math.h>
#define N 5
int main()
{   float a[N],t; int i,j,k;
    printf("input %d numbers:\n",N);
    for(i=0;i<N;i++) scanf("%f",a+i);    /* a+i 为&a[i] */
    for(i=0;i<N-1;i++)
      {  k=i;
         for(j=i+1;j<N;j++) if(fabs(*(a+j))<fabs(*(a+k))) k=j;
         t=*(a+k); *(a+k)=*(a+i); *(a+i)=t; }
    for(i=0;i<N;i++) printf("%.2f    ",*(a+i));
    printf("\n");
    return 0;
}
```

程序运行结果如下：

```
11  22  -3  45  -44↙
-3.00  11.00  22.00  -44.00  45.00
```

3. 编写程序，将一个字符串中的所有小写字母转换为相应的大写字母，其余字符不变。

分析：可编写函数 fun 来完成字母的大小写转换，fun 函数的参数为字符型指针变量 p，利用指针变量 p，即可通过循环语句对字符串中的每个字符进行操作。若为小写字母，则转换为对应的大写字母，其他字符不变。

程序如下：

```
#include <stdio.h>
void fun(char *p)
{
    while(*(p)!='\0') {if(*p>='a'&&*p<='z') *p-=32; p++;}
}
int main()
{   char a[81];
    printf("input a string:\n");
    gets(a);
    fun(a);
    puts(a);
    return 0;
}
```

程序运行结果如下：

```
input a string:
abcdef123↙
ABCDEF123
```

4. 编写程序，求一维数组中的最大值及最小值。请适当选择参数，以便将求得的最大值及最小值传递给 main 函数。

分析：可编写函数 maxmin 来求一维数组中的最大值及最小值，因为不需要通过函数名带回数据，所以 maxmin 函数可设为 void 类型；形参 x 指向数组，形参 n 表示数组元素的个数，形参 max 和 min 分别指向存放最大值和最小值的整型变量。

程序如下：

```
#include<stdio.h>
void maxmin(int *x, int n,int *max, int *min)
{   int i;
    *max=*min=*x;
    for(i=1;i<n;i++)
    {    if(*(x+i)>*max) *max=*(x+i);
         if(*(x+i)<*min) *min=*(x+i);
```

```
    }
  }
int main()
{   int a[10]={1,4,8,3,23,11,9,5,2,10};
    int max,min;
    maxmin(a,10,&max,&min);
    printf("max=%d, min=%d\n",max,min);
    return 0;
}
```

程序运行结果如下：

```
max=23, min=1
```

5. 求一维数组中的最大值。要求编写一个能够返回最大值所在地址的函数。

分析：假设将要编写的函数名为 max，返回值为指针类型，参数 x 指向一维数组，参数 n 表示数组元素的个数。

程序如下：

```
#include<stdio.h>
int *max(int *x, int n)
{   int i,*p;
    p=x;
    for(i=1;i<n;i++) if(*(x+i)>*p) p=x+i;
    return p;
}
int main()
{   int a[10]={1,4,8,3,25,11,9,5,2,10};
    int *pmax;
    pmax=max(a,10);
    printf("max=%d\n",*pmax);
    return 0;
}
```

程序运行结果如下：

```
max=25
```

6. 编写程序，将字符串中连续的相同字符仅保留 1 个(如字符串"a bb cccd ddd ef"经处理后变为"a b cd d ef")。

分析：编写函数 del_sm，作用是将字符串中连续的相同字符仅保留 1 个，这个函数没有返回值，参数 p 指向字符串的首地址。可利用循环语句依次对字符串中连续的两个字符进行比较，若相同，就删掉一个。例如，若 p1 指向的字符与其之后的字符相同，即满足条件*p1==*(p1+1)，就使用库函数 strcpy 删掉其中之一，即执行 strcpy(p1,p1+1);语句。

程序如下：

```
#include<stdio.h>
void del_sm(char *p)
{  char *p1;p1=p;
   while(*p1!='\0')
      if(*p1==*(p1+1)) strcpy(p1,p1+1);
      else p1++;
}
int main()
{  char a[81]";
   gets(a);
   del_sm(a);
   puts(a);
   return 0;
}
```

程序运行结果如下：

```
a bb  cccd  ddd  ef↙
a b cd d ef
```

7. 编写程序，将 float 型二维数组的每一行元素除以该行中绝对值最大的元素。

分析：可使用库函数 fabs 计算实数的绝对值，fabs 库函数所在的头文件为 math.h，这里需要编写两个函数。

第一个函数为 float max(float *p, int n)，参数 p 表示二维数组的某一行中第一个元素的地址，因而这一行中的第一个元素为*p，第二个元素为*(p+1)，以此类推；参数 n 表示二维数组中一行元素的个数，max 函数的返回值为这一行中绝对值最大的那个元素的绝对值。

第二个函数为 void fun(float a[][4],int m, int n)，参数 a 表示二维数组，同时也是行指针变量，每行 4 个元素。当调用 fun 函数时，若将二维数组的数组名传给 a，则*a 表示第一行的第一个元素的地址，*(a+1)表示第二行的第一个元素的地址，以此类推；参数 m 表示行数，参数 n 表示列数，fun 函数没有返回值，其功能是将二维数组 a 的每一行元素除以该行中绝对值最大的元素。

程序如下：

```
#include<stdio.h>
#include<math.h>
float max(float *p, int n)
{  int i;
   float m;
   m=fabs(*p);          /* 求第一个元素的绝对值 */
   for(i=1;i<n;i++) if(fabs(*(p+i))>m) m=fabs(*(p+i));
   return m;
}
void fun(float a[][4],int m, int n)
```

```
{   float x;
    int i,j;
    for(i=0;i<m;i++)
    {   x=max(*(a+i),n);           /*调用 max 函数，求第 i+1 行中绝对值最大的那个元素的绝对值*/
        for(j=0;j<n;j++) *(*(a+i)+j)/=x;       /* a[i][j]/=x     */
    }
}
int main()
{   float a[3][4]={{1,2,3,4},{11,12,13,14},{21,22,23,24}};
    int i,j;
    for(i=0;i<3;i++)
      {   for(j=0;j<4;j++) printf("%7.2f",a[i][j]);
          printf("\n");
      }
   fun(a,3,4);
   for(i=0;i<3;i++)
     {    for(j=0;j<4;j++) printf("%7.2f",a[i][j]);
          printf("\n");
     }
    return 0;
}
```

程序运行结果如下：

```
 1.00   2.00   3.00   4.00
11.00  12.00  13.00  14.00
21.00  22.00  23.00  24.00
 0.25   0.50   0.75   1.00
 0.79   0.86   0.93   1.00
 0.88   0.92   0.96   1.00
```

8. 编写程序，将一个 5×5 的矩阵转置。

分析：编写函数 tran(int x[][5],int m,int n)以完成对 5×5 矩阵的转置。形参 x 表示二维数组，同时也是行指针变量；参数 m 表示行数；参数 n 表示列数。tran 函数没有返回值。矩阵转置是指将 x[i][j]和 x[j][i]的值互换，用指针法表示的话，就是将*(*(x+i)+j)和*(*(x+j)+i)的值互换。

程序如下：

```
#include<stdio.h>
void tran(int x[][5], int m,int n)
{    int i,j;   float y;
     for(i=0;i<m;i++)
          for(j=i+1;j<n;j++)
               {   y=*(*(x+i)+j);*(*(x+i)+j)=*(*(x+j)+i); *(*(x+j)+i)=y;}
}
int main()
```

```
{   int a[][5]={{1,2,3,4,5},{11,12,13,14,15},{21,22,23,24,25},
                {31,32,33,34,35},{41,42,43,44,45}};
    int i,j;
    for(i=0;i<5;i++)
      {   for(j=0;j<5;j++) printf("%4d",a[i][j]);
          printf("\n");
      }
    tran(a,5,5);
    for(i=0;i<5;i++)
       {   for(j=0;j<5;j++) printf("%4d",a[i][j]);
           printf("\n");
       }
  return 0;
}
```

程序运行结果如下：

```
  1   2   3   4   5
 11  12  13  14  15
 21  22  23  24  25
 31  32  33  34  35
 41  42  43  44  45
  1  11  21  31  41
  2  12  22  32  42
  3  13  23  33  43
  4  14  24  34  44
  5  15  25  35  45
```

9. 编写程序，观察一个 5×5 的二维数组，将每一行中的最大值按一一对应的顺序放入一维数组中。以二维数组 int a[5][5]和一维数组 s[5]为例，这里需要将数组 a 中第 1 行的最大值存入 s[0]，将数组 a 中第 2 行的最大值存入 s[1]，依此类推。

分析：编写函数 fun(int a[][5],int s[],int m,int n)以完成上述功能。形参 a 表示二维数组，同时也是行指针变量；形参 s 表示一维数组，同时也是指向 int 型数据的指针变量；参数 m 表示行数；参数 n 表示列数。外循环循环 m 次，目的是将二维数组 a 中每一行的最大值存入一维数组 s 中；内循环循环 n 次，目的是求出一行中的最大值。

程序如下：

```
#include<stdio.h>
void fun(int a[][5],int s[],int m,int n)
{  int i,j,t;
   for(i=0;i<m;i++)
     {  t=*(*(a+i));
        for(j=1;j<n;j++)
            if(*(*(a+i)+j)>t) t=*(*(a+i)+j);
```

```
            *(s+i)=t;
        }
}
int main()
{   int a[][5]={{1,2,3,4,5},{11,12,13,14,15},{21,22,23,24,25},
                {31,32,33,34,35},{41,42,43,44,45}};
    int s[5],i,j;
    for(i=0;i<5;i++)
    {   for(j=0;j<5;j++) printf("%4d",a[i][j]);
        printf("\n");
    }
    printf("\n");
    fun(a,s,5,5);
    for(i=0;i<5;i++)
        printf("%4d",s[i]);
    printf("\n");
    return 0;
}
```

程序运行结果如下：

```
1   2   3   4   5
11  12  13  14  15
21  22  23  24  25
31  32  33  34  35
41  42  43  44  45
 5  15  25  35  45
```

第10章　习 题 解 答

一、选择题

1. 若有以下结构体变量定义语句：

```
struct student {int num;char name[9];} stu;
```

则下列叙述中错误的是________。

A) 结构体名为 student　　B) 结构体类型名为 stu

C) num 是结构体成员名　　D) struct 是 C 语言中的关键字

答案：B

分析：在选项 B 中，stu 是结构体变量名，不是结构体类型名。

2. 若有以下定义语句：

```
struct date{int y,m,d;};
struct student
{ int num;char name[9];struct date bir;} stu,*p=&stu;
```

为了对结构体变量stu的成员进行引用，下列选项中错误的是________。

A) p->bir->y　　B) p->bir.y　　C) stu.bir.y　　D) stu.name

答案：A

分析：选项A中的bir不是指针，不能使用指向运算符->，应改为bir.y。

3. 若有以下定义语句：

```
struct student {int num;char name[9];};
```

则下列语句中不能正确定义结构体数组并赋初值的是________。

A) struct student stu[2]={1, "zhangsan",2,"li si"};

B) struct student stu[2]={{1,"zhangsan"},{2,"li si"}};

C) struct stu[2]={{1, "zhangsan"},{2,"li si"}};

D) struct student stu[]={{1,"zhangsan"},{2,"li si"}};

答案：C

分析：选项C中缺少结构体名student。

4. 若有以下定义语句：

```
struct student {int num;char name[9];} stu[2]={1, "zhangsan",2, "lisi"};
```

则下列语句中能够输出字符串"lisi"的是________。

A) printf("%s",stu[0].name);　　B) printf("%s",&stu[1].name);

C) printf("%s",stu[1].name[0]);　　D) printf("%s",&stu[1].name[0]);

答案：D

分析：选项A会输出"zhangsan"；选项B错误，因为name是数组名，同时也是地址，前面不能再加运算符&；选项C错误，因为name[0]是元素，不是地址；选项D正确。

5. 以下程序的输出结果是________。

```
#include<stdio.h>
int main()
{   struct cmplx { int x; int y; } cnum[2]={1,3,2,7};
    printf("%d\n",cnum[0].y/cnum[0].x*cnum[1].x);
    return 0;
}
```

A) 0　　B) 1　　C) 3　　D) 6

答案：D

分析：表达式cnum[0].y/cnum[0].x*cnum[1].x为3/1*2，结果为6。

6. 若有以下定义语句：

```
struct node{ int n; struct node *next;} x, y, *p=&x, *q=&y;
```

则下列语句中能够将 y 节点链接到 x 节点之前的是________。

A) x.next=p;　B) x.next=q;　C) y.next=p;　D) y.next=q;

答案：C

分析：由下图可以看出，选项 C 中的语句 y.next=p;可以将 y 节点链接到 x 节点之前。

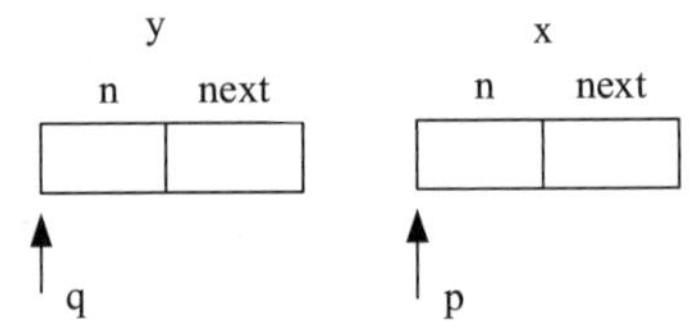

7. 假设已建立一个单向链表，指针变量 p1 指向链表中的某一节点，指针变量 p2 指向下一节点。下列语句中能够将 p2 指向的节点从链表中删除并释放的是________。

A) p1=p2; free(p2);　B) p1->next=p2->next; free(p2);

C) *p1.next=*p2.next; free(p2);　D) p1=p2->next; free(p2);

答案：B

分析：由下图可以看出，选项 B 正确。

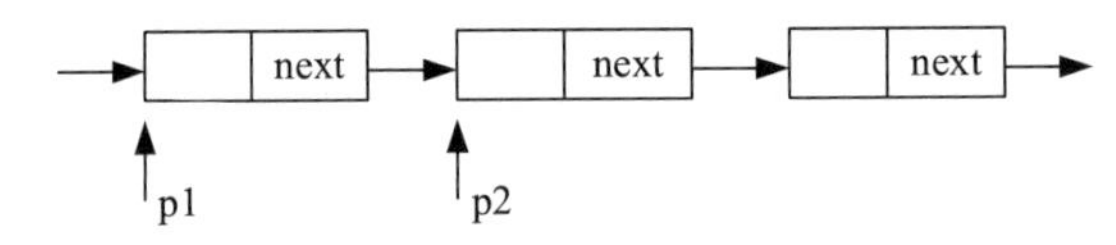

8. 假设已建立一个单向链表，指针变量 p1 指向链表中的某一节点，指针变量 p2 指向下一节点，指针变量 p 指向新申请的节点。下列语句中能够将 p 所指节点插入链表中 p1 与 p2 所指节点之间的是________。

A) p->next=p2; p1->next=p;　B) p1=p; p=p2;

C) p=p2; p1->next=p;　D) p1=p; p->next=p2;

答案：A

分析：由下图可以看出，选项 A 正确。

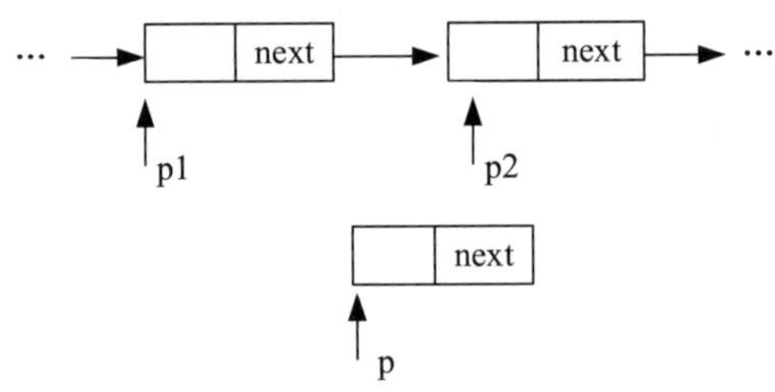

9. 下面程序的输出结果是________。

```
#include<stdio.h>
int main()
{   union {char n[12]; int m[4]; double x[2];} a;
    printf("%d\n",sizeof(a));
    return 0;
}
```

A) 12　　B) 16　　C) 18　　D) 36

答案：B

分析：共用体变量的所有成员占用同一块存储空间，sizeof(a)的值等于共用体变量a中占用内存空间最大的成员所需的字节数，在这里是16字节。

10. 下面程序的输出结果是________。

```
#include<stdio.h>
int main()
{    int x=1,y=2,z=3;
     struct aa {int a; int*p;} s[]={4, &x, 5, &y, 6, &z};
     struct aa *q=s+1;
     printf("%d\n",*(q->p)++);
     return 0;
}
```

A) 1　　B) 2　　C) 3　　D) 4

答案：B

分析：数组s有3个元素——s[0]、s[1]和s[2]，指针q指向数组s的第2个元素s[1]。在输出语句中，表达式*(q->p)++的值是*(q->p)，即*(&y)，即y=2。

11. 下面程序的输出结果为________。

```
#include<stdio.h>
int main()
{   struct node { int n; struct node *next;} a[4];
    int i;
    for(i=0;i<3;i++)
        { (a+i)->n=i+1; (a+i)->next=a+i+1;}
    (a+i)->next=a;
    printf("%d,%d\n",(a[1].next)->n, a[3].next->n);
    return 0;
}
```

A) 1,2　　B) 2,1　　C) 1,3　　D) 3,1

答案：D

分析：上述程序中的for语句以及后面的赋值语句用于给数组a赋值，结果如下图所示。可以看出，输出结果为“3,1”。

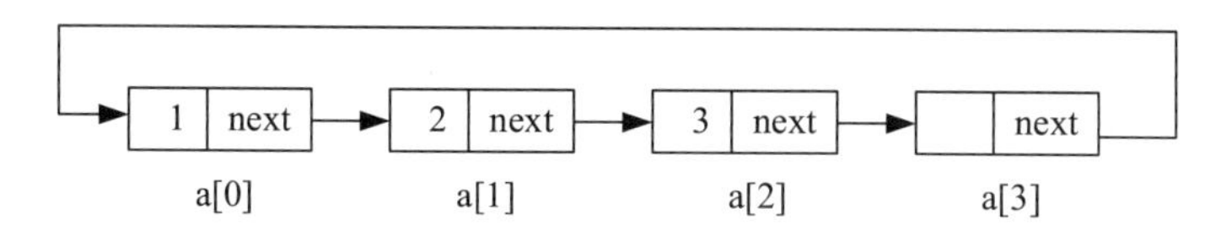

12. 下面程序的输出结果是________。

```
#include<stdio.h>
typedef union {long x[4]; int y[4]; char z[8]; } MYTYPE;
MYTYPE them;
int main()
 {   printf("%d\n",sizeof(them));   return 0;}
```

A) 32　　B) 16　　C) 8　　D) 24

答案：B

分析：上述程序使用 typedef 将后面的共用体类型命名为 MYTYPE，然后使用共用体类型 MYTYPE 定义了共用体变量 them，因此 sizeof(them)等于共用体变量所占字节数。

二、填空题

1. 若有以下结构体类型定义语句和变量定义语句，则变量 a 在内存中占用的字节数是________。

```
struct stud
{   char num[6];
    int s[4];
    double ave;
 }a;
```

答案：30

分析：变量 a 在内存中占用的字节数是 6+16+8=30(在 VC++ 6.0 编译环境中)。

2. 以下程序用来输出结构体变量 ex 所占内存的字节数，请填空。

```
#include<stdio.h>
struct st
{   char name[20]; double score; };
int main()
  {   struct st ex;
      printf("ex size:%d\n", sizeof(__________));
      return 0;
  }
```

答案：struct st 或 ex

3. 若有以下语句：

```
struct st {int n; struct st *next; };
static struct st a[3]={5, &a[1], 6, &a[2], 9, '\0'}, *p;
p=&a[0];
```

则表达式++p->n 的值是________。

答案：6

4. 若有以下语句：

```
typedef int ARRAY;
```

则整型数组a[10]、b[10]、c[10]可定义为______________。
答案：ARRAY a[10],b[10],c[10];
5. 下面程序的运行结果是_________。

```
#include<stdio.h>
int main()
{    struct EXAMPLE
     {  struct { int x; int y;}in; int a; int b; }e;
        e.a=1; e.b=2;
        e.in.x=e.a*e.b;
        e.in.y=e.a+e.b;
        printf("%d, %d",e.in.x, e.in.y);
        return 0;
}
```

答案：2,3
6. 若有以下语句：

```
struct num {int a; int b; float f;} n={1,3,5.0};
struct num *pn=&n;
```

则表达式pn->b/n.a*++pn->b的值是_________，表达式(*pn).a+pn->f的值是_________。
答案：12, 6.0

三、编程题

1. 输入某学生两门功课的成绩，计算总成绩和平均成绩并输出(要求使用结构体变量)。
程序如下：

```
#include <stdio.h>
int main()
{   struct student
    { float s1,s2,sum,ave; }stu;
    scanf("%f%f",&stu.s1,&stu.s2);
    stu.sum=stu.s1+stu.s2;
    stu.ave=stu.sum/2.0;
    printf("sum=%.1f,average=%.1f\n",stu.sum,stu.ave);
    return 0;
}
```

程序运行结果如下：

```
82  91↙
sum=173.0, average=86.5
```

2. 编写程序，求三维空间中任意两点之间的距离，点用结构体表示。

分析：两点(x_1,y_1,z_1)和(x_2,y_2,z_2)之间的距离为$\sqrt{(x_2-x_1)^2+(y_2-y_1)^2+(z_2-z_1)^2}$，可用库函数 sqrt 求平方根。

程序如下：

```
#include <stdio.h>
#include <math.h>
struct point
{ float x, y, z;};
int main()
{    struct point p1,p2;
     float d;
     printf("Input a point:");
     scanf("%f%f%f",&p1.x,&p1.y,&p1.z);
     printf("Input another point:");
     scanf("%f%f%f",&p2.x,&p2.y,&p2.z);
     d=sqrt((p2.x-p1.x)*(p2.x-p1.x)+(p2.y-p1.y)*(p2.y-p1.y)+(p2.z-p1.z)*(p2.z-p1.z));
     printf("d=%.2f\n",D);
     return 0;
}
```

程序运行结果如下：

```
Input a point: 2  2  2↙
Input another point: 1  1  1
d=1.73
```

3. 编写程序，使用结构体类型实现复数的加、减、乘、除运算，每种运算要求使用函数来完成。

分析：复数的加、减、乘、除运算公式如下。

$(a+b\mathrm{i})+(c+d\mathrm{i})=(a+c)+(b+d)\mathrm{i}$

$(a+b\mathrm{i})-(c+d\mathrm{i})=(a-c)+(b-d)\mathrm{i}$

$(a+b\mathrm{i})\times(c+d\mathrm{i})=(ac-bd)+(bc+ad)\mathrm{i}$

$(a+b\mathrm{i})\div(c+d\mathrm{i})=\dfrac{ac+bd}{c^2+d^2}+\dfrac{bc-ad}{c^2+d^2}\mathrm{i}$

程序如下：

```
#include <stdio.h>
struct complex
{    float real, imag;};
struct complex add(struct complex a,struct complex b)
{    struct complex c;
```

```
    c.real=a.real+b.real;
    c.imag=a.imag+b.imag;
    return c;
}
struct complex sub(struct complex a,struct complex b)
{   struct complex c;
    c.real=a.real-b.real;
    c.imag=a.imag-b.imag;
    return c;
}
struct complex mul(struct complex a,struct complex b)
{   struct complex c;
    c.real=a.real*b.real-a.imag*b.imag;
    c.imag=a.real*b.imag+a.imag*b.real;
    return c;
}
struct complex div(struct complex a,struct complex b)
{   struct complex c;
    float t;
    t=b.real*b.real+b.imag*b.imag;
    c.real=(a.real*b.real+a.imag*b.imag)/t;
    c.imag=(b.real*a.imag-a.real*b.imag)/t;
    return c;
}
int main()
{   struct complex x,y,s1,s2,s3,s4;
    printf("Input a complex number:");
    scanf("%f%f",&x.real,&x.imag);   /* 输入复数的实部和虚部 */
    printf("Input another complex number:");
    scanf("%f%f",&y.real,&y.imag);
    s1=add(x,y);
    s2=sub(x,y);
    s3=mul(x,y);
    s4=div(x,y);
    printf("The sum is: %.1f%+.1fi\n",s1.real,s1.imag);
    printf("The difference is: %.1f%+.1fi\n",s2.real,s2.imag);
    printf("The product is: %.1f%+.1fi\n",s3.real,s3.imag);
    printf("The quotient is: %.1f%+.1fi\n",s4.real,s4.imag);
    return 0;
}
```

程序运行结果如下：

```
Input a complex number: 5   6↙
```

```
Input another complex number: 3    4↙
The sum is: 8.0+10.0i
The difference is: 2.0+2.0i
The product is: -9.0+38.0i
The quotient is: 1.6-0.1i
```

4. 编写程序，输入当天日期后，输出明天的日期(要求使用结构体类型)。

分析：算法如下。

(1) 确定每个月的天数，可定义 int mm[13]={0,31,28,31,30,31,30,31,31,30,31,30,31};。

(2) 输入年、月、日——y、m、d。

(3) 如果是闰年，那么执行 mm[2]++。

(4) 如果 d+1≤mm[m]，那么执行 d++。

(5) 如果 d+1>mm[m]且 m<12，那么执行 m++并使 d=1。

(6) 如果 d+1>mm[m]且 m=12，那么执行 y++并使 m=1、d=1。

(7) 输出年、月、日——y、m、d。

程序如下：

```
#include<stdio.h>
int main()
{   struct date{int y,m,d;}x;
    int mm[13]={0,31,28,31,30,31,30,31,31,30,31,30,31};
    printf("Input year month day:");
    scanf("%d%d%d",&x.y,&x.m,&x.d);
    if(x.y%4==0&&x.y%100!=0||x.y%400==0)mm[2]+=1;
    if(x.d+1<=mm[x.m]) x.d+=1;
    else if(x.m<12) {x.m+=1;x.d=1;}
         else {x.y+=1; x.m=1;x.d=1;}
    printf("Output year month day:%d, %d, %d\n",x.y,x.m,x.d);
    return 0;
}
```

程序运行结果如下：

```
Input year month day: 2006    5    31↙
Output year month day: 2006, 6, 1
```

5. 输入 5 名学生的信息，每名学生的信息包括学号和三门功课的成绩，计算每名学生的总成绩和平均成绩并输出(要求使用结构体变量)。

程序如下：

```
#include <stdio.h>
int main()
{   struct student
    {   int num;                    /* num 表示学号   */
        int score[3],sum;           /* score 数组表示三门功课的成绩，sum 表示总成绩 */
        float ave;                  /* ave 表示平均成绩 */
```

```
    }stu[5];
    int i, j;
    for(i=0;i<5;i++)                        /* 输入5名学生的信息 */
    {   scanf("%d",&stu[i].num);            /* 输入学号 */
        stu[i].sum=0;
        for(j=0;j<3;j++)                    /* 输入三门功课的成绩并求总成绩 */
        {   scanf("%d",&stu[i].score[j]);
            stu[i].sum+=stu[i].score[j];
        }
        stu[i].ave=stu[i].sum/3.0;          /* 求平均成绩 */
    }
    printf("%8s%8s%8s%8s%8s%8s\n","No.","score1","score2","score3","total", "average");
    for(i=0;i<5;i++)
    {   printf("%8d",stu[i].num);
        for(j=0;j<3;j++)
            printf("%8d", stu[i].score[j]);
        printf("%8d%8.1f\n",stu[i].sum,stu[i].ave);
    }
  return 0;
}
```

程序运行结果如下：

```
1  60  70  80↙
2  50  65  70↙
3  80  82  78↙
4  40  50  70↙
5  80  95  88↙
No.    score1   score2   score3   total   average
1        60       70       80      210      70.0
2        50       65       70      185      61.7
3        80       82       78      240      80.0
4        40       50       70      160      53.3
5        80       95       88      263      87.7
```

第11章　习题解答

一、选择题

1. C语言中的文件由________。

   A) 记录组成　　　　　　B) 数据行组成

   C) 数据块组成　　　　　D) 字符(字节)序列组成

答案：D

分析：C语言把文件看成字符(字节)序列，选项D正确。

2. C语言可以处理的文件类型是________。

A) 文本文件和数据文件　　B) 文本文件和二进制文件

C) 数据文件和二进制文件　　D) 以上答案都不完全正确

答案：B

分析：C 语言根据数据的组织形式，将文件分为文本文件和二进制文件。文本文件又称ASCII 文件，其中的每个字节存放了一个 ASCII 码，代表一个字符；二进制文件则把内存中的数据按照它们在内存中的存储形式原样存放到磁盘上。选项B正确。

3. 在C语言中，文件的存储方式是________。

A) 只能顺序存取　　B) 只能随机存取(或直接存取)

C) 既可以顺序存取，也可以随机存取　　D) 只能从文件的开头进行存取

答案：C

分析：在C语言中，文件既可以顺序存取，也可以随机存取。顺序存取时只能从头开始，顺序读写文件中的数据；随机存取时则可以先将文件内部的位置指针移到需要读写的位置，之后再进行读写。选项C正确。

4. fgetc函数的作用是从指定的文件中读入一个字符，但文件的打开方式必须是________。

A) 只写　　B) 追加

C) 读或读写　　D) 选项B和C都正确

答案：C

分析：fgetc函数能从指定的文件中读入一个字符，但文件必须以读或读写方式打开。选项C正确。

5. fgets(str,n,fp)函数的作用是从文件中读入一个字符串，以下叙述中正确的是________。

A) 读入后不会自动添加'\0'。

B) fp是文件类型的指针。

C) fgets函数将从文件中最多读入 $n-1$ 个字符。

D) fgets函数将从文件中最多读入 n 个字符。

答案：C

分析：fgets函数能从fp指向的文件中读取一个字符串到字符数组str中，所读字符的个数不超过 $n-1$，然后在读入的最后一个字符的后面加上字符串结束标志'\0'，所以选项A和D是错的，而选项C正确；由于fp是文件类型的指针，因此选项B错误。

6. fscanf函数的正确调用形式是________。

A) fscanf(fp, 格式字符串, 地址表);

B) fscanf(格式字符串, 地址表, fp);

C) fscanf(格式字符串, 文件指针, 地址表);

D) fscanf(文件指针, 格式字符串, 地址表);

答案：D

7. fseek函数的正确调用形式是________。

A) fseek(文件指针, 起始点, 位移量);

B) fseek(fp, 位移量, 起始点);

C) fseek(位移量, 起始点, fp);

D) fseek(起始点, 位移量, 文件指针);

答案：B

8. 若 fp 是指向文件的指针，并且已经读到文件的末尾，则库函数 feof(fp)的返回值是________。

A) 0　　　　B) NULL

C) 真　　　　D) 非零值

答案：D

分析：feof 函数用于判断文件是否处于文件结束位置，若文件结束，则返回非零值，否则返回 0。

9. 在以下函数调用中，能够打开 A 盘上 user 子目录下名为 abc.txt 的文本文件并进行读写操作的是________。

A) fopen("A:\user\abc.txt","r")　　　　B) fopen("A:\\user\\abc.txt","r+")

C) fopen("A:\user\abc.txt","rb")　　　　D) fopen("A:\\user\\abc.txt","w")

答案：B

分析：\\是转义字符，表示字符\，所以选项 A 和 C 错误；由于 w 表示写、r+表示读写，因此选项 B 正确而选项 D 错误。

10. 系统的标准输入文件是指________。

A) 键盘　　　　B) 显示器

C) 软盘　　　　D) 硬盘

答案：A

二、填空题

1. C 语言把文件看作________序列。

答案：字符或字节

2. C 语言通过调用________函数来打开文件。

答案：fopen 或 fopen()

3. 在 C 程序中，数据可以使用二进制和________两种形式进行存放。

答案：ASCII 码

三、编程题

1. 通过键盘输入一段文字(字符)，以字符#结束，将它们保存到文件 ch.txt 中。

程序如下：

```
#include<stdio.h>
int main()
{   FILE *fp;
    char ch;
    fp=fopen("ch.txt","w");
```

```
    printf("Input strings:\n");
    ch=getchar();
    while(ch!='#')
    {    fputc(ch,fp);
         ch=getchar();
    }
    fclose(fp);
    return 0;
}
```

程序运行结果如下：

```
Input strings:
Computer Networks, Fourth Edition↙
Discrete Mathematics, Fifth Edition↙
Data Structures and Algorithms↙
#↙
```

2. 将文件 ch.txt 中的信息读出并显示在屏幕上。
程序如下：

```
#include<stdio.h>
int main()
{    FILE *fp;
     char ch;
     fp=fopen("ch.txt","r");
     ch=fgetc(fp);
     while(!feof(fp))
     {    putchar(ch);
          ch=fgetc(fp);
     }
     fclose(fp);
     return 0;
}
```

程序运行结果如下：

```
Computer Networks, Fourth Edition
Discrete Mathematics, Fifth Edition
Data Structures and Algorithms
```

3. 求 1000 以内的素数，将它们保存到文件 prime.txt 中。
程序如下：

```
#include<stdio.h>
#include<math.h>
```

```
int main()
{   FILE *fp;
    int m,n=0,i,k;              /* n 表示素数的个数  */
    fp=fopen("prime.txt","w");
    for(m=2;m<1000;m++)
    {   k=(int)sqrt(m);
        for(i=2;i<=k;i++)if(m%i==0) break;
        if(i>k)
        {   if(n%10==0)fprintf(fp,"\n");   /* 每行显示 10 个素数 */
            fprintf(fp,"%6d",m);
            n++;
        }
    }
    fprintf(fp,"\n");
    fclose(fp);
    return 0;
}
```

4. 将文件 prime.txt 中的素数读出并显示在屏幕上。

程序如下：

```
#include<stdio.h>
int main()
{   FILE *fp;
    char ch;
    fp=fopen("prime.txt","r");
    ch=fgetc(fp);
    while(!feof(fp))
    {   putchar(ch);
        ch=fgetc(fp);
    }
    fclose(fp);
    return 0;
}
```

程序运行结果如下：

```
     2     3     5     7    11    13    17    19    23    29
    31    37    41    43    47    53    59    61    67    71
    73    79    83    89    97   101   103   107   109   113
   127   131   137   139   149   151   157   163   167   173
   179   181   191   193   197   199   211   223   227   229
   233   239   241   251   257   263   269   271   277   281
   283   293   307   311   313   317   331   337   347   349
   353   359   367   373   379   383   389   397   401   409
```

```
419  421  431  433  439  443  449  457  461  463
467  479  487  491  499  503  509  521  523  541
547  557  563  569  571  577  587  593  599  601
607  613  617  619  631  641  643  647  653  659
661  673  677  683  691  701  709  719  727  733
739  743  751  757  761  769  773  787  797  809
811  821  823  827  829  839  853  857  859  863
877  881  883  887  907  911  919  929  937  941
947  953  967  971  977  983  991  997
```

5. 有 5 名学生，每名学生有三科成绩，通过键盘输入每名学生的信息(包括学号、姓名、三科成绩)，计算平均成绩，将所有数据保存到文件 stud.dat 中，然后将文件 stud.dat 中的数据读出来显示在屏幕上。

分析：学生的信息可用结构体表示。

程序如下：

```
#include<stdio.h>
#define N   5
struct student
{   int num;              /* num 表示学号 */
    char name[10];        /* name 数组表示姓名 */
    int score[3];         /* score 数组表示三科成绩 */
    float ave;            /* ave 表示平均成绩 */
}st[N];
int main()
{   FILE *fp;
    int i,j;
    /* 输入数据并求平均成绩 */
    for(i=0;i<N;i++)
    {     scanf("%d%s",&st[i].num,st[i].name);
          st[i].ave=0;
          for(j=0;j<3;j++)
          {     scanf("%d",&st[i].score[j]);
                st[i].ave+=st[i].score[j]/3.0;
          }
    }
    /* 将数据写入文件 */
    fp=fopen("stud.dat","wb");
    for(i=0;i<N;i++)
    {   if(fwrite(&st[i],sizeof(struct student),1,fp)!=1)
        printf("File write error\n");
    }
    fclose(fp);
```

```
    /* 将文件中的数据读出并显示在屏幕上 */
    fp=fopen("stud.dat","rb");
    for(i=0;i<N;i++)
    {   fread(&st[i],sizeof(struct student),1,fp);
        printf("%5d%8s%4d%4d%4d%6.1f",st[i].num,st[i].name,
        st[i].score[0],st[i].score[1],st[i].score[2],st[i].ave);
        printf("\n");
    }
    fclose(fp);
    return 0;
}
```

程序运行结果如下：

```
101 wang 50 60 70↙
102 li 60 70 80↙
103 zhang 80 82 73↙
104 liu 76 68 80↙
105 liang 68 75 69↙
  101    wang  50  60  70  60.0
  102      li  60  70  80  70.0
  103   zhang  80  82  73  78.3
  104     liu  76  68  80  74.7
  105   liang  68  75  69  70.7
```

6. 对stud.dat文件中的数据按平均成绩进行排序，然后将排序结果保存到新文件stud1.dat中。程序如下：

```
#include<stdio.h>
#define N 10
struct student
{   int num;
    char name[10];
    int score[3];
    float ave;
}st[N],temp;
int main()
{   FILE *fp;
    int i,j,k,n;
    /* 打开stud.dat文件 */
    fp=fopen("stud.dat","rb");
    /* 将stud.dat文件中的数据读入数组st中并显示在屏幕上 */
    printf("\nIn file stud:\n");
    for(i=0;fread(&st[i],sizeof(struct student),1,fp)!=0;i++)
```

```
    {   printf("%5d%8s",st[i].num,st[i].name);
        for(j=0;j<3;j++)
            printf("%4d",st[i].score[j]);
        printf("%6.1f\n",st[i].ave);
    }
    fclose(fp);
    n=i;  /* n 表示数组 st 中包含多少名学生的信息 */
    /* 采用选择排序法，按平均值降序排序 */
    for(i=0;i<n-1;i++)
    {   k=i;
        for(j=i+1;j<n;j++)
            if(st[k].ave<st[j].ave)k=j;
        if(i!=k) {temp=st[i]; st[i]=st[k]; st[k]=temp;}
    }
    /*输出 stud1.dat 文件中的数据 */
    printf("\nIn file stud1:\n");
    fp=fopen("stud1.dat","wb");
     for(i=0;i<n;i++)
     {   fwrite(&st[i],sizeof(struct student),1,fp);
         printf("%5d%8s",st[i].num,st[i].name);
         for(j=0;j<3;j++)
             printf("%4d",st[i].score[j]);
         printf("%6.1f\n",st[i].ave);
     }
    fclose(fp);
    return 0;
}
```

程序运行结果如下：

```
In file stud:
  101    wang   50  60  70  60.0
  102      li   60  70  80  70.0
  103   zhang   80  82  73  78.3
  104     liu   76  68  80  74.7
  105   liang   68  75  69  70.7
In file stud1:
  103   zhang   80  82  73  78.3
  104     liu   76  68  80  74.7
  105   liang   68  75  69  70.7
  102      li   60  70  80  70.0
  101    wang   50  60  70  60.0
```

第三篇

全国计算机等级考试二级C介绍

第1章　全国计算机等级考试大纲

1.1　全国计算机等级考试(二级 C)考试大纲

◆ 基本要求

1. 熟悉 Visual C++ 集成开发环境。
2. 掌握结构化程序设计的方法，具有良好的程序设计风格。
3. 掌握程序设计中简单的数据结构和算法并能阅读简单的程序。
4. 在 Visual C++集成开发环境下，能够编写简单的 C 程序，并具有基本的纠错和调试程序的能力。

◆ 考试内容

一、C 语言程序的结构

1. 程序的构成，main 函数和其他函数。
2. 头文件、数据说明、函数的开始和结束标志以及程序中的注释。
3. 源程序的书写格式。
4. C 语言的风格。

二、数据类型及其运算

1. C 的数据类型(基本类型、构造类型、指针类型、无值类型)及其定义方法。
2. C 运算符的种类、运算优先级和结合性。
3. 不同类型数据间的转换与运算。
4. C 表达式类型(赋值表达式、算术表达式、关系表达式、逻辑表达式、条件表达式、逗号表达式)和求值规则。

三、基本语句

1. 表达式语句、空语句和复合语句。
2. 输入输出函数的调用，正确输入数据并正确设计输出格式。

四、选择结构程序设计

1. 用 if 语句实现选择结构。
2. 用 switch 语句实现多分支选择结构。
3. 选择结构的嵌套。

五、循环结构程序设计

1. for 循环结构。
2. while 和 do-while 循环结构。
3. continue 语句和 break 语句。
4. 循环的嵌套。

六、数组的定义和引用

1. 一维数组和二维数组的定义、初始化和数组元素的引用。
2. 字符串与字符数组。

七、函数

1. 库函数的正确调用。
2. 函数的定义方法。
3. 函数的类型和返回值。
4. 形参与实参，参数值的传递。
5. 函数的正确调用，嵌套调用，递归调用。
6. 局部变量和全局变量。
7. 变量的存储类别(自动存储、静态存储、寄存器存储、外部存储)，变量的作用域和生存期。

八、编译预处理

1. 宏定义和调用(不带参数的宏，带参数的宏)。
2. “文件包含”处理。

九、指针

1. 地址与指针变量的概念，地址运算符与间址运算符。
2. 一维数组、二维数组和字符串的地址以及指向变量、数组、字符串、函数、结构体的指针变量的定义。通过指针引用以上各种类型数据。
3. 将指针作为函数的参数。
4. 返回地址值的函数。
5. 指针数组，指向指针的指针。

十、结构体与共用体

1. 使用 typedef 声明类型别名。
2. 结构体和共用体类型数据的定义以及成员的引用。
3. 通过结构体构成链表，单向链表的建立，节点数据的输出、删除与插入。

十一、位运算

1. 位运算符的含义和使用。
2. 简单的位运算。

十二、文件操作

只要求缓冲文件系统(即高级磁盘 I/O 系统)，对非标准缓冲文件系统(即低级磁盘 I/O 系统)不要求。

1. 文件类型的指针(即 FILE 类型的指针)。
2. 文件的打开与关闭(fopen 和 fclose 函数的应用)。
3. 文件的读写(fputc、fgetc、fputs、fgets、fread、fwrite、fprintf 和 fscanf 函数的应用)，文件的定位(rewind 和 fseek 函数的应用)。

◆ 考试方式

上机考试，考试时长 120 分钟，满分 100 分。

1. 题型及分值

   单项选择题 40 分(含公共基础知识部分 10 分)。

   操作题 60 分(包含程序填空、程序修改题及程序设计题)。

2. 考试环境

   操作系统：中文版 Windows 7。

   开发环境：Microsoft Visual C++ 2010 学习版。

1.2 全国计算机等级考试(二级公共基础)考试大纲

◆ 基本要求

1. 掌握计算机系统的基本概念，理解计算机硬件系统和计算机操作系统。
2. 掌握算法的基本概念。
3. 掌握基本数据结构及其操作。
4. 掌握基本排序和查找算法。
5. 掌握逐步求精的结构化程序设计方法。
6. 掌握软件工程的基本方法，具有初步应用相关技术进行软件开发的能力。
7. 掌握数据库的基本知识，了解关系数据库的设计。

◆ 考试内容

一、计算机系统

1. 掌握计算机系统的结构。
2. 掌握计算机硬件系统结构，包括 CPU 的功能和组成、存储器的分层体系、总线和外部设备。
3. 掌握操作系统的基本组成，包括进程管理、内存管理、目录和文件系统、I/O 设备管理。

二、基本数据结构与算法

1. 算法的基本概念；算法复杂度的概念和意义(时间复杂度与空间复杂度)。
2. 数据结构的定义；数据的逻辑结构与存储结构；数据结构的图形表示；线性结构与非线性结构的概念。
3. 线性表的定义；线性表的顺序存储结构及其插入与删除运算。
4. 栈和队列的定义；栈和队列的顺序存储结构及其基本运算。
5. 线性单链表、双向链表与循环链表的结构及其基本运算。
6. 树的基本概念；二叉树的定义及其存储结构；二叉树的前序、中序和后序遍历。
7. 顺序查找与二分法查找算法；基本排序算法(交换类排序、选择类排序、插入类排序)。

三、程序设计基础

1. 程序设计方法与风格。
2. 结构化程序设计。
3. 面向对象的程序设计方法、对象、方法、属性、继承与多态性。

四、软件工程基础

1. 软件工程的基本概念，软件生命周期的概念，软件工具与软件开发环境。
2. 结构化分析方法，数据流图，数据字典，软件需求规格说明书。
3. 结构化设计方法，总体设计与详细设计。
4. 软件测试的方法，白盒测试与黑盒测试，测试用例的设计，软件测试的实施，单元测试、集成测试和系统测试。
5. 程序的调试，静态调试与动态调试。

五、数据库设计基础

1. 数据库的基本概念：数据库、数据库管理系统、数据库系统。
2. 数据模型，关系数据模型及 E-R 图，从 E-R 图导出关系数据模型。
3. 关系代数运算，包括集合运算及选择、投影、连接运算，数据库的规范化理论。
4. 数据库的设计方法和步骤：需求分析、概念设计、逻辑设计和物理设计的相关策略。

◆ 考试方式

1. 公共基础知识不单独考试，与其他二级科目组合在一起，作为二级考试科目考核内容的一部分。
2. 上机考试，10 道单项选择题，占 10 分。

第 2 章　数据结构与算法

为了使用计算机解决实际问题，需要编写程序。程序应包括两方面内容：一是对数据的描述，也就是在程序中指定数据的类型和组织形式，称为数据结构(Data Structure)；二是对操作的描述，也就是操作步骤，称为算法(Algorithm)。这就是由著名计算机科学家 Nikiklaus Wirth 提出的沃思公式：

程序=数据结构+算法

本章主要介绍数据结构与算法。

2.1 算法

2.1.1 算法的基本概念

为了使用计算机解决实际问题，首先需要设计出解决问题的算法，然后根据算法编写程序。算法设计是程序设计的基础。

1. 算法的定义

算法(Algorithm)是对解题方案的准确而完整的描述。对于一个实际问题来说，如果能通过编写一个计算机程序，并使其在有限的存储空间内运行有限的时间，进而得到正确的结果，则称这个问题是算法可解的。

2. 算法的基本特征

一般来说，一个算法应该具有以下几个基本特征。

(1) 有穷性(Finiteness)。一个算法应包含有限的操作步骤而不能是无限的。算法的有穷性包括合理的执行时间及有限的存储空间需求。因为一个算法如果需要无限长的时间来执行的话，也就意味着该算法永远得不到计算结果。同样，一个算法在执行时如果需要无限的存储空间，则该算法不可能找到合适的运行环境。

(2) 确定性(Definiteness)。算法中的操作都应是确定的，而不能是含糊、模棱两可的。算法中的每一个步骤应当不被解释成不同的含义，它们应是十分明确无误的。

(3) 可行性(Effectiveness)。算法应该可以有效地执行，换言之，算法描述的每一步都可通过将已经实现的基本运算执行有限次数来完成。

(4) 输入(Input)。所谓输入，是指在执行算法时需要从外界取得必要的信息。算法可以有输入，也可以没有输入。

(5) 输出(Output)。算法的目的是求解，“解”就是输出。一个算法可以有一个或多个输出。没有输出的算法是没有意义的。

2.1.2 算法的复杂度

设计算法时，不仅要考虑正确性，还要考虑执行算法时耗费的时间和存储空间。算法的复杂度是衡量算法优劣的度量之一，包括时间复杂度和空间复杂度。

1. 算法的时间复杂度

算法的时间复杂度是指执行算法所需的计算工作量。当度量算法的工作量时，不仅应该与使用的计算机、程序设计语言无关，而且应该与算法实现过程中的许多细节无关。算法的工作量可以用算法在执行过程中所需的基本运算的执行次数来度量。例如，在考虑将两个矩阵相乘时，可以将两个实数之间的乘法运算作为基本运算，而对于使用的加法(或减法)运算忽略不计，这是因为加法和减法需要的运算时间比乘法和除法少得多。

2. 算法的空间复杂度

算法的空间复杂度是指执行算法所需的内存空间。算法占用的存储空间包括算法程序占用的存储空间、输入的初始数据占用的存储空间以及算法在执行过程中所需的额外空间。其中，额外空间包括算法程序执行过程中的工作单元以及某种数据结构所需的附加存储空间(例如，在链式结构中，除了存储数据本身之外，还需要存储链接信息)。

设计算法时，既要考虑让算法的执行速度快(时间复杂度小)，又要考虑让算法所需的存储空间小(空间复杂度小)，这经常是矛盾的，很难兼顾，应根据实际需要而有所侧重。

2.2 数据结构的基本概念

在利用计算机进行数据处理时，需要处理的数据元素一般很多，并且需要把这些数据元素存放到计算机中。因此，大量的数据元素如何在计算机中存放，以便提高数据处理的效率、节省存储空间，便是数据处理中所要解决的关键问题。将大量的数据随意存放到计算机中，这显然对数据处理是不利的。数据结构主要研究以下三个问题：

(1) 数据集合中各数据元素之间固有的逻辑关系，即数据的逻辑结构(Logical Structure)。

(2) 在对数据进行处理时，各数据元素在计算机中的存储关系，即数据的存储结构(Storage Structure)。

(3) 对各种数据结构进行的运算。

讨论上述问题的主要目的是提高数据处理的效率，包括提高数据处理的速度和节省数据处理所需占用的存储空间。

本节主要讨论一些常用的基本数据结构，它们是进行软件设计的基础。

2.2.1 什么是数据结构

数据(Data)是计算机可以保存和处理的数字、字母和符号。数据元素(Data Element)是数据的基本单位，是数据集合中的个体。有时也把数据元素称作节点、记录等。实际问题中的各数据元素之间总是相互关联的。数据处理是指对数据集合中的各元素以各种方式进行运算，包括插入、删除、查找、更改等，也包括对数据元素进行统计分析。在数据处理领域，人们最感兴趣的是数据集合中各数据元素之间存在什么关系、应如何组织它们，也就是如何表示所需处理的数据元素。

数据结构(Data Structure)是指相互有关联的数据元素的集合。例如，向量和矩阵就是数据结构，在这两种数据结构中，数据元素之间有着位置上的关系。再比如，图书馆中的图书卡片目录则是一种较为复杂的数据结构，对于写在各卡片上的各种图书之间，可能在主题、作者等方面相互关联。

数据元素的含义非常广泛，现实世界中存在的一切实体都可以用数据元素表示。例如，描述一年四季的季节名称“春、夏、秋、冬”，可以作为季节的数据元素；表示数值的各个数据，如 26、56、65、73、26、…，可以作为数值的数据元素；表示家庭成员的称呼“父亲、儿子、女儿”，可以作为家庭成员的数据元素；等等。

在数据处理中，对于数据元素之间固有的某种关系(即联系)，通常使用前后件关系(或直接前驱关系与直接后继关系)来加以描述。例如，在考虑一年中四个季节的顺序关系时，“春”是“夏”的前件，而“夏”是“春”的后件。同样，“夏”是“秋”的前件，“秋”是“夏”的后件；“秋”是“冬”的前件，“冬”是“秋”的后件。一般来说，数据元素之间的任何关系都可以用前后件关系来描述。

1. 数据的逻辑结构

数据的逻辑结构是指数据之间的逻辑关系，与它们在计算机中的存储位置无关。数据的逻辑结构有两个基本要素：

(1) 表示数据元素的信息，通常记为 D。

(2) 表示各数据元素之间的前后件关系，通常记为 R。

因此，数据结构可以表示成 B=(D，R)，其中 B 表示数据结构。为了描述 D 中各数据元素之间的前后件关系，一般用二元组来表示。例如，假设 a 与 b 是 D 中的两个数据元素，则二元组(a, b)表示 a 是 b 的前件、b 是 a 的后件。

例 2.1　一年四季的数据结构可以表示成：

```
B=(D，R)
D={春，夏，秋，冬}
R={(春，夏)，(夏，秋)，(秋，冬)}
```

例 2.2　家庭成员的数据结构可以表示成：

```
B=(D，R)
D={父亲，儿子，女儿}
R={(父亲，儿子)，(父亲，女儿)}
```

2. 数据的存储结构

数据的逻辑结构是从逻辑上来描述数据元素之间的关系的，因而独立于计算机。然而，我们研究数据结构的目的是在计算机中实现数据的处理，因此还需要研究数据元素及其相互关系如何在计算机中表示和存储，也就是研究数据的存储结构。数据的存储结构应包括数据元素自身的存储表示和数据元素之间关系的存储表示两方面。在实际进行数据处理时，被处理的各数据元素在计算机存储空间中的位置关系与它们的逻辑关系不一定相同。例如，在家庭成员的数据结构中，“儿子”和“女儿”都是“父亲”的后件，但在计算机存储空间中，不可能将“儿子”和“女儿”这两个数据元素都紧跟着存放在“父亲”这个数据元素的后面。

由于数据元素在计算机存储空间中的位置关系可能与它们的逻辑关系不同，因此为了表示存放在计算机存储空间中的各数据元素之间的逻辑关系(即前后件关系)，在数据的存储结构中，不仅要存放各数据元素的信息，而且要存放各数据元素之间的前后件关系信息。实际上，一种数据的逻辑结构可以表示成多种存储结构。常用的存储结构有顺序结构、链式结构、索引结构等。对于同一种逻辑结构，如果采用的存储结构不同，那么数据处理的效率往往也是不同的。

2.2.2 数据结构的图形表示

数据结构除了可以使用前面讲述的二元关系进行表示之外，还可以使用图形来表示。在数据结构的图形表示中，数据集合 D 中的数据元素用中间标有元素值的方框表示，称为数据节点，简称节点。为了表示各数据元素之间的前后件关系，对于关系 R 中的每一个二元组，用一条有向线段从前件节点指向后件节点。例如，一年四季的数据结构可以用图 2-1 来表示，描述家庭成员间辈分关系的数据结构则可以用图 2-2 来表示。

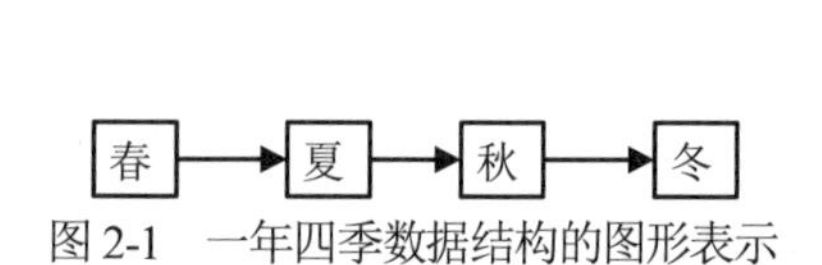

图 2-1　一年四季数据结构的图形表示

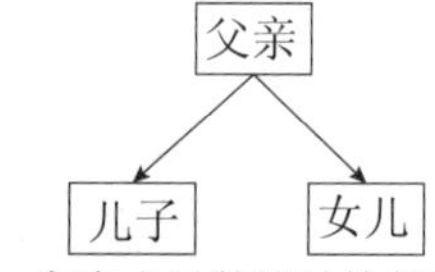

图 2-2　家庭成员数据结构的图形表示

使用图形方式表示数据结构不仅方便，而且也很直观。有时，在不会引起误解的情况下，可以省去从前件节点指向后件节点的连线上的箭头。

在数据结构中，没有前件的节点称为根节点，没有后件的节点称为终端节点(也称为叶子节点)。例如，在图 2-1 所示的数据结构中，节点“春”为根节点，节点“冬”为终端节点；在图 2-2 所示的数据结构中，节点“父亲”为根节点，节点“儿子”与“女儿”都是终端节点。在数据结构中，除根节点与终端节点外的其他节点一般称为内部节点。

2.2.3 线性结构与非线性结构

数据结构可以是空的，也就是一个数据元素都没有，这称为空的数据结构。空的数据结构在插入一个新的数据元素后，将变为非空的数据结构；对于只有一个数据元素的数据结构来说，在将这个数据元素删除后，就变成了空的数据结构。根据数据结构中各数据元素之间前后件关系的复杂程度，一般将数据结构分为两大类：线性结构和非线性结构。如果一个非空的数据结构满足如下两个条件：

(1) 有且只有一个根节点。

(2) 每个节点最多有一个前件，同时最多有一个后件。

就称这个非空的数据结构为线性结构。线性结构又称线性表。

在前面的例 2.1 中，描述一年四季的数据结构就属于线性结构。需要说明的是，线性结构在插入或删除一个节点后仍是线性结构。

一个数据结构如果不是线性结构，那就是非线性结构。在前面的例 2.2 中，描述家庭成员间辈分关系的数据结构就是非线性结构。

2.3 线性表及其顺序存储结构

2.3.1 线性表的基本概念

线性表(Linear List)是最简单、最常用的一种数据结构，由一组数据元素组成。例如，一年中的月份编号(1，2，3，…，12)是一个长度为 12 的线性表。再如，英文小写字母表(a，b，c，…，z)则是一个长度为 26 的线性表。

线性表是由 $n(n\geqslant 0)$ 个数据元素(a_1, a_2, …, a_n)组成的一个有限序列，其中的每个数据元素，除第一个外，有且只有一个前件，除最后一个外，有且只有一个后件。线性表可以表示为(a_1, a_2, …, a_i, …, a_n)，其中 $a_i(i=1, 2, \cdots, n)$是属于数据对象的元素，通常又称为线性表中的节点。当 $n=0$ 时，称为空表。

2.3.2 线性表的顺序存储结构

在计算机中存放线性表时，最简单的方法是采用顺序存储结构。使用顺序存储结构存储的线性表又称为顺序表，特点如下：

(1) 所有元素所占的存储空间是连续的。

(2) 各数据元素在存储空间中是按逻辑顺序依次存放的。

可以看出，在顺序表中，作为前后件的两个元素在存储空间中是紧邻的，并且前件元素一定存储在后件元素的前面。

图 2-3 展示了顺序表在计算机中的存储情况，其中的 $a_1, a_2, \cdots, a_n$ 表示顺序表中的数据元素。

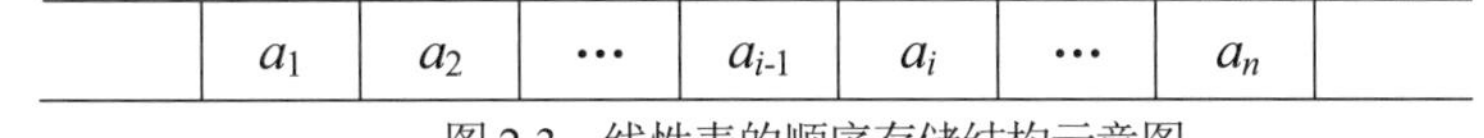

图 2-3　线性表的顺序存储结构示意图

假设在长度为 n 的顺序表(a_1，a_2，…，a_i，…，a_n)中，每个数据元素所占的存储空间相同(假设都为 k 字节)，那么想要在这个顺序表中查找某个元素是很方便的。假设第 i 个数据元素 a_i 的存储地址能用 ADR(a_i)来表示，则有：

$$\mathrm{ADR}(a_i)=\mathrm{ADR}(a_1)+(i-1)k$$

也就是说，在线性表的顺序存储结构中，各数据元素的存储地址可以直接计算求得。

在计算机程序设计语言中，一般使用一维数组来表示线性表的顺序存储空间，因为计算机程序设计语言中的一维数组与计算机中实际的存储空间在结构上十分类似，这便于对顺序表进行各种处理。实际上，在定义一维数组的大小时，建议比顺序表大一些，以便对顺序表进行各种运算，如插入运算等。

顺序表的运算主要有以下几种：

(1) 在顺序表的指定位置插入一个新的元素(即顺序表的插入)。
(2) 在顺序表中删除指定的元素(即顺序表的删除)。
(3) 在顺序表中查找满足给定条件的元素(即顺序表的查找)。
(4) 按要求重排顺序表中各个元素的顺序(即顺序表的排序)。
(5) 按要求将一个顺序表分解成多个顺序表(即顺序表的分解)。
(6) 按要求将多个顺序表合并成一个顺序表(即顺序表的合并)。
(7) 复制一个顺序表(即顺序表的复制)。
(8) 逆转一个顺序表(即顺序表的逆转)，等等。

2.4 栈和队列

2.4.1 栈及其基本运算

1. 栈的基本概念

栈(Stack)是一种特殊的线性表，这种线性表限定仅在一端进行插入和删除运算。其中，允许插入和删除的一端称为栈顶(Top)，不允许插入和删除的另一端则称为栈底(Bottom)。栈顶元素总是最后被插入的那个元素，从而也是最先能被删除的元素；栈底元素总是最先被插入的元素，从而也是最后才被删除的元素。

栈是按照“先进后出”(First In Last Out，FILO)或“后进先出”(Last In First Out，LIFO)的原则操作数据的，因此，栈也被称为“先进后出”表或“后进先出”表。由此可以看出，栈具有记忆功能。

如图 2-4 所示，通常用指针 top 指向栈顶，用指针 bottom 指向栈底。往栈中插入一个元素称为入栈运算，从栈中删除一个元素(即删除栈顶元素)称为出栈运算。

在图 2-4 中，a_1 为栈底元素，a_n 为栈顶元素。栈中的元素按照 $a_1, a_2, \cdots, a_n$ 的顺序进栈，出栈的顺序则刚好相反。

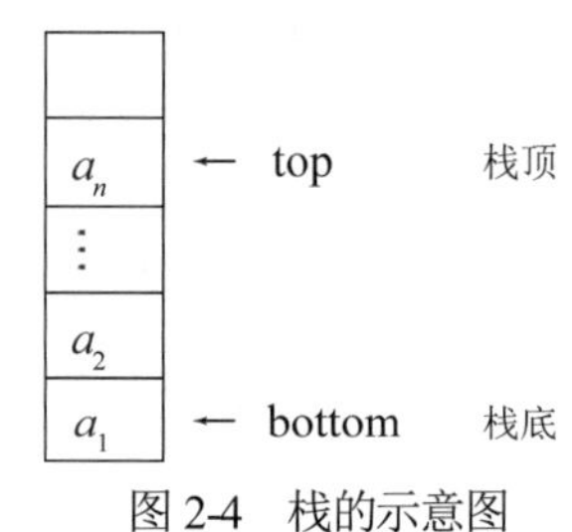

图 2-4 栈的示意图

2. 栈的顺序存储结构及基本运算

栈的顺序存储结构将利用一组地址连续的存储单元依次存放自栈底到栈顶的数据元素，并设有指针指向栈顶元素所在的位置，如图 2-4 所示。使用顺序存储结构的栈简称顺序栈。

栈的基本运算有 3 种：入栈、出栈与读栈。

1) 入栈运算

入栈运算是指在栈顶位置插入一个新的元素。运算过程如下：

① 修改指针，将栈顶指针加 1(top 加 1)。

② 在当前栈顶指针所指位置插入一个新的元素。

当栈顶指针已经指向存储空间的最后一个位置时，说明栈已满，这时不能再执行入栈操作。

2) 出栈运算

出栈运算是指取出栈顶元素并赋给某个变量。运算过程如下：

① 读取栈顶指针指向的栈顶元素并赋给某个变量。

② 将栈顶指针减 1(top 减 1)。

当栈顶指针为 0(top=0)时，说明栈空，这时不能再执行出栈操作。

3) 读栈运算

读栈运算是指将栈顶元素赋给指定的变量。运算过程是：将栈顶指针指向的栈顶元素读出并赋给指定的变量，然后栈顶指针保持不变。

当栈顶指针为 0(top=0)时，说明栈空，因而读不到栈顶元素。

2.4.2 队列及其基本运算

1. 队列的基本概念

队列(Queue)也是一种特殊的线性表，这种线性表限定仅在一端进行插入运算，而在另一端进行删除运算。其中，允许插入的一端称为队尾，允许删除的另一端则称为队头。

队列是按照“先进先出”(First In First Out，FIFO)或“后进后出”(Last In Last Out，LILO)的原则操作数据的，因此，队列也被称为“先进先出”表或“后进后出”表。在队列中，通常用指针 front 指向队头，用指针 rear 指向队尾，如图 2-5 所示。

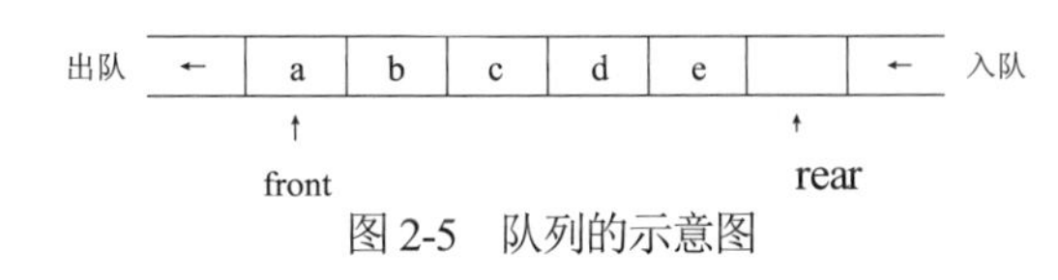

图 2-5 队列的示意图

队列的基本运算有两种：往队列的队尾插入一个元素称为入队运算，从队列的队头删除一个元素称为出队运算。与栈类似，计算机程序设计语言使用一维数组作为队列的顺序存储空间。使用顺序存储结构的队列简称顺序队列。

2. 循环队列及其运算

为了充分利用存储空间，在实际应用中，队列的顺序存储结构一般采用循环队列的形式。当指针 rear 或 front 指向最后一个存储位置时，可把第一个存储位置作为下一个存储位置，这样队列指针便能在整个存储空间中循环游动，从而使顺序队列形成逻辑上的环状空间，称为循环队列(Circular Queue)，如图 2-6 所示。

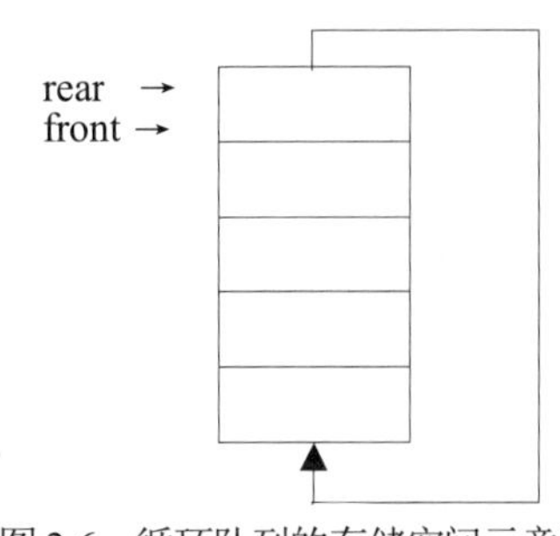

图 2-6 循环队列的存储空间示意图

在循环队列中，当存储空间的最后一个位置已被使用但又需要再次进行入队运算时，只要存储空间的第一个位置空闲，就可以将元素插入第一个位置，这相当于将第一个位置作为新的队尾。可以设置 n 来表示循环队列的最大存储空间。

在循环队列中，从队头指针 front 指向的位置直到队尾指针 rear 指向的前一个位置之间的所有元素均为队列中的元素。循环队列的初始状态为空，此时 rear=front=n，如图 2-6 所示。

循环队列主要有两种基本运算：入队运算与出队运算。每进行一次出队运算，队头指针加 1；当队头指针 front=n+1 时，设置 front=1。每进行一次入队运算，队尾指针加 1；当队尾指针 rear=n+1 时，设置 rear=1。

当循环队列满时，front=rear；而当循环队列空时，也有 front=rear。为了区分队列是满还是空，需要设置标志 sign，sign=0 时表示队列是空的，sign=1 时表示队列非空。下面给出队列空与队列满的条件：队列空的条件为 sign=0；队列满的条件为 sign=1，且 front=rear。

下面具体介绍循环队列的入队与出队运算。

假设循环队列的初始状态为空，此时 sign=0 且 front=rear=n。

1) 入队运算

入队运算是指在循环队列的队尾插入一个新元素。运算过程如下：

① 如果 sign=0 或 sign=1 且 front≠rear，那么执行下列述操作。

② 插入元素，将新元素插入队尾指针指向的位置。

③ 队尾指针加 1，若 rear=n+1，则设置 rear=1。

④ 如果 sign=0，则设置 sign=1。

2) 出队运算

出队运算是指从循环队列的队头取出一个元素并赋给指定的变量。运算过程如下：

① 如果 sign=1，那么执行下列操作。

② 取出元素，将队头指针指向的元素赋给指定的变量。

③ 队头指针加 1，若 front=n+1，则设置 front=1。

④ 若 front=rear，则设置 sign=0。

2.5 线性链表

2.5.1 线性链表的基本概念

线性表的顺序存储结构在插入或删除元素时往往需要移动大量的数据元素。另外，在顺序存储结构中，线性表的存储空间不便于扩充。在线性表的存储空间已满的情况下，如果继续插入新的元素，就会发生“上溢”错误。再如，在实际应用中，经常需要用到若干线性表(包括栈与队列)。如果将存储空间平均分配给各个线性表，就有可能造成有的线性表空间不够用，而有的线性表空间根本用不着或用不完，导致有些线性表的空间处于空闲状态，而另一些线性表却产生“上溢”错误，使操作无法进行。

由于线性表的顺序存储结构存在以上缺点，因此对于数据元素需要频繁变动的大型线性表，建议采用链式存储结构。

1. 线性链表

线性表的链式存储结构称为线性链表。

为了表示线性表的链式存储结构，通常将计算机中的存储空间划分为一个一个的小块，每一小块占用连续的若干字节，通常称这些小块为存储节点。为了存储线性表中的元素，一方面要存储数据元素的值，另一方面还要存储数据元素之间的前后件关系。这就需要将存储空间中的每一个存储节点分为两部分：一部分用于存储数据元素的值，称为数据域；另一部分用于存储下一个数据元素的存储节点的地址，称为指针域。

在线性链表中，一般使用指针 HEAD 指向第一个数据元素的节点，也就是使用 HEAD 存放线性表中第一个数据元素的存储节点的地址。在线性表中，最后一个元素没有后件，所以线性链表中最后一个节点的指针域为空(用 NULL 或 0 表示)，表示链表终止。

假设 4 名学生的某门功课的成绩分别是 a_1、a_2、a_3、a_4，这些数据在内存中的存储单元地址分别是 1248、1488、1366 和 1522，如图 2-7(a)所示。实际上，我们通常使用图 2-7(b)来表示它们之间的逻辑关系。

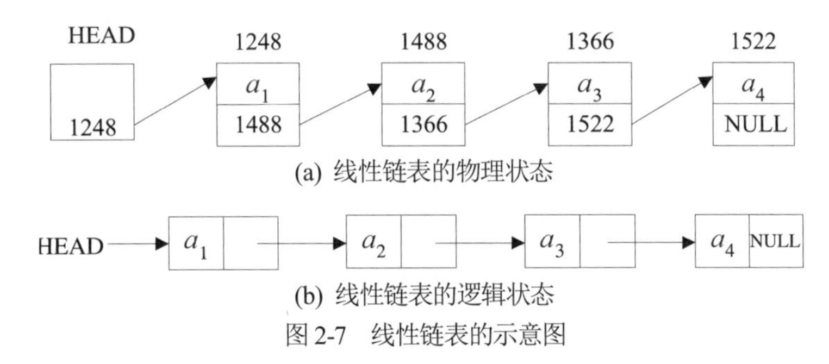

图 2-7　线性链表的示意图

在线性表的链式存储结构中，各节点的存储地址一般是不连续的，而且各节点在存储空间中的位置关系与逻辑关系也不一致。在线性链表中，各数据元素之间的前后件关系是通过各节点的指针域进行指示的。对于线性链表，可以从头指针开始，沿着节点指针遍历链表中的所有节点。

前面讨论的线性链表又称为线性单链表。在线性单链表中，每个节点只有一个指针域，由这个指针域只能找到后件节点。也就是说，线性单链表只能沿着指针向一个方向扫描，这对于有些问题而言是很不方便的。为了克服线性单链表的这个缺点，在一些应用中，可为线性链表中的每个节点设置两个指针域：一个指针域指向前件节点，称为前件指针或左指针；另一个指针域指向后件节点，称为后件指针或右指针。一般把这种包含前件指针和后件指针的线性链表称为双向链表，如图 2-8 所示。

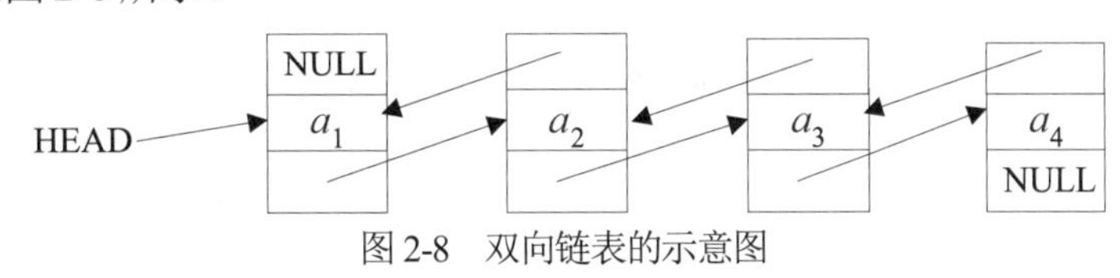

图 2-8　双向链表的示意图

2. 带链的栈

与一般的线性表类似，在进行程序设计时，栈也可以使用链式存储结构。使用链式存储结构的栈又称为带链的栈，简称链栈，如图 2-9 所示。

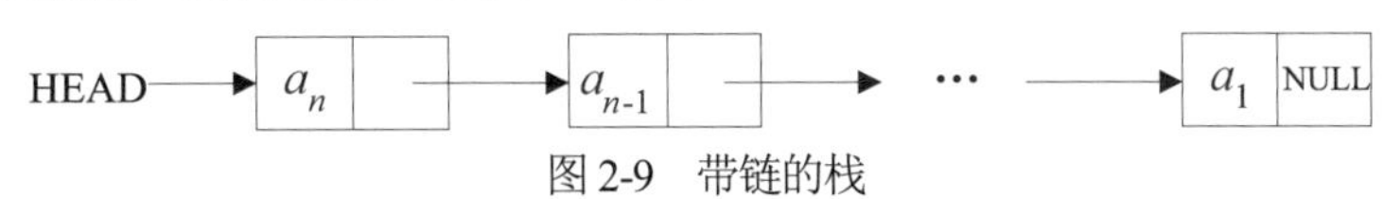

图 2-9　带链的栈

3. 带链的队列

与一般的线性表类似，在进行程序设计时，队列也可以使用链式存储结构。使用链式存储结构的队列又称为带链的队列，简称链队列，如图 2-10 所示。

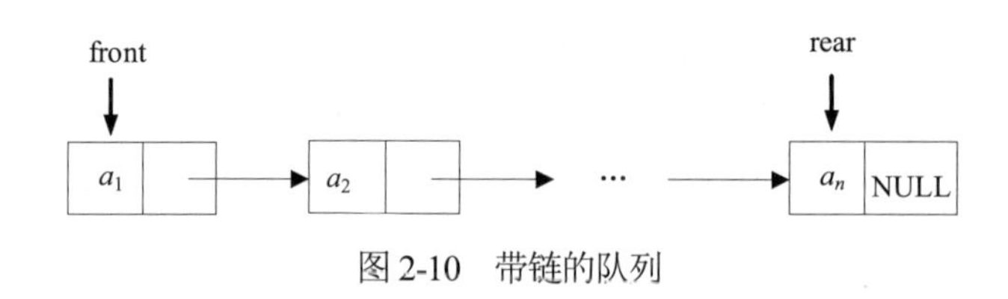

图 2-10　带链的队列

2.5.2　线性链表的基本运算

线性链表的基本运算如下：

(1) 在线性链表中插入一个包含新元素的节点。

(2) 在线性链表中删除包含指定元素的节点。

(3) 将两个线性链表合并成一个线性链表。

(4) 将一个线性链表按要求进行分解。

(5) 逆转线性链表。

(6) 复制线性链表。

(7) 线性链表的排序。

(8) 线性链表的查找。

2.5.3　循环链表

循环链表(Circular Linked List)具有如下两个特点：

(1) 循环链表中增加了表头节点。表头节点的数据域任意，也可根据需要进行设置，指针域则指向线性表中第一个元素的节点。循环链表的头指针指向表头节点。

(2) 循环链表中最后一个节点的指针域不是空的，而是指向表头节点。在循环链表中，所有节点的指针将构成一个环状的链，如图 2-11 所示。其中，图 2-11(a)展示的是一个非空的循环链表(简称非空表)，图 2-11(b)展示的则是一个空的循环链表(简称空表)。

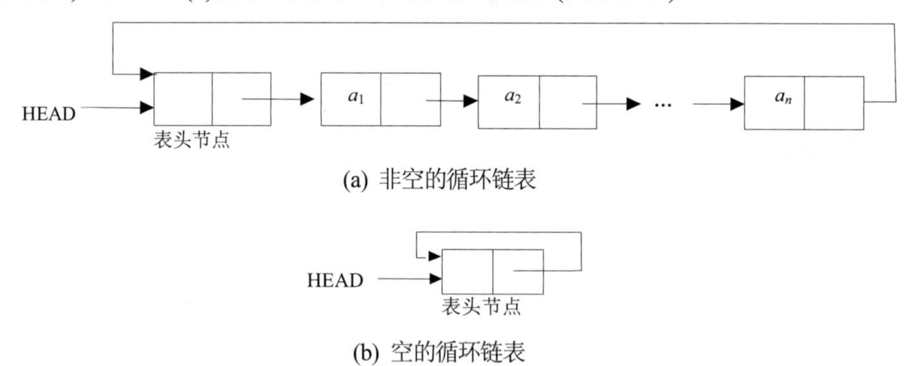

(a) 非空的循环链表

(b) 空的循环链表

图 2-11　循环链表的逻辑状态

在循环链表中，从任何一个节点出发，都可以访问到链表中所有的其他节点。另外，由于设置有表头节点，因此循环链表中至少有一个节点能使空表与非空表的运算统一。

2.6 树与二叉树

2.6.1 树的基本概念

树(Tree)是一种非线性结构，在这种数据结构中，所有数据元素之间的关系具有明显的层次特点，如图 2-12 所示。

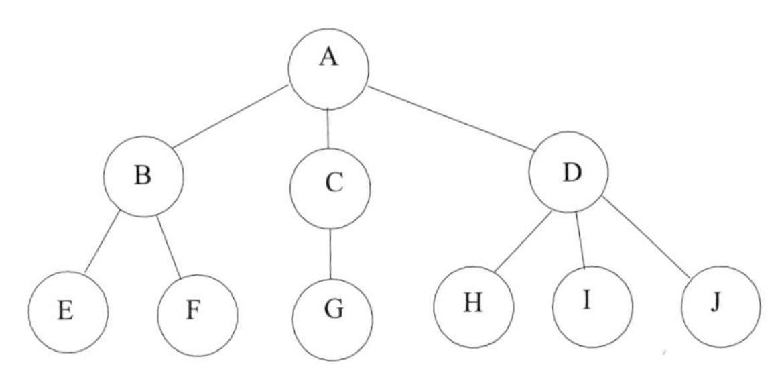

图 2-12　树结构的示意图

从图 2-12 可以看出，在使用图形表示树结构时，样子看起来很像自然界中的树，只不过是一棵倒置的树。因此，人们便用“树”来命名这种数据结构。在树的图形表示中，一般把使用直线连起来的两个节点中上端的节点作为前件，而把下端的节点作为后件，这样用来表示前后件关系的箭头就可以省略了。

实际上，能用树结构表示的例子有很多。例如，学校的行政关系结构就可以用树来表示。由于树具有明显的层次关系，因此具有层次关系的数据都可以用树结构来描述。

关于树的基本术语如下：

- 树中没有前件的节点只有一个，称为根节点(简称根)。例如，在图 2-12 中，节点 A 是树的根节点。除根节点外，每个节点只有一个前件，称为该节点的父节点。
- 树中的每个节点可以有多个后件，它们都称为该节点的子节点。没有后件的节点称为叶子节点。例如，在图 2-12 中，节点 E、F、G、H、I、J 均为叶子节点。
- 树中的某个节点所拥有的后件的个数称为该节点的度。例如，在图 2-12 中，根节点 A 的度为 3，节点 B 的度为 2，节点 C 的度为 1，叶子节点的度为 0。
- 在树的所有节点中，度最大的那个节点的度称为树的度。例如，图 2-12 所示的树的度为 3。

由于树结构具有明显的层次关系，因此在树结构中，可按如下原则分层：根节点在第 1 层。同一层中所有节点的所有子节点都在下一层。例如，在图 2-12 中，根节点 A 在第 1 层，节点 B、C、D 在第 2 层，节点 E、F、G、H、I、J 在第 3 层。

树的最大层数称为树的深度。例如，图 2-12 所示的树的深度为 3。

树中以某节点的一个子节点为根构成的树称为该节点的一棵子树。例如，在图 2-12 中，根节点 A 有 3 棵子树，它们分别以节点 B、C、D 为根节点；节点 B 有两棵子树，它们分别以节点 E、F 为根节点。树的叶子节点没有子树。

2.6.2　二叉树及其基本运算

由于二叉树操作简单，而且任何树都可以转换为二叉树进行处理，因此二叉树在树结构的实际应用中起着重要的作用。

1. 二叉树的基本概念

二叉树(Binary Tree)是一种非常有用的非线性数据结构。二叉树与前面介绍的树结构十分相似，并且有关树结构的所有术语也都适用于二叉树。

二叉树的特点如下：

(1) 非空的二叉树只有一个根节点。

(2) 每个节点最多有两棵子树，分别称为该节点的左子树与右子树。

图 2-13 展示了一棵二叉树，其根节点为A，左子树包含节点B、D、G、H，右子树包含节点 C、E、F、I、J。根节点 A 的左子树又是一棵二叉树，其根节点为 B，并且包含非空的左子树(由节点 D、G、H 组成)和空的右子树。根节点 A 的右子树也是一棵二叉树，其根节点为 C，并且包含非空的左子树(由节点 E、I、J 组成)和右子树(由节点 F 组成)。

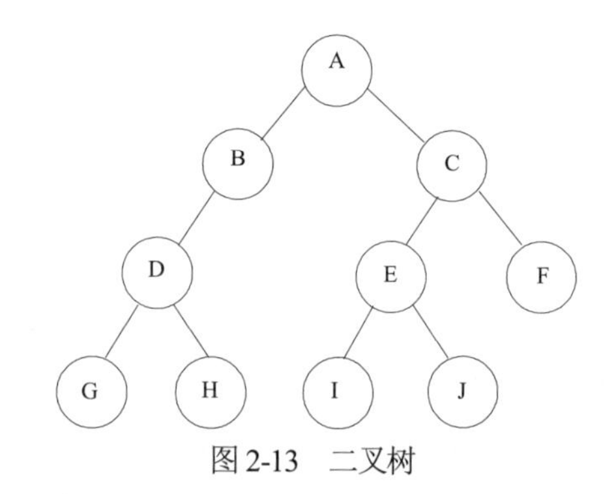

图 2-13　二叉树

在二叉树中，每个节点的度最大为 2。换言之，二叉树的所有子树(左子树或右子树)也均为二叉树，而树节点的度可以是任意的。例如，图 2-14 展示的是 4 棵不同的二叉树，但如果作为普通的树，那么它们是相同的。

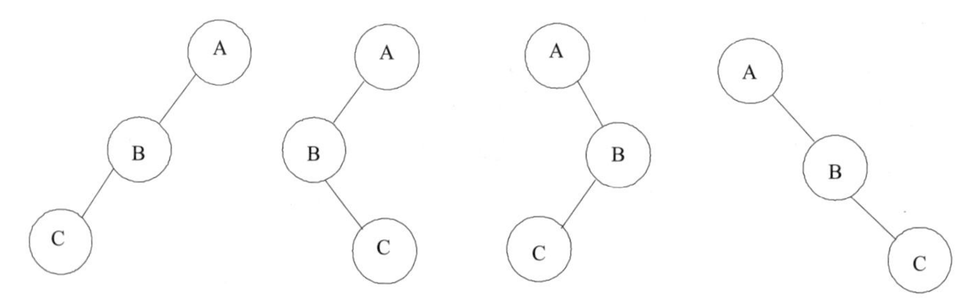

图 2-14　4 棵不同的二叉树

2. 满二叉树与完全二叉树

满二叉树与完全二叉树是两种特殊的二叉树。

1) 满二叉树

在一棵二叉树中，如果所有分支节点都存在左子树和右子树，并且所有叶子节点都在同一层，那么这样的二叉树称为满二叉树。图 2-15(a)和图 2-15(b)分别展示了深度为 2 和 3 的满二叉树。

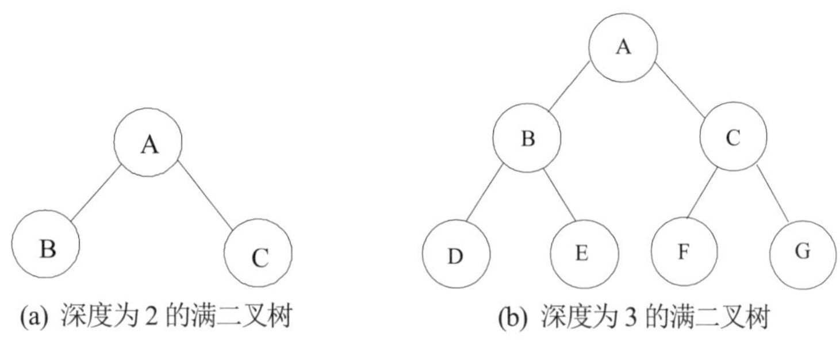

(a) 深度为 2 的满二叉树　　(b) 深度为 3 的满二叉树

图 2-15　满二叉树

2) 完全二叉树

完全二叉树是指满足如下条件的二叉树：除最后一层外，每一层的节点数均达到最大值，并且最后一层只缺少右边的若干节点。更确切地说，假设存在一棵深度为 m 的包含 n 个节点的二叉树，对树中的节点按从上到下、从左到右的顺序进行编号。如果编号为 $i(1\leqslant i\leqslant n)$的节点与满二叉树中编号为 i 的节点在二叉树中的位置相同，那么称这棵二叉树为完全二叉树。显然，满二叉树也是完全二叉树，但完全二叉树不一定是满二叉树。图 2-16 展示了两棵深度为 3 的完全二叉树。

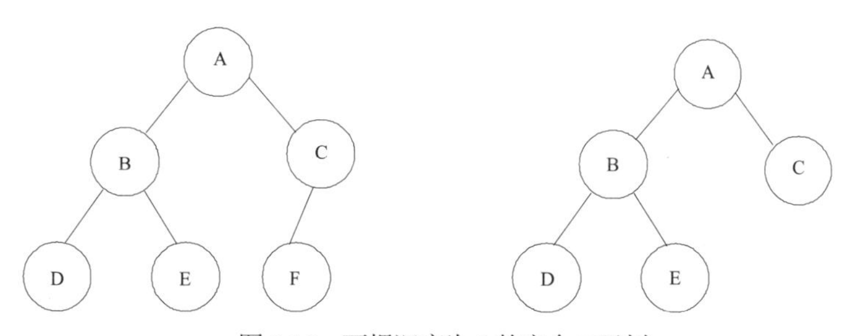

图 2-16　两棵深度为 3 的完全二叉树

3. 二叉树的基本性质

性质 1　在二叉树中，第 i 层的节点最多为 2^{i-1} 个$(i\geqslant 1)$。

根据二叉树的特点，性质 1 是显而易见的。

性质 2　在深度为 k 的二叉树中，总节点最多为 2^k-1 个$(k\geqslant 1)$。

深度为 k 的二叉树是指二叉树共有 k 层。由性质 1 可知，深度为 k 的二叉树的最大节点数为：

$$2^0+2^1+2^2+\cdots+2^{k-1}=2^k-1$$

性质 3　对于任意一棵二叉树，度为 0 的节点(即叶子节点)总是比度为 2 的节点多 1 个。

假设一棵二叉树有 n_0 个叶子节点、n_1 个度为 1 的节点、n_2 个度为 2 的节点，那么这棵二叉树的总节点数为：

$$n=n_0+n_1+n_2$$

又假设这课二叉树总的分支数为 m，因为除根节点外，其余节点都只有一个分支进入，所以 $m=n-1$；但这些分支都是从度为 1 或度为 2 的节点发出的，所以又有 $m=n_1+2n_2$，于是得到：

$$n=n_1+2n_2+1$$

综上可得$n_0=n_2+1$，由此我们得出如下结论：在二叉树中，度为0的节点(即叶子节点)总是比度为2的节点多1个。

例如，图2-13所示的二叉树有5个叶子节点，另外还有4个度为2的节点，度为0的节点比度为2的节点多1个。

性质4　具有n个节点的二叉树的深度至少为$[\log_2 n]+1$，其中$[\log_2 n]$表示取$\log_2 n$的整数部分；而具有n个节点的完全二叉树的深度为$[\log_2 n]+1$。

性质4可以由性质2直接得到。

性质5　如果对一棵包含n个节点的完全二叉树的所有节点从1到n按层(每一层从左到右)进行编号，那么对于任意节点$i(1\leqslant i\leqslant n)$，存在以下几种情况：

(1) 如果i=1，那么节点i是二叉树的根，其没有父节点；如果i>1，那么其父节点的编号为$[i/2]$。

(2) 如果$2i>n$，那么节点i无左子节点(节点i为叶子节点)；否则，其左子节点是节点$2i$。

(3) 如果$2i+1>n$，那么节点i无右子节点；否则，其右子节点是节点$2i+1$。

根据完全二叉树的这个性质，如果按从上到下、从左到右的顺序存储完全二叉树的各个节点，就很容易确定每一个节点的父节点、左子节点和右子节点的位置。

2.6.3　二叉树的存储结构

与一般的线性表类似，在进行程序设计时，二叉树也可以使用顺序存储结构和链式存储结构。所不同的是，此时表示一种层次关系而非线性关系。

对于一般的二叉树，通常采用链式存储结构。用于存储二叉树中各元素的存储节点由两部分组成：数据域与指针域。在二叉树中，由于每个元素可以有两个后件(即两个子节点)，因此二叉树的存储节点的指针域有两个：一个用于存放该节点的左子节点的存储地址，称为左指针域；另一个用于存放该节点的右子节点的存储地址，称为右指针域。图2-17展示了二叉树的存储节点的结构。其中：L(i)是节点i的左指针域，换言之，L(i)为节点i的左子节点的存储地址；R(i)是节点i的右指针域，换言之，R(i)为节点i的右子节点的存储地址；V(i)是数据域。

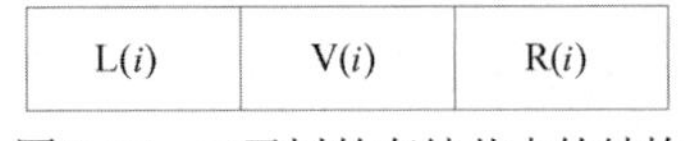

图2-17　二叉树的存储节点的结构

在二叉树的存储结构中，由于每个存储节点有两个指针域，因此二叉树的链式存储结构又称为二叉链表。图2-18展示了二叉链表的存储示意图。

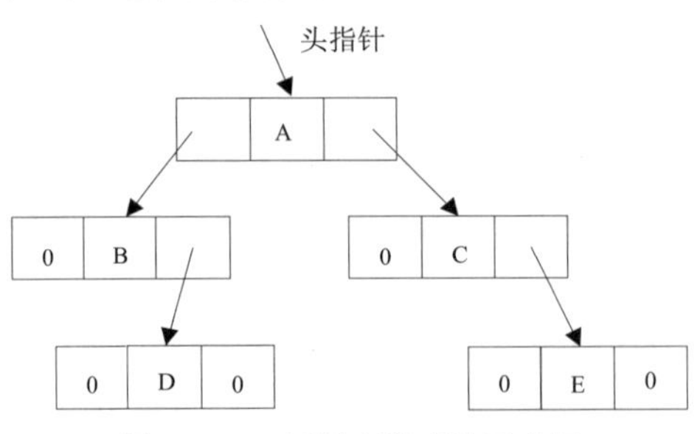

图2-18　二叉链表的存储示意图

对于满二叉树与完全二叉树来说，根据二叉树的性质 5，可按层对节点进行顺序存储，这样不仅节省存储空间，而且能够方便我们确定每个节点的父节点与左右子节点的位置，但顺序存储结构对于一般的二叉树不适用。

2.6.4　二叉树的遍历

在树结构的应用中，常常要求查找具有某种特征的节点，或者要求对树结构中的全部节点逐一进行某种处理。

二叉树的遍历是指按一定的次序访问二叉树中的每一个节点，使每个节点被访问一次且只被访问一次。根据二叉树的定义可知，一棵二叉树可看作由三部分组成——根节点、左子树和右子树。对于这三部分，究竟先访问哪一部分呢？也就是说，用于遍历二叉树的方法实际上要做的就是确定各节点的访问顺序，以便访问到二叉树中的所有节点，并且还要确保各节点只被访问一次。

在遍历二叉树的过程中，通常规定先遍历左子树，再遍历右子树。在上述原则下，根据访问根节点的次序，二叉树的遍历可以分为三种：前序遍历、中序遍历、后序遍历。下面分别介绍这三种遍历方法，并使用 D、L、R 分别表示“访问根节点”“遍历根节点的左子树”和“遍历根节点的右子树”。

1. 前序遍历(DLR)

前序遍历是指首先访问根节点，然后遍历左子树，最后遍历右子树；并且在遍历左、右子树时，仍然首先访问根节点，然后遍历左子树，最后遍历右子树。可以看出，前序遍历二叉树的过程是不断递归的。下面给出前序遍历二叉树的过程。

若二叉树为空，则遍历结束。否则：

(1) 访问根节点；

(2) 前序遍历左子树；

(3) 前序遍历右子树。

例如，对图 2-19 中的二叉树进行前序遍历，遍历结果为 ABDGCEHIF。

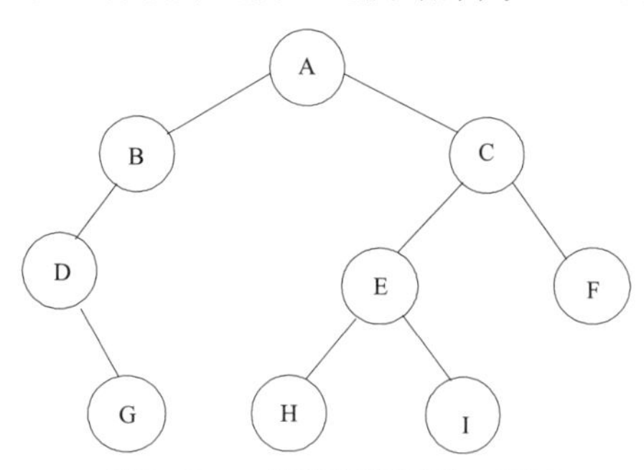

图 2-19　一棵将要遍历的二叉树

2. 中序遍历(LDR)

与前序遍历类似，中序遍历二叉树的过程如下：

若二叉树为空，则遍历结束。否则：

(1) 中序遍历左子树；

(2) 访问根节点；

(3) 中序遍历右子树。

例如，对图2-19中的二叉树进行中序遍历，遍历结果为DGBAHEICF。

3. 后序遍历(LRD)

与前序遍历类似，后序遍历二叉树的过程如下：

若二叉树为空，则遍历结束。否则：

(1) 后序遍历左子树；

(2) 后序遍历右子树：

(3) 访问根节点。

例如，对图2-19中的二叉树进行后序遍历，遍历结果为GDBHIEFCA。

2.7 查找技术

查找又称检索，这是数据处理领域中的一项重要内容。所谓查找，就是在给定的数据结构中查找某个指定的元素。本节主要介绍顺序查找和二分查找这两种方法。

2.7.1 顺序查找

顺序查找又称顺序搜索，基本思想是：从线性表的第一个元素开始，依次与被查找元素进行比较，若相等，则查找成功；若所有元素在与被查元素进行比较后都不相等，则查找失败。

在顺序查找过程中，如果线性表中的第一个元素就是要查找的元素，则只需要进行一次比较就能查找成功；但如果要查找的元素是线性表中的最后一个元素，或者要查找的元素不在线性表中，则需要与线性表中的所有元素进行比较，这是进行顺序查找时的最坏情况。在正常情况下，使用顺序查找法在线性表中查找一个元素，大约要与线性表中一半的元素进行比较。由此可见，对于比较大的线性表来说，顺序查找法的效率是比较低的。虽然顺序查找法的效率不高，但是对于下列两种情况，只能采用顺序查找法。

(1) 如果线性表是无序线性表(在这种线性表中，元素的排列是没有顺序的)，则不管使用的是顺序存储结构还是链式存储结构，都只能采用顺序查找法。

(2) 线性表是有序线性表，但使用的是链式存储结构，此时只能采用顺序查找法。

2.7.2 二分查找

二分查找只适用于顺序存储的有序线性表，这种线性表中的元素已按元素值的大小排好序了。假设有序线性表中的元素是按元素值递增排列的，并假设线性表的长度为n，被查元素为x，则二分查找过程如下：

(1) 将x与线性表中的中间元素进行比较。

(2) 若中间元素的值等于x，则查找成功，结束查找。

(3) 若 x 小于中间元素的值，则在线性表的前半部分以相同的方法进行查找。

(4) 若 x 大于中间元素的值，则在线性表的后半部分以相同的方法进行查找。

重复以上过程，直到查找成功；或直到子线性表的长度为 0，此时查找失败。

可以看出，只有在有序线性表使用顺序存储结构的情况下才能采用二分查找法。可以证明，对于长度为 n 的有序线性表，在最坏情况下，二分查找只需要比较 $\log_2 n$ 次，顺序查找需要比较 n 次。由此可见，二分查找法的效率比顺序查找法高得多。

2.8 排序技术

排序是指将无序的序列整理成有序的序列。排序的方法有很多，本节主要介绍三类常用的排序方法：交换类排序法、插入类排序法和选择类排序法。

2.8.1 交换类排序法

交换类排序法是指借助数据元素之间的互相交换进行排序的一种方法。冒泡排序法就是一种最简单的交换类排序法——借助相邻数据元素之间的互相交换逐步将线性表变成有序的。冒泡排序法的操作过程如下：首先，从表头开始往后扫描线性表，在扫描过程中依次比较相邻元素的大小，若前面的元素大于后面的元素(假定从小到大进行排序)，就将它们互换。显然，在扫描过程中，将会不断地把相邻元素中的大者往后移动，扫描结束后，线性表中的最大者便被交换到了最后，如图 2-20(a)所示，图中将要比较的元素都带有下画线。可以看出，若线性表有 n 个元素，则第 1 趟排序需要比较 $n-1$ 次。

经过第 1 趟排序后，最后一个元素就是最大者。对除最后一个元素外的剩余 $n-1$ 个元素构成的线性表进行第二趟排序，依此类推，直到剩下的元素为空或者在扫描过程中没有交换任何元素为止。此时，线性表将变得有序，如图 2-20(b)所示，图中由方括号括起来的部分表示已排好序。可以看出，若线性表有 n 个元素，则最多需要进行 $n-1$ 趟排序。在图 2-20 所示的例子中，在进行了第 4 趟排序后，线性表已变成有序的。

原序列	6	2	8	1	3	1	7
第 1 次比较	2	6	8	1	3	1	7
第 2 次比较	2	6	8	1	3	1	7
第 3 次比较	2	6	1	8	3	1	7
第 4 次比较	2	6	1	3	8	1	7
第 5 次比较	2	6	1	3	1	8	7
第 6 次比较	2	6	1	3	1	7	8

(a) 第 1 趟排序

图 2-20 冒泡排序法的操作过程

原序列	6	2	8	1	3	1	7
第 1 趟排序	2	6	1	3	1	7	[8]
第 2 趟排序	2	1	3	1	6	[7	8]
第 3 趟排序	1	2	1	3	[6	7	8]
第 4 趟排序	1	1	2	[3	6	7	8]
第 5 趟排序	1	1	[2	3	6	7	8]
第 6 趟排序	1	[1	2	3	6	7	8]
排序结果	1	1	2	3	6	7	8

(b) 各趟排序

图 2-20(续)

从冒泡排序法的操作过程可以看出，对于长度为 n 的线性表，在最坏的情况下需要进行 $(n-1)+(n-2)+\cdots+2+1=n(n-1)/2$ 次比较。

2.8.2 插入类排序法

冒泡排序法在本质上是通过交换数据元素的位置来逐步消除线性表中的逆序的，插入类排序法与此不同。

简单插入排序(又称直接插入排序)是指将元素依次插入有序线性表中。

简单插入排序法的操作过程如下：假设线性表中的前 $i-1$ 个元素已经有序，首先将第 i 个元素放到变量 T 中，然后从第 $i-1$ 个元素开始，往前逐个与变量 T 进行比较，将大于变量 T 的元素均依次向后移动一个位置，直到发现有元素不大于变量 T 为止，此时就将变量 T 插到刚刚移出的空位上，这样有序子表的长度就变为 i 了。

在实际应用中，可首先将线性表中的第 1 个元素看成一个有序线性表，然后从第 2 个元素开始逐个进行插入。图 2-21 展示了简单插入排序法的操作过程，图中由方括号括起来的是已经排好序的元素。

原序列	[33]	18	21	89	40	16
第 1 趟排序	[18	33]	21	89	40	16
第 2 趟排序	[18	21	33]	89	40	16
第 3 趟排序	[18	21	33	89]	40	16
第 4 趟排序	[18	21	33	40	89]	16
第 5 趟排序	[16	18	21	33	40	89]

图 2-21 简单插入排序法的操作过程

在简单插入排序法中，每一次比较后最多消除一个逆序；因此，这种排序方法的效率与冒泡排序法相差不多。在最坏情况下，简单插入排序法也需要进行 $n(n-1)/2$ 次比较。

2.8.3 选择类排序法

这里主要介绍简单选择排序法。

简单选择排序法也叫直接选择排序法，排序过程如下：首先扫描整个线性表，从中选出最小的元素，将其与线性表中的第一个元素交换；然后对剩下的子表采用同样的方法，直到子表中只有一个元素为止。对于长度为 n 的线性表，简单选择排序法需要扫描 $n-1$ 遍，每一遍扫描均从剩下的子表中选出最小的元素，然后将其与子表中的第一个元素交换。

图 2-22 展示了简单选择排序法的操作过程，图中由方括号括起来的是已经排好序的元素，需要交换位置的元素则带有下画线。

原序列	33	18	21	89	19	16
第 1 遍选择	[16]	18	21	89	19	33
第 2 遍选择	[16	18]	21	89	19	33
第 3 遍选择	[16	18	19]	89	21	33
第 4 遍选择	[16	18	19	21]	89	33
第 5 遍选择	[16	18	19	21	33]	89

图 2-22　简单选择排序法的操作过程

简单选择排序法在最坏情况下也需要比较 $n(n-1)/2$ 次。

2.9　习　题

一、选择题

1. 下列叙述中正确的是______。

A) 一个算法的空间复杂度大，其时间复杂度也必大。

B) 一个算法的空间复杂度大，其时间复杂度必定小。

C) 一个算法的时间复杂度大，其空间复杂度必定小。

D) 上述三种说法都不对。

2. 算法的有穷性是指______。

A) 算法程序的运行时间是有限的。

B) 算法能够处理的数据量是有限的。

C) 算法程序的长度是有限的。

D) 算法只能被有限的用户使用。

3. 算法的空间复杂度是指______。

A) 算法在执行过程中所需的计算机存储空间。

B) 算法能够处理的数据量。

C) 算法程序中语句或指令的条数。

D) 队头指针既可以大于队尾指针，也可以小于队尾指针。

4. 算法的时间复杂度是指_______。

A) 算法的执行时间。

B) 算法能够处理的数据量。

C) 算法程序中语句或指令的条数。

D) 算法在执行过程中所需的基本运算次数。

5. 下列叙述中正确的是_____。

A) 程序执行的效率与数据的存储结构密切相关。

B) 程序执行的效率只取决于程序的控制结构。

C) 程序执行的效率只取决于所能处理的数据量。

D) 以上三种说法都不对。

6. 下列叙述中正确的是______。

A) 数据的逻辑结构只能有一种存储结构。

B) 数据的逻辑结构属于线性结构，而数据的存储结构属于非线性结构。

C) 数据的逻辑结构可以有多种存储结构，且各种存储结构不影响数据处理的效率。

D) 数据的逻辑结构可以有多种存储结构，且各种存储结构影响数据处理的效率。

7. 下列数据结构中，能够按照“先进先出”原则存取数据的是______。

A) 循环队列　　B) 栈　　C) 队列　　D) 二叉树

8. 下列叙述中正确的是______。

A) 在栈中，元素会随栈底指针与栈顶指针的变化而动态变化。

B) 在栈中，栈顶指针不变，元素随栈底指针的变化而动态变化。

C) 在栈中，栈底指针不变，元素随栈顶指针的变化而动态变化。

D) 上述三种说法都不对。

9. 下列叙述中正确的是_____。

A) 循环队列有队头和队尾两个指针，因此，循环队列是非线性结构。

B) 在循环队列中，仅仅队头指针就能反映队列中元素的动态变化情况。

C) 在循环队列中，仅仅队尾指针就能反映队列中元素的动态变化情况。

D) 在循环队列中，元素的个数是由队头和队尾指针共同决定的。

10. 下列关于栈的描述中错误的是_____。

A) 栈是先进后出的线性表。

B) 栈只能顺序存储。

C) 栈具有记忆功能。

D) 在栈的插入与删除操作中，不需要改变栈底指针。

11. 假设栈的初始状态为空，现将元素 1、2、3、4、5、A、B、C、D、E 依次入栈，然后再将它们依次出栈，那么这些元素出栈时的顺序是______。

A) 12345ABCDE　　B) EDCBA54321

C) ABCDE12345　　D) 54321EDCBA

12. 下列叙述中正确的是______。

A) 顺序存储结构的存储空间一定是连续的，链式存储结构的存储空间不一定是连续的。

B) 顺序存储结构只针对线性结构，链式存储结构只针对非线性结构。

C) 顺序存储结构能存储有序线性表，链式存储结构不能存储有序线性表。

D) 链式存储结构相比顺序存储结构节省存储空间。

13. 下列叙述中正确的是______。

A) 栈是“先进先出”的线性表。

B) 队列是“先进后出”的线性表。

C) 循环队列是非线性结构。

D) 有序线性表既可以采用顺序存储结构，也可以采用链式存储结构。

14. 下列关于线性链表的描述中正确的是______。

A) 存储空间不一定连续，且各个元素的存储顺序是任意的。

B) 存储空间不一定连续，且前件元素一定存储在后件元素的前面。

C) 存储空间必须连续，且前件元素一定存储在后件元素的前面。

D) 存储空间必须连续，且各个元素的存储顺序是任意的。

15. 在深度为 7 的满二叉树中，叶子节点的个数为______。

A) 32　　B) 31　　C) 64　　D) 63

16. 某二叉树包含 n 个度为 2 的节点，此二叉树中的叶子节点数为_____。

A) $n+1$　　B) $n-1$　　C) $2n$　　D) $n/2$

17. 对如下二叉树进行后序遍历，遍历结果为________。

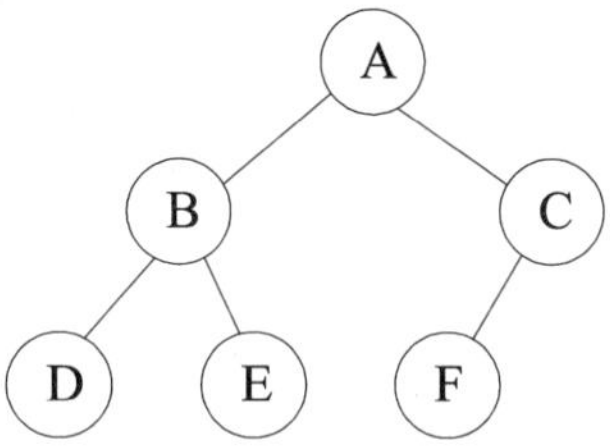

A
B　C
D　E　F

A) ABCDEF　　B) DBEAFC　　C) ABDECF　　D) DEBFCA

18. 在长度为 n 的有序线性表中进行二分查找，在最坏情况下需要比较的次数为_____。

A) n　　B) $n/2$　　C) $\log_2 n$　　D) $n\log_2 n$

19. 下列数据结构中，能使用二分查找法查找元素的是______。

A) 顺序存储的有序线性表　　B) 线性链表

C) 二叉链表　　D) 有序线性链表

20. 对长度为 n 的线性表进行顺序查找，在最坏情况下需要比较的次数为_____。

A) $\log_2 n$　　B) $n/2$　　C) n　　D) $n+1$

二、填空题

1. 针对解题方案的正确而完整的描述称为________。

2. 算法复杂度主要包括时间复杂度和_______复杂度。

3. 线性表的存储结构主要分为顺序存储结构和链式存储结构。队列是一种特殊的线性表，操作原则是_______。

4. 按“先进后出”原则组织数据的数据结构是______。

5. 数据结构分为线性结构和非线性结构，带链的队列属于_______。

6. 在一棵二叉树中，第六层(根节点为第一层)的节点数最多为_____。

7. 深度为 5 的满二叉树有______个叶子节点。

第3章　软件工程基础

软件工程(Software Engineering，SE)是一门指导计算机软件系统开发和维护的工程学科，涉及计算机科学、数学、管理科学以及工程科学等多门学科。软件工程的研究范围包括软件系统的开发方法及技术、管理技术、软件工具、环境以及软件开发规范。

3.1　软件工程的基本概念

3.1.1　软件危机与软件工程

1. 软件危机

所谓软件危机，是指人类在计算机软件开发和维护过程中遇到的一系列严重问题。具体来说，在软件开发和维护过程中，软件危机主要表现在以下方面：

(1) 软件需求的增长得不到满足，用户对系统不满意的情况经常发生。

(2) 软件开发成本和进度无法控制。

(3) 软件质量难以保证。

(4) 软件不可维护或可维护性非常低。

(5) 软件的成本不断提高。

(6) 软件开发生产率的提高赶不上硬件的发展和应用需求的增长。

2. 软件工程

为了消除软件危机，1968年，北大西洋公约组织的计算机科学家在联邦德国召开国际会议，第一次讨论软件危机问题，并正式提出“软件工程”的概念。软件工程就是试图使用工程、科学和数学的原理与方法研制、维护计算机软件的有关技术及管理方法。

软件工程包括三个要素：方法、工具和过程。方法是完成软件工程项目的技术手段；工具支持软件的开发、管理、文档生成；过程支持软件开发的各个环节的控制与管理。

软件工程的核心思想是把软件产品作为工程产品来处理。

3.1.2　软件的定义与分类

1. 软件

计算机系统由硬件和软件两部分组成。计算机软件是指包含了程序、数据及相关文档的完整集合。其中，程序是软件开发人员根据用户需求开发的、用程序设计语言实现的、计算机能够执行的指令(语句)序列。数据是程序的处理对象，以特定数据结构存储。文档是与程序开发、维护和使用相关的图文资料。由此可见，软件由两部分组成：一是机器可执行的程序及相关数据；二是机器不可执行的，与软件开发、运行、维护和使用有关的文档。

2. 软件的分类

根据应用目标的不同，软件可以分为应用软件、系统软件和支撑软件(或工具软件)。

应用软件是为解决特定领域的应用问题而开发的软件，例如事务处理软件、工程与科学计算软件、实时处理软件、嵌入式软件以及人工智能软件等。

系统软件是计算机管理自身资源、提高计算机使用效率并为计算机用户提供各种服务的软件，例如操作系统、编译程序、汇编程序、网络软件、数据库管理系统等。

支撑软件是介于系统软件和应用软件之间，用于协助用户开发软件的工具性软件，例如需求分析工具软件、设计工具软件、编码工具软件、测试工具软件、维护工具软件等。

3.1.3　软件的生存周期

通常，我们将软件产品从提出、实现、使用、维护到停止使用的过程称为软件的生存周期(Software Life Cycle)。软件开发通常分为软件定义、软件开发及软件运行 3 个阶段，如图 3-1 所示。

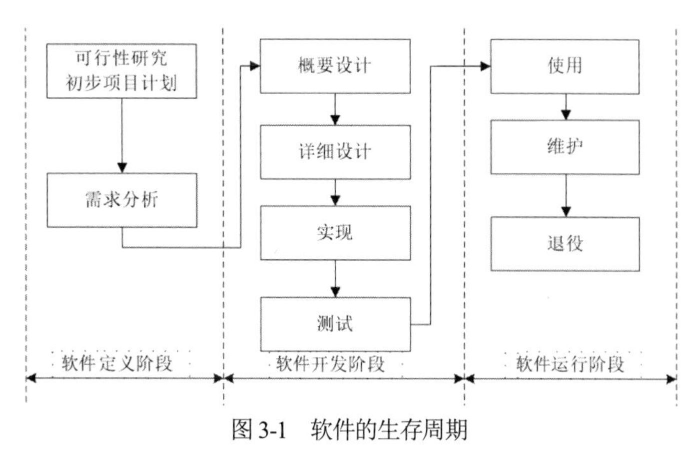

图 3-1　软件的生存周期

3.2　软件需求分析

3.2.1　需求分析与需求分析方法

1. 需求分析

软件需求是指用户对目标软件系统在功能、行为、性能、设计约束等方面的期望和要求，目的是准确定义新系统的目标，形成软件需求规格说明书。需求分析必须达到开发人员和用户之间完全一致的要求。

2. 需求分析方法

常见的需求分析方法有以下两种。

(1) 结构化分析方法，主要包括面向数据流的结构化分析方法(Structured Analysis，SA)、面向数据结构的 Jackson 系统开发方法(Jackson System Development Method，JSD)、面向数据结构的结构化数据系统开发方法(Data Structured System Development Method，DSSD)。

(2) 面向对象的分析方法(Object-Oriented Method，OOA)，面向对象的分析方法的关键是识别问题域内的对象，分析它们之间的关系，并建立三类模型：对象模型、动态模型和功能模型。

3.2.2 结构化分析方法

结构化分析方法着眼于数据流，采用自顶向下、逐层分解的方法来建立系统的处理流程。数据流图和数据字典是结构化分析方法的主要工具，可依此建立系统的逻辑模型。结构化分析方法适合于分析大型的数据处理系统。

1. 数据流图(Data Flow Diagram，DFD)

数据流图是描述数据处理过程的工具之一，它从数据传递和加工的角度，以图形的方式描绘数据在系统中流动和处理的过程。

2. 数据字典(Data Dictionary，DD)

数据字典是结构化分析方法的另一个工具，它能与数据流图配合，从而清楚地表达数据处理的要求。仅靠数据流图，人们很难理解它所描述的对象。数据字典将所有与系统相关的数据元素组织成列表，并且有着精确、严格的定义，使得用户和系统分析人员对输入输出、存储成分和中间计算结果等有了共同的理解。

3.2.3 软件需求规格说明书

软件需求规格说明书(Software Requirement Specification，SRS)是需求分析阶段的最后成果，也是软件开发中的重要文档之一。

1. 软件需求规格说明书的作用

(1) 便于用户、开发人员进行理解和交流。
(2) 作为软件开发工作的基础和依据。
(3) 作为确认测试和验收的依据。

2. 软件需求规格说明书的内容

软件需求规格说明书是作为需求分析的一部分而制定的可交付文档。软件需求规格说明书将在软件计划中确定的软件范围内加以展开，里面包含了完整的信息描述、详细的功能说明、恰当的检验标准以及其他与要求有关的数据。

3.3 软件设计

软件设计是软件工程的重要阶段，是一个把软件需求转换为软件表示的过程。在此过程中，需要形成各种设计文档，这是设计阶段的最终产品。软件设计是软件开发过程中的关键阶段，对未来软件的质量有决定性影响。

3.3.1　软件设计的基本概念

软件分析阶段的工作成果是软件需求规格说明书，软件需求规格说明书明确地描述了用户要求软件系统“做什么”。但对于大型系统来说，为了保证软件产品的质量，并使开发工作顺利进行，要求必须首先为编程制订计划，也就是进行软件设计。软件设计实际上是在软件需求规格说明书与程序之间架起了一座桥梁。

1. 软件设计的基本原理

在软件开发实践中，有许多软件设计方面的概念和原则，它们对提高软件的设计质量有很大的帮助。

1) 模块化

模块是数据说明、可执行语句等程序对象的集合。可以对模块单独命名，而且可通过名称访问模块。

模块化是指将软件系统划分成若干模块，每个模块完成一个子功能。模块化的目的是将系统“分而治之”，因此能够降低问题的复杂度，使软件结构清晰、易阅读、易理解、易测试且易调试，因而有助于提高软件的可靠性。

模块化可以减少开发工作量、降低开发成本并提高软件生产率。但是，划分的模块并不是越多越好，因为这会增加模块之间接口的工作量。因此，模块的划分层次和数量应该避免过多或过少。

2) 抽象

在现实世界中，事物、状态或过程之间存在共性。把这些共性集中且概括起来，忽略它们之间的差异，这就是抽象。简而言之，抽象就是抽出事物的本质特性而暂时不考虑它们的细节。在软件设计中，当考虑模块化解决方案时，可以定义多个抽象级别。抽象的层次从概要设计到详细设计逐步降低。概要设计中的模块分层也是由抽象到具体、逐步分析并构造出来的。

3) 信息隐蔽

信息隐蔽是指每个模块的实现细节对于其他模块来说是隐蔽的，也就是说，一个模块中包含的信息不允许其他模块直接访问。

4) 模块独立性

模块独立性是指每个模块只完成系统要求的独立功能，而模块之间无过多相互作用。这是评价模块设计好坏的重要标准。

模块独立性可由内聚性和耦合性两个标准来度量。耦合表示不同模块之间联系的紧密程度，而内聚表示同一模块内部各元素之间联系的紧密程度。

① 耦合性(Coupling)

耦合性是对软件结构内不同模块之间互联程度的度量。耦合性的强弱取决于模块间接口的复杂程度、调用模块的方式以及通过接口的是哪些信息。一个模块与其他模块的耦合性越强，这个模块的独立性就越弱。

② 内聚性(Cohesion)

内聚性是对同一模块内部各个元素之间彼此结合的紧密程度的度量。内聚从功能角度来度量模块之间的联系。简单地说，内聚理想的模块只完成一个子功能。内聚性是信息隐蔽和局部化概念的自然扩展。一个模块的内聚性越强，这个模块的独立性就越强。作为软件结构设计的设计原则，要求每一个模块的内部都具有很强的内聚性，从而让模块的各个组成部分都彼此密切相关。

耦合性与内聚性是模块独立性的两个定性标准，耦合与内聚是相互关联的。在程序结构中，各模块的内聚性越强，它们的耦合性越弱。一般来说，设计软件时应尽量做到高内聚、低耦合，也就是减弱模块之间的耦合性并提高模块内部的内聚性，从而提高模块的独立性。

2. 结构化设计方法

结构化设计方法的要求是：在详细设计阶段，为了保证模块逻辑清楚，应要求所有的模块只使用单入口、单出口以及顺序、选择和循环 3 种控制结构。这样，不论一个程序包含多少个模块，也不给每个模块包含多少个基本的控制结构，整个程序仍将保持一条清晰的线索。

3.3.2 概要设计

软件概要设计的基本任务如下。

1. 设计软件系统结构

在需求分析阶段，已经把系统分解成层次结构；而在概要设计阶段，需要进一步分解，将软件划分为模块并设计模块的层次结构。

2. 数据结构及数据库设计

数据设计的任务是实现需求定义和规格说明中提出的数据对象的逻辑表示，具体包括：确定输入输出数据的详细数据结构；结合算法设计，确定算法必需的逻辑数据结构及相关操作；确定逻辑数据结构必需的那些操作的程序模块，限制和确定各个数据设计决策的影响范围；当需要与操作系统或调度程序接口必需的控制表进行数据交换时，确定详细的数据结构和使用规则；进行数据的保护性设计——防卫性、一致性、冗余性设计。

3. 编写概要设计文档

在概要设计阶段，需要编写的文档包括概要设计说明书、数据库设计说明书、集成测试计划等。

4. 评审概要设计文档

在概要设计阶段，对于设计部分是否完整地实现了需求中规定的功能、性能等要求，设计方案的可行性，关键处理及内外部接口定义的正确性、有效性，以及各部分之间的一致性等，都需要进行评审，以免在后面的设计中因为出现大的问题而返工。

3.3.3 详细设计

在概要设计阶段，已经确定了软件系统的总体结构，给出了系统中各组成模块的功能以及模块间的联系；详细设计的任务，就是为软件系统的总体结构中的每一个模块确定实现算法和局部数据结构，并使用某种选定的表达工具表示算法和数据结构的细节。

下面介绍几种常用的工具。

1. 程序流程图

程序流程图又称为程序框图，是软件开发者最为熟悉的一种算法描述工具，主要优点是：程序流程图是独立于任何一种程序设计语言，比较直观、清晰，易于学习和掌握。

在程序流程图中，常用的图形符号如图 3-2 所示。

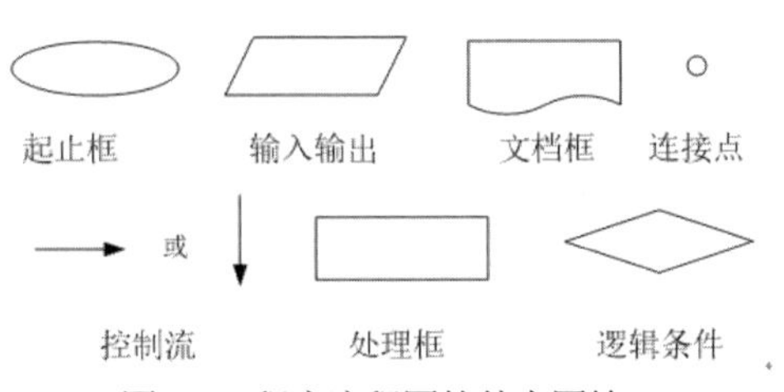

图 3-2　程序流程图的基本图符

程序流程图中的流程线用以指明程序的动态执行顺序。结构化程序设计限制程序流程图只能使用 5 种基本控制结构，如图 3-3 所示。

(1) 顺序结构反映了若干模块之间连续执行的顺序。

(2) 在选择结构中，由条件 P 的取值来决定执行两个模块中的哪一个。

(3) 在当型循环结构中，只有当条件 P 成立时才重复执行特定的模块(称为循环体)。

(4) 在直到型循环结构中，将重复执行某个特定的模块，直到条件 P 成立时才退出。

(5) 在多重选择结构中，将根据控制变量 P 的取值来决定执行多个模块中的哪一个。

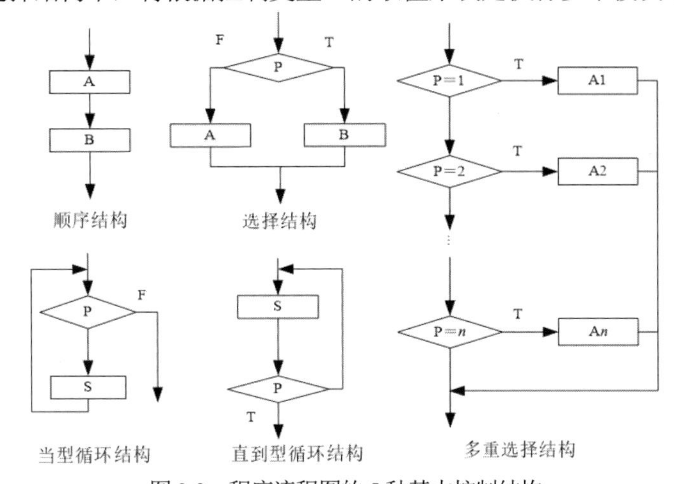

图 3-3　程序流程图的 5 种基本控制结构

通过对程序流程图的 5 种基本控制结构进行相互组合或嵌套，就可以构成任何复杂的程序流程图。

2. N-S 图

为避免程序流程图在描述程序逻辑时的随意性与灵活性，1973 年，Nassi 和 Shneiderman 提出用方框图来代替传统的程序流程图，通常把这种图称为 N-S 图。N-S 图是一种不允许破坏结构化原则的图形算法描述工具，又称盒图。在 N-S 图中，去掉了程序流程图中容易引起麻烦的流程线，全部算法都被写在一个框内，每一种基本结构也是一个框。N-S 图的 5 种基本控制结构如图 3-4 所示。

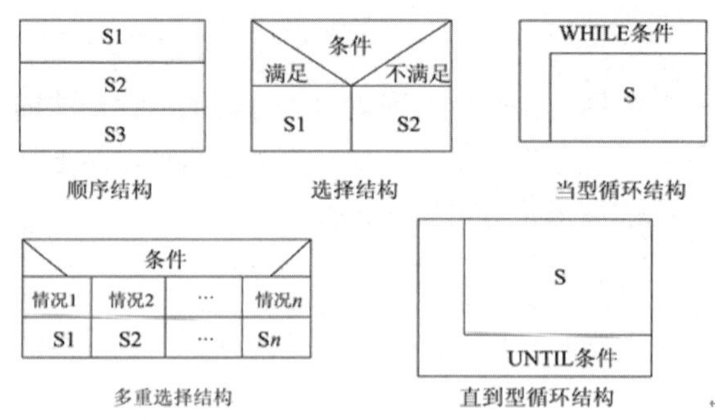

图 3-4　N-S 图的 5 种基本控制结构

N-S 图有以下几个基本特点：

(1) 功能域比较明确，这可以从 N-S 图的框中直接反映出来。

(2) 不能任意转移控制，符合结构化原则。

(3) 容易确定局部和全局数据的作用域。

(4) 容易表示嵌套关系，也可以表示模块的层次结构。

3. PDL

过程设计语言(Procedure Design Language，PDL)又称伪码或结构化语言。PDL 是一种混合语言，采用的语法类似于英语和结构化程序设计语言。

使用 PDL 表示的基本控制结构的常用词汇如下。

- 条件：IF/THEN/ELSE/ENDIF
- 循环：DOWHILE/ENDDO
- 循环：REPEATUNTIL/ENDREPEAT
- 分支：CASE_OF/WHEN/SELECT/ENDCASE

一般来说，PDL 具有以下特征：

(1) 拥有为结构化构成元素、数据说明和模块化特征提供的关键词语法。

(2) 对处理部分的描述采用自然语言语法。

(3) 可以声明简单和复杂的数据结构。

(4) 支持各种接口描述的子程序定义和调用技术。

3.4 程序设计基础

本节主要介绍程序设计方法与风格、结构化程序设计和面向对象程序设计。

3.4.1 程序设计方法与风格

在程序设计中，除了好的程序设计方法和技术之外，程序设计风格也很重要。程序设计风格是指编写程序时表现出的特点、习惯和逻辑思路。程序设计风格总体而言应该强调简单和清晰，程序必须是可以理解的。为了形成良好的程序设计风格，应注重和考虑下列因素。

1. 源程序要文档化

对于源程序的文档化，应考虑以下几点：

(1) 符号的命名。符号的名称应具有一定的实际含义，以便于理解程序。

(2) 程序注释。正确的注释能够帮助阅读者理解程序。

(3) 书写格式。为了使程序结构清晰、便于阅读，可在程序中利用空行、缩进等技巧，使程序层次分明，提高视觉效果。

2. 语句的结构

程序应该简洁易懂，语句在书写时应注意以下几点：

(1) 在一行内只写一条语句。

(2) 程序的编写要做到清晰第一，效率第二。

(3) 首先要求程序正确，然后才要求提高速度。

(4) 要进行模块化，并且模块功能要尽可能单一。

3. 输入输出

程序的输入输出格式应方便用户使用，程序能否被用户接受，往往取决于程序的输入输出风格。

3.4.2 结构化程序设计

由于软件危机的出现，人们开始研究程序设计方法，其中早期最受关注的是结构化程序设计，这种程序设计方法强调程序设计风格和程序结构的规范化。

1. 结构化程序设计的原则

结构化程序设计的原则可以概括为自顶向下、逐步求精、模块化、限制使用 GOTO 语句。

(1) 自顶向下。设计程序时，应先考虑总体，后考虑细节；先考虑全局目标，后考虑局部目标；先从最上层的总目标开始设计，逐步使问题具体化。

(2) 逐步求精。对于复杂问题，可以设计一些子目标作为过渡，逐步细化。

(3) 模块化。先把总目标分解为分目标，再把分目标进一步分解为具体的小目标，每一个小目标就是一个模块。

(4) 限制使用 GOTO 语句。结构化程序设计起源于对 GOTO 语句的认识和争论。最终的结果证明，取消 GOTO 语句后，程序易理解、易排错、易维护，更容易进行正确性证明。

2. 结构化程序的基本结构

1966 年，Bohm 和 Jacopini 提出了结构化程序的 3 种基本结构——顺序结构、选择结构和循环结构，他们还证明了使用这三种基本结构可以构造出任何复杂结构的程序。

3. 结构化程序设计的实施

结构化程序设计在具体实施过程中，需要注意以下几点：

(1) 使用顺序、选择、循环等基本结构表示程序的控制流程。

(2) 选用的控制结构只允许有一个入口和一个出口。

(3) 将程序语句组织成容易识别的程序模块，每个模块只有一个入口和一个出口。

(4) 复杂结构可通过组合和嵌套基本控制结构来实现。

3.4.3 面向对象程序设计

1. 关于面向对象方法

随着软件形式化方法及新型软件的开发，传统软件开发方法的局限性逐渐暴露出来。传统软件开发方法是面向过程的，数据和处理过程的分离增加了软件开发的难度。同时，传统的软件工程方法难以支持软件重用。

由于存在上述缺陷，传统的软件开发技术已不能满足大型软件开发的要求，一种全新的软件开发技术应运而生，这就是面向对象程序设计(Object-Oriented Programming，OOP)。面向对象程序设计于20世纪60年代末提出，起源于Smalltalk语言。

面向对象方法的本质，就是主张从客观世界里固有的事物出发来构造系统，提倡使用人类在现实生活中常用的思维方法来认识、理解和描述客观事物，强调最终建立的系统中的对象以及对象之间的关系能够如实地反映问题域中固有的事物及其关系。

2. 面向对象方法的基本概念

面向对象方法以对象作为最基本的元素，对象是分析问题、解决问题的核心。对象与类是讨论面向对象方法时最基本、最重要的两个概念。

1) 对象(Object)

对象是客观事物或概念的抽象表述，不仅能表示具体的实体，而且能表示抽象的规则、计划和事件。对象本身的性质称为属性(Property)，对象通过进行运算而展现出来的特定行为称为对象行为(Behavior)，将对象自身的属性及运算“包装起来”的过程称为“封装”(Encapsulation)。

2) 类(Class)

类又称为对象类(Object Class)，类是对具有相同属性和相同方法的对象的抽象，是一组具有相同数据结构和相同操作对象的集合。类是对象的模板，对象则是类的实例(Instance)。需要注意的是，当使用“对象”这个术语时，既可以指具体的对象，也可以泛指一般的对象。但是，当使用“实例”这个术语时，指的则是具体的对象。在类的定义中，数据称为属性，行为或操作称为方法。

3) 消息(Message)

消息是指对象在相互交互时传递的信息。消息使对象之间互相联系、协同工作，从而实现系统的各种服务。

一条消息包括以下三部分：

① 接收消息的对象的名称。

② 消息标识符(消息名)。

③ 零个或多个参数。

4) 继承(Inheritance)

继承是面向对象程序设计的主要特征之一。继承是使用已有类来创建新类的一种技术，也是一种在已有类(父类)和新类(子类)之间共享属性及方法定义的机制。在定义和实现新类时，可在已有类的基础上进行，把已有类的内容作为新类的内容，并在此基础上加入新的内容，这就是继承。

继承分为单继承与多重继承两种：

- 单继承是指一个子类只有一个父类，因而子类只能继承一个父类的属性和方法。
- 多重继承是指一个子类可以有多个父类，因而子类可以继承多个父类的属性和方法。

继承允许相似的对象共享程序代码和数据结构，从而大大减少了程序中的冗余，提高了软件的可重用性，便于软件的修改和维护。另外，继承使得用户在开发新的应用系统时不必完全从零开始。

5) 多态性(Polymorphism)

多态性是指在将相同的方法(名称相同的方法)作用于不同的对象时可以获得不同的结果。在将执行相同操作的消息发给不同的对象时，每个对象将根据自己所属类中定义的方法来执行操作，从而产生不同的结果。

多态性允许每个对象以适合自身的方式响应共同的消息，这增强了操作的透明性、可理解性和可维护性。

3.5 软件测试及调试

软件测试是保证软件质量的重要手段，贯穿了软件的整个生存周期，包括需求定义阶段的需求测试、编码阶段的单元测试和集成测试以及后期的确认测试和系统测试，目的是验证软件是否合格、能否交付用户使用等。

3.5.1 软件测试的目的

关于软件测试的目的，Glenford J .Myers 在 *The Art of Software Testing* 一书中做出了深刻的阐述：

(1) 软件测试是为了发现错误而执行程序的过程。

(2) 好的测试用例很可能找到迄今为止尚未发现的错误。

(3) 一次成功的测试往往能够发现至今尚未发现的错误。Myers 告诉了人们测试要以查找错误为中心，而不是为了演示软件的正确功能。因此，软件测试的目的是尽可能多地发现错误和缺陷。

3.5.2 软件测试的技术和方法

软件测试的技术和方法是多种多样的，可从不同的角度进行分类：从是否需要执行被测软件的角度，可以分为静态测试和动态测试；从功能的角度，可以分为白盒测试和黑盒测试。

1. 静态测试和动态测试

1) 静态测试

静态测试是指不运行被测程序本身，而仅通过分析或检查源程序的语法、结构、过程、接口等来检查程序的正确性。静态测试包括代码检查、静态结构分析、代码质量度量等。静态测试可以人工进行，从而充分发挥人的逻辑思维优势，也可以借助软件工具自动进行。

2) 动态测试

动态测试是指通过运行被测程序来检查运行结果与预期结果之间的差异，并分析运行效率和健壮性等性能指标，这种方法由三部分组成：构造测试用例、执行程序、分析程序的输出结果。

测试是否能够发现错误取决于测试用例的设计。

2. 白盒测试与黑盒测试

1) 白盒测试

白盒测试主要对软件的过程性细节做细致检查。白盒测试把测试对象看作打开的盒子，允许测试人员利用程序内部的逻辑结构及有关信息，设计或选择测试用例，并对程序的所有逻辑路径进行测试。通过在不同点检查程序的状态，确定实际状态是否与预期状态一致。因此，白盒测试又称为结构测试或逻辑驱动测试。

白盒测试的主要方法有逻辑覆盖、基本路径测试等。

2) 黑盒测试

黑盒测试又称功能测试，目的是通过测试来检测每个功能是否都能正常使用。黑盒测试把测试对象看作不能打开的黑盒子，在完全不考虑程序内部结构和内部特性的情况下，对程序接口进行测试。这种测试将检查程序的功能是否能够按照需求规格说明书中的规定正常使用，还将检查程序是否能适当地接收输入数据以产生正确的输出信息。黑盒测试着眼于程序外部特性，不考虑内部逻辑结构，主要针对软件界面和软件功能进行测试。

在使用黑盒测试发现程序中的错误时，必须在所有可能的输入条件和输出条件中确定测试数据，检查程序是否都能产生正确的输出。

黑盒测试的主要方法有等价类划分法、边界值分析法、错误推测法等。

3.5.3 软件测试的实施

软件测试是保证软件质量的重要手段，软件测试一般按4个步骤来实施：单元测试、集成测试、验收测试(确认测试)和系统测试。

1. 单元测试

单元测试又称模块测试，单元测试的目的是发现各模块内部可能存在的错误。单元测试的依据是详细设计说明书和源程序。单元测试的方法主要包括静态分析和动态测试。动态测试通常以白盒测试为主、黑盒测试为辅。

2. 集成测试

集成测试是在单元测试的基础上，为了将所有模块按照设计要求组装成完整的系统而进行的测试。由于是在将模块按照设计要求组装起来的同时进行测试，因此集成测试也叫联合测试或组装测试，测试重点是发现与接口有关的错误。集成测试的依据是概要设计说明书，测试方法以黑盒测试为主。

3. 确认测试

确认测试的任务是验证软件的功能、性能及其他特性是否满足需求规格说明书中确定的各种需求，以及检查软件配置是否完全、正确。

4. 系统测试

系统测试是指将通过测试确认的软件，作为整个基于计算机系统的元素，与计算机硬件、外设、支持软件、数据和人员等其他系统元素组合在一起，在实际运行(使用)环境下对计算机系统进行的一系列集成测试和确认测试。由此可知，系统测试必须在目标环境下进行，作用主要在于评估系统环境下软件的性能，并发现和捕捉软件中潜在的错误。

3.5.4　程序的调试

在对程序进行成功的测试之后，接下来便进入程序的调试(又称排错)阶段。程序调试的任务是诊断和改正程序中的错误。由程序调试的概念可知，程序的调试活动由两部分组成：其一，根据错误的迹象确定程序中错误的确切性质、原因和位置；其二，对程序进行修改，排除错误。

3.6　习　题

一、选择题

1. 软件是指________。
   A) 程序　　B) 程序和文档
   C) 算法加数据结构　　D) 程序、数据和相关文档的集合
2. 软件按功能可以分为应用软件、系统软件和支撑软件(或工具软件)。下面属于应用软件的是_________。
   A) 编译程序　B) 操作系统　C) 教务管理系统　D) 汇编程序
3. 下列选项中不属于软件生存周期里开发阶段任务的是________。
   A) 软件测试　B) 概要设计　C) 软件维护　D) 详细设计
4. 在软件开发中，需求分析阶段产生的主要文档是_______。
   A) 可行性分析报告　　B) 软件需求规格说明书
   C) 概要设计说明书　　D) 集成测试计划
5. 在软件开发中，可在需求分析阶段使用的工具是_____。
   A) N-S 图　B) DFD 图　C) PAD 图　D) 程序流程图

6. 两个或两个以上模块之间关联的紧密程度称为________。

A) 耦合度　B) 内聚度　C) 复杂度　D) 数据传输特性

7. 从工程管理角度看，软件设计一般分两步完成，它们是________。

A) 概要设计与详细设计

B) 数据设计与接口设计

C) 软件结构设计与数据设计

D) 过程设计与数据设计

8. 程序流程图中含有箭头的线段表示的是______。

A) 图元关系　B) 数据流　C) 控制流　D) 调用关系

9. 在软件设计中，模块划分应遵循的原则是______。

A) 低内聚、低耦合　B) 高内聚、低耦合

C) 低内聚、高耦合　D) 高内聚、高耦合

10. 下列叙述中不符合良好程序设计风格的是______。

A) 程序的效率第一，清晰第二　B) 程序的可读性好

C) 程序中含有必要的注释　D) 在输入数据前要有提示信息

11. 下列选项中不属于结构化程序设计方法的是______。

A) 自顶向下　B) 逐步求精　C) 模块化　D) 可复用

12. 下列选项中不符合良好程序设计风格的是_______。

A) 源程序要文档化　B) 数据说明的次序要规范化

C) 避免滥用 GOTO 语句　D) 模块设计要保证高耦合、高内聚

13. 在面向对象方法中，实现信息隐蔽要依靠______。

A) 对象的继承　B) 对象的多态

C) 对象的封装　D) 对象的分类

14. 下列叙述中正确的是______。

A) 软件测试的主要目的是发现程序中的错误。

B) 软件测试的主要目的是确定程序中产生错误的位置。

C) 为了提高软件测试的效率，最好由程序编制者自己来完成软件的测试工作。

D) 软件测试是为了证明软件没有错误。

15. 进行程序调试的目的是_____。

A) 发现错误　B) 改正错误

C) 改善软件的性能　D) 验证软件的正确性

二、填空题

1. 软件的生存周期可分为多个阶段，一般分为定义阶段、开发阶段和维护阶段。编码和测试属于_______阶段。

2. 软件工程三要素包括方法、工具和过程，其中，_______支持软件开发的各个环节的控制与管理。

3. 对于结构化分析使用的数据流图(DFD)，需要利用_________对其中的图形元素进行确切的解释。

4. 软件开发过程主要分为需求分析、设计、编码与测试 4 个阶段，其中，_______阶段产生的是软件需求规格说明书。

5. 程序流程图中的菱形框表示的是_______。

6. 在面向对象方法中，类的实例称为_______。

7. 在面向对象方法中，________描述的是具有相同属性与相同操作的一组对象。

8. 符合结构化程序设计原则的 3 种基本控制结构是：选择结构、循环结构和_______。

9. 单元测试的方法主要包括静态分析和动态测试。其中，______是指不执行程序，而只对程序中的文本进行检查，然后通过阅读和讨论来分析并发现程序中的错误。

10. 软件测试分为白盒测试和黑盒测试，等价类划分法属于______测试。

11. 测试用例包括输入值集和_______值集。

12. 按照软件测试的一般步骤，集成测试应在_______测试之后进行。

13. 诊断并改正程序中错误的工作通常称为_______。

第 4 章　数据库基础

数据库技术是研究数据库的结构、存储、设计和使用的一门软件学科，也是计算机领域的一个重要分支。在计算机应用的三大领域(科学计算、数据处理和过程控制)中，数据处理约占其中的 70%，而数据库技术就是作为一门数据处理技术发展起来的。

4.1 数据库系统的基本概念

近年来，数据库在计算机应用中的地位与作用日益重要，不仅在商业、事务处理中占据主导地位，而且在多媒体领域、统计领域以及智能化应用领域中的地位与作用也变得十分重要。随着网络应用的普及，数据库在网络中的应用也日渐重要。因此，数据库已成为构建计算机应用系统的十分重要的支持性软件。

4.1.1 数据、数据库、数据库管理系统

1. 数据

数据(Data)是载荷或记录信息的按一定规则排列组合的物理符号。

在计算机科学中，数据是指所有能输入计算机并被计算机程序处理的，具有一定意义的数字、字母、符号等。

计算机中的数据有瞬时性(Transient)数据和持久性(Persistent)数据之分。数据库系统中处理的是持久性数据。

2. 数据库

数据库(Database，DB)是长期存储在计算机中的、有组织的、能够共享和统一管理的数据

集合。数据库具有以下特点：

(1) 数据按一定的数据模式组织、描述和存储。

(2) 可以为各种用户服务。

(3) 冗余度小。

(4) 数据独立性强。

(5) 易扩展。

3. 数据库管理系统

数据库管理系统(Database Management System，DBMS)是一种操纵和管理数据库的大型软件，用于建立、使用和维护数据库，是数据库系统的核心组成部分。数据库管理系统负责数据库中的数据组织、数据操纵、数据维护、数据控制及保护、数据服务等。为完成上述功能，数据库管理系统提供了相应的数据语言(Data Language)。

- 数据定义语言(Data Definition Language，DDL)：负责数据的模式定义与数据的物理存取及构建。
- 数据操纵语言(Data Manipulation Language，DML)：负责数据的操纵，包括增、删、改、查等操作。
- 数据控制语言(Data Control Language，DCL)：负责数据完整性、安全性的定义与检查以及并发控制、故障恢复等功能。

4. 数据库管理员

数据库管理员(Database Administrator，DBA)是专门对数据库的规划、设计、维护、监视等工作进行管理的人员。

5. 数据库系统

数据库系统(Database System，DBS)是以数据库为核心的完整的运行实体，由数据库、数据库管理系统、数据库管理员、硬件平台、软件平台组成。

6. 数据库应用系统

数据库应用系统(Database Application System，DBAS)是在数据库管理系统(DBMS)支持下建立的计算机应用系统。数据库应用系统是由数据库系统、应用程序系统、用户组成的，具体包括数据库、数据库管理系统、数据库管理员、硬件平台、软件平台、应用软件、应用界面等。

4.1.2 数据库系统的发展

数据管理发展至今已经历 3 个阶段：人工管理阶段、文件系统阶段和数据库系统阶段。

1. 人工管理阶段

数据的人工管理阶段出现于 20 世纪 50 年代中期以前，主要用于科学计算。当时在硬件方面无磁盘，软件方面没有操作系统，靠人工管理数据。

2. 文件系统阶段

20 世纪 50 年代后期到 20 世纪 60 年代中期，数据管理进入文件系统阶段。文件系统是数据库系统发展的初级阶段，提供了简单的数据共享与数据管理能力，但是无法提供完整的、统一的数据管理和数据共享能力。由于功能简单，因此文件系统附属于操作系统而不能成为独立的软件。

3. 数据库系统阶段

20 世纪 60 年代之后，数据管理进入数据库系统阶段。随着计算机的应用领域不断扩大，数据库系统的功能和应用范围也愈来愈广，目前已成为计算机系统的基本支撑软件。

从 20 世纪 60 年代末期起，真正的数据库系统——层次数据库与网状数据库开始发展，它们为统一管理与共享数据提供了有力支撑，这一时期数据库系统蓬勃发展，形成了有名的“数据库时代”。但是这两种系统也存在不足，主要是它们脱胎于文件系统，受文件系统的影响较大，对数据库使用带来诸多不便。同时，此类系统的数据模式构造烦琐，不宜于推广应用。

关系数据库系统出现于 20 世纪 70 年代，在 20 世纪 80 年代得到蓬勃发展，并逐渐取代前两种系统。关系数据库系统结构简单、使用方便、逻辑性强，因此在 20 世纪 80 年代以后一直占据数据库领域的主导地位。

4.1.3　数据库系统的主要特点

数据库技术是在文件系统的基础上发展而来的，两者都以数据文件的形式组织数据，但由于数据库系统在文件系统之上加入了 DBMS 以对数据进行管理，从而使得数据库系统具有以下特点。

1. 数据集成性

数据库系统的数据集成性主要表现在如下几个方面：

(1) 在数据库系统中采用统一的数据结构方式，如在关系数据库中采用二维表作为统一结构方式。

(2) 在数据库系统中按照多个应用的需要组织全局的、统一的数据结构(也就是数据模式)。数据模式不仅可以建立全局的数据结构，还可以建立数据间的语义联系，从而构成内在联系紧密的数据整体。

(3) 数据库系统中的数据模式是多个应用共同的、全局的数据结构，而每个应用的数据则是全局结构中的一部分，称为局部结构(也就是视图)，这种全局与局部的结构模式构成了数据库系统数据集成性的主要特征。

2. 数据的高共享性与低冗余性

数据集成性使得数据可为多个应用共享，特别是在网络发达的今天，数据库与网络的结合扩大了数据共享的应用范围。数据共享可极大地减少数据冗余性，不仅减少了不必要的存储空间，更为重要的是可以避免数据的不一致性。所谓数据的一致性，是指在系统中同一数据的不同存储副本应保持相同的值；而数据的不一致性指的是同一数据在系统中的不同存储副本的取值不同。因此，减少冗余是避免数据不一致的基础。

3. 数据独立性

数据独立性是数据与应用程序间的互不依赖性，因而应用程序独立于数据库中的数据结构。也就是说，数据的逻辑结构、存储结构与存取方式的改变不会影响应用程序。

数据独立性一般分为物理独立性与逻辑独立性两种。

(1) 物理独立性：数据的物理结构(包括存储结构、存取方式等)的改变，如存储设备的更换、物理存储方式的变化、存取方式的改变等，都不会影响数据库的逻辑结构，从而不会引起应用程序的变化。

(2) 逻辑独立性：数据库总体逻辑结构的改变，如修改数据模式、增加新的数据类型、改变数据间的联系等，不需要相应地修改应用程序，这就是数据的逻辑独立性。

4.1.4 数据库的体系结构

数据库的体系结构分为三级，又称为三级模式——内模式、概念模式、外模式。数据库的三级体系结构是数据的3个抽象级别，并通过把数据的具体组织留给DBMS来管理，使用户能抽象地处理数据，而不必关心数据在计算机中的表示和存储。这三级结构之间差别很大，为实现这三个抽象级别的转换，DBMS在这三级结构之间提供了两种映射——外模式到概念模式的映射以及概念模式到内模式的映射，如图4-1所示。

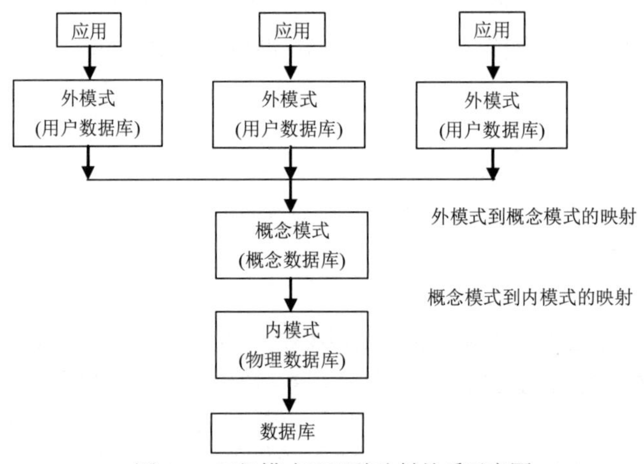

图4-1 三级模式及两种映射关系示意图

1. 数据库系统的三级模式

数据模式是数据库系统中数据结构的一种表示形式，具有不同的层次与结构方式。

(1) 概念模式。概念模式(Conceptual Schema)是数据库系统中全局数据逻辑结构的描述，是全体用户(应用)的公共数据视图。此种描述是一种抽象描述，不涉及具体的硬件环境与平台，也与具体的软件环境无关。

概念模式主要描述数据的概念记录类型以及它们之间的关系，还包括一些数据间的语义约束，对概念模式的描述可用DBMS中的DDL语言来定义。

(2) 外模式。外模式(External Schema)又称子模式(Subschema)或用户模式(User’s Schema)。外模式是用户的数据视图，也就是用户看到的数据模式，由概念模式推导得出。概念模式给出了系统的全局数据描述，而外模式则给出每个用户的局部数据描述。一个概念模式可以有若干外模式，每个用户仅关心与其有关的模式，这样不仅可以屏蔽大量无关信息，而且有利于数据保护。

(3) 内模式。内模式(Internal Schema)又称物理模式(Physical Schema)，内模式给出了数据库的物理存储结构与物理存取方法。内模式对一般用户是透明的，但内模式的设计直接影响数据库的性能。内模式给出了数据库的数据框架结构，数据是数据库中真正的实体，但这些数据必须按框架中描述的结构来组织。

以概念模式为框架组成的数据库叫作概念数据库(Conceptual Database)，以外模式为框架组成的数据库叫作用户数据库(User’s Database)，以内模式为框架组成的数据库叫作物理数据库(Physical Database)。在这三种数据库中，只有物理数据库是真实存在于计算机中的，其他两种数据库并不真正存在于计算机中，而是通过两种映射由物理数据库映射而成。

模式的 3 个级别反映了模式的 3 个不同环境以及它们的不同要求，其中内模式处于最底层，反映了数据在计算机物理结构中的实际存储形式；概念模式处于中间层，反映了设计者对数据的全局逻辑要求；而外模式处于最外层，反映了用户对数据的要求。

2. 数据库系统的两级映射

数据库通过两级映射建立了模式间的联系与转换，使得概念模式与外模式虽然并不真实物理存在，但也能通过映射来获得实体。此外，两级映射还保证了数据库系统中数据的独立性，数据的物理组织改变与逻辑概念级改变相互独立，使得只需要调整映射方式而不必改变用户模式。

(1) 概念模式到内模式的映射。这种映射给出了概念模式中数据的全局逻辑结构到数据的物理存储结构间的对应关系，此种映射一般由 DBMS 实现。

(2) 外模式到概念模式的映射。概念模式是全局模式，而外模式是用户的局部模式。一个概念模式中可以定义多个外模式，而每个外模式则是概念模式的一个基本视图。外模式到概念模式的映射给出了外模式与概念模式的对应关系，这种映射一般也由 DBMS 实现。

4.2 数据模型

4.2.1 数据模型的基本概念

数据模型(Data Model)是数据特征的抽象。数据模型所描述的内容包括三部分：数据结构、数据操作、数据约束。

(1) 数据结构：数据模型中的数据结构主要描述数据的类型、内容、性质以及数据间的联系等。

(2) 数据操作：数据模型中的数据操作主要描述基于相应数据结构的操作类型和操作方式。

(3) 数据约束：数据模型中的数据约束主要描述数据结构内数据间的语法、词义联系以及它们之间的制约和依存关系，此外还有数据动态变化的规则，以保证数据正确、有效、相容。

数据模型按不同的应用层次分成三种类型：概念数据模型(Conceptual Data Model)、逻辑数据模型(Logic Data Model)、物理数据模型(Physical Data Model)。

概念数据模型又称概念模型，是一种面向客观世界和用户的模型；这种模型与具体的数据库管理系统无关，而且也与具体的计算机平台无关。概念模型着重于客观世界中复杂事物的结构描述以及它们之间内在联系的刻画。概念模型是整个数据模型的基础。目前，较为常用的概念模型有 E-R 模型、扩充的 E-R 模型、面向对象模型、谓词模型等。

逻辑数据模型又称逻辑模型，是一种面向数据库系统的模型，逻辑模型着重于数据库系统一级的实现。概念模型只有在转换成数据模型后才能在数据库中得以表示。目前，逻辑模型也有很多种，较为成熟并先后被人们大量使用过的有层次模型、网状模型、关系模型、面向对象模型等。

物理数据模型又称物理模型，是一种面向计算机物理表示的模型，物理模型给出了数据模型关于计算机物理结构的表示。

4.2.2 E-R 模型

概念模型是面向现实世界的，它的出发点是为了有效和自然地模拟现实世界，给出数据的概念化结构。长期以来被广泛使用的概念模型是 E-R 模型(Entity-Relationship Model，实体关系模型)，这种模型于 1976 年由 Peter Chen 首先提出。E-R 模型将现实世界中的要求转换成实体、关系、属性以及它们之间的两种基本连接关系，并且可以用一种图直观地表示出来。

1. E-R 模型的基本概念

l) 实体

现实世界中的事物可以抽象为实体。实体是概念世界中的基本单位，它们是客观存在且又能相互区别的事物。凡是有共性的实体都可以组成一个集合，称为实体集(Entity Set)，如学生张三、学生李四是实体，他们都属于学生实体集。

2) 属性

现实世界中的事物都有一些特性，这些特性可以用属性来表示。属性刻画了实体的特征。一个实体往往可以有若干属性。每个属性可以有值，属性的取值范围又称为属性的域。

3) 关系

现实世界中事物之间的关联称为关系。概念世界中的关系反映了实体集之间存在一定的关联，如教师与学生之间的教学关系，父亲与儿子之间的父子关系，卖方与买方之间的供求关系等。

两个实体集之间的关系实际上是一种函数关系，这种函数关系有以下几种。

- 一对一(One to One)关系，简记为 1∶1。这是最常见的函数关系，如班级与班长间的关系——一个班级与一名班长相互一一对应。
- 一对多(One to Many)或多对一(Many to One)关系，简记为 $1:M(1:m)$或 $M:1(m:1)$。它们实际上是一种函数关系，如学生与班级间就是多对一关系(反之，则是一对多关系)——多名学生对应一个班级。

- 多对多(Many to Many)关系，简记为 $M:N$ 或 $m:n$ 。这是一种较为复杂的函数关系，如教师与学生间就是多对多关系，因为一位教师可以教授多名学生，而一名学生又可以受教于多位教师。

2. 实体、关系、属性之间的连接关系

E-R 模型由实体、关系、属性三个基本要素组成，这三者结合起来才能表示现实世界。

3. E-R 模型的图示法

E-R 模型可以用一种非常直观的图来表示，这种图称为 E-R 图。在 E-R 图中，可分别使用不同的几何图形来表示 E-R 模型中的实体、属性、关系以及它们之间的连接关系。

1) 实体集表示法

在 E-R 图中，可用矩形表示实体集，实体集的名称则写在矩形内，学生实体集可用图 4-2 表示。

2) 属性表示法

在 E-R 图中，可用椭圆表示属性，属性的名称则写在椭圆内，学生都有的“学号”属性可用图 4-3 表示。

3) 关系表示法

在 E-R 图中，可用菱形(内写关系名)表示关系，学生与课程间的选课关系可用图 4-4 表示。

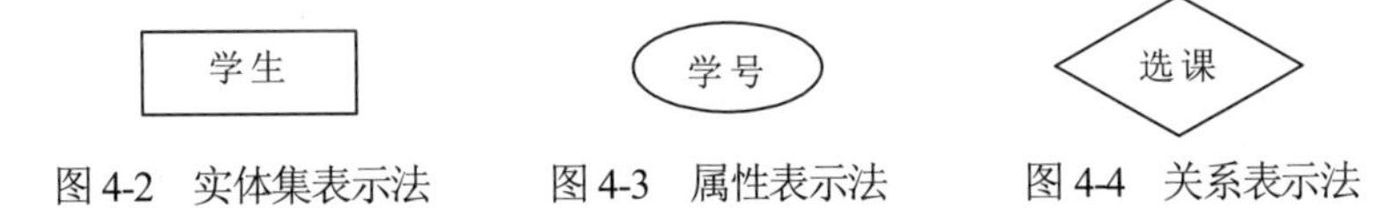

图 4-2　实体集表示法　　图 4-3　属性表示法　　图 4-4　关系表示法

4) 实体集(关系)与属性间的连接关系

属性依附于实体集，因此它们之间有连接关系。在 E-R 图中，这种关系可用连接了这两个图形的无向线段来表示(一般情况下可用直线)。例如，实体集“学生”有属性“学号”“姓名”及“年龄”，实体集“课程”有属性“课程号”“课程名”及“预修课号”，此时它们可用图 4-5 表示。

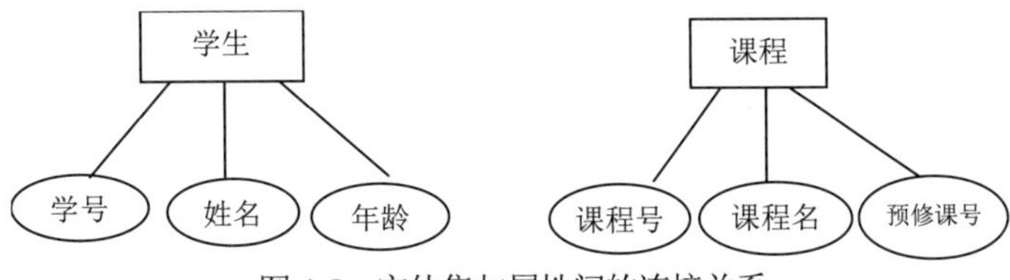

图 4-5　实体集与属性间的连接关系

属性还依附于关系，它们之间也有连接关系，因此也可用无向线段表示。例如，关系“选课”可与学生的“成绩”属性建立连接并用图 4-6 表示。

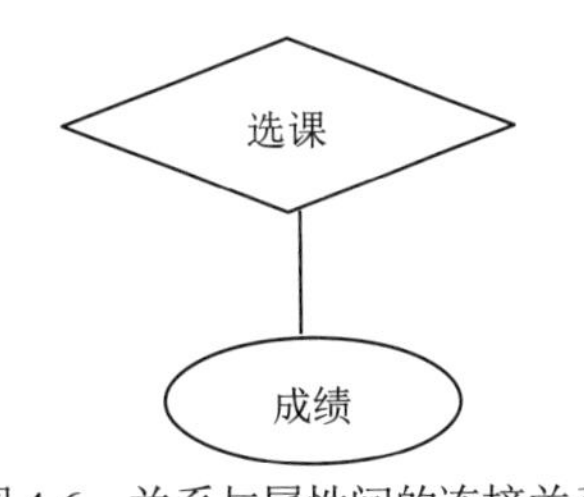

图 4-6　关系与属性间的连接关系

5) 实体集与关系间的连接关系

在 E-R 图中，实体集与关系间的连接关系可用

连接了这两个图形的无向线段来表示。例如，实体集“学生”与关系“选课”间有连接关系，而实体集“课程”与关系“选课”间也有连接关系，因此它们之间可用无向线段相连，如图4-7所示。

为了进一步刻画实体间的函数关系，可在线段的旁边注明对应的函数关系，如图4-8所示。

图4-7　实体集与关系间的连接关系　　图4-8　实体集之间关系的表示

使用矩形、椭圆、菱形以及按一定要求相互连接的线段，即可构成一张完整的E-R图。

例 4.1　使用前面所述的实体集“学生”与“课程”以及附属于它们的属性，再加上“选课”关系的“成绩”属性，即可构成学生与课程关系的概念模型，此概念模型可用图4-9所示的E-R图来表示。

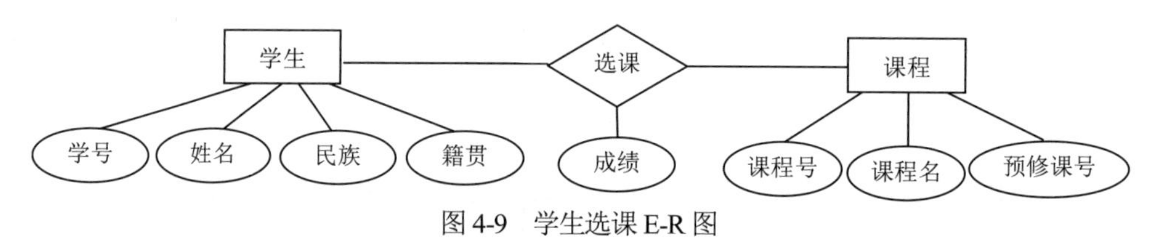

图4-9　学生选课E-R图

4.2.3　层次模型

层次模型(Hierarchical Model)是最早发展起来的数据库模型。层次模型的基本结构是树状结构，这种结构在现实世界中很普遍，如家族结构、行政组织机构等，这些结构自顶向下、层次分明，图4-10展示的是某学院的组织机构图。

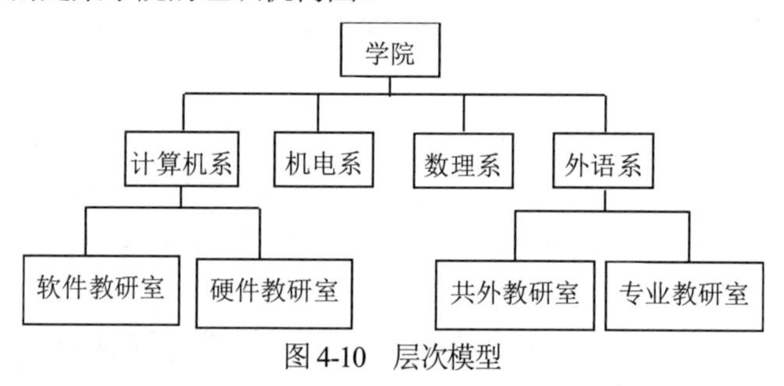

图4-10　层次模型

4.2.4　网状模型

网状模型(Network Model)的出现略晚于层次模型。网状模型在结构上较层次模型好，不像层次模型那样还要满足严格的条件，如图4-11所示。和层次模型不同的是，网状模型的节点可以和其他任意节点连接。

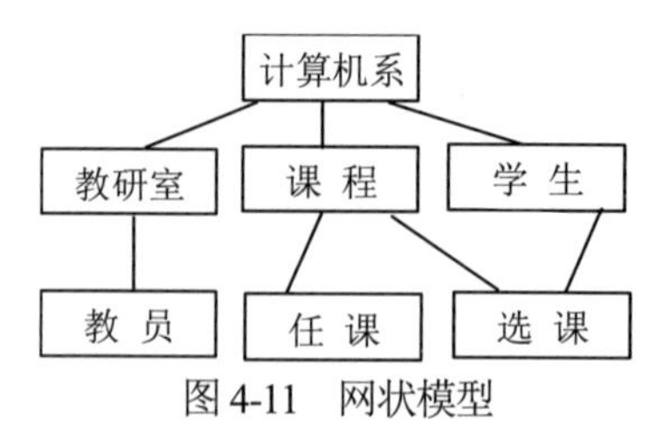

图4-11　网状模型

4.2.5　关系模型

关系模型采用二维表来表示，简称表。二维表由表框架(Frame)及表的元组(Tuple)组成。表框架由 n 个命名的属性(Property)组成，n 称为属性元数(Arity)。每个属性都有相应的取值范围，称为值域(Domain)。

在表框架中，数据是按行存放的，每一行数据称为一个元组。实际上，一个元组是由 n 个元组分量组成的，每个元组分量是元组中对应属性的值。一个表框架可以存放 m 个元组，m 称为二维表的基数(Cardinality)。

二维表一般满足如下 7 个性质：

(1) 在二维表中，元组的个数是有限的——元组个数有限性。

(2) 二维表中的元组均不相同——元组的唯一性。

(3) 在二维表中，元组的次序可以任意交换——元组的次序无关性。

(4) 在二维表中，元组分量是不可分割的基本数据项——元组分量的原子性。

(5) 二维表中的属性名各不相同——属性名唯一。

(6) 二维表中的属性与次序无关，可任意交换——属性的次序无关性。

(7) 在二维表中，属性的分量具有与同一属性相同的值域——分量值域的同一性。

满足以上 7 个性质的二维表称为关系(Relation)，以二维表为基本结构建立的模型称为关系模型。

关系模型中的一个重要概念是键(Key)或码。键具有标识元组、建立元组间关系等重要作用。在二维表中，凡能唯一标识元组的最小属性集称为二维表的键或码。

二维表可能有若干键，它们称为二维表的候选码或候选键(Candidate Key)。可从二维表的所有候选键中选取一个作为用户使用的键，并称之为主键(Primary Key)或主码，主键也可简称为键或码。

如果二维表 R 中的某个属性集是二维表 S 的键，就称这个属性集为 R 的外键(Foreign Key)或外码。二维表中一定要有键，因为如果二维表中所有属性的子集都不是键，那么二维表中属性的全集必为键(称为全键)，因此也一定有主键。

关系框架与关系元组构成了关系。语义相关的关系集合则构成了关系数据库(Relational Database)。关系框架称为关系模式，而语义相关的关系模式的集合则构成了关系数据库模式(Relational Database Schema)。

关系模式支持子模式，关系子模式是用户在关系数据库模式中看到的那部分数据模式描述。关系子模式也是二维表，对应的用户数据库称为视图(View)。

4.3　关系代数

关系数据库系统的特点之一就在于建立在数学理论的基础之上。有很多数学理论可以表示关系模型的数据操作，其中最为著名的是关系代数(Relational Algebra)与关系演算(Relational Calculus)。人们在数学上已经证明它们两者在功能上是等价的。下面主要介绍关系代数，它是关系数据库系统的理论基础。

4.3.1 关系模型的基本操作

关系是由若干不同的元组组成的，因此关系可看成元组的集合。n 元关系是 n 元有序组的集合。设有 n 元关系 R，它有 n 个域，分别是 D_1，D_2,…，D_n，此时，它们的笛卡儿积是：

$$D_1 \times D_2 \times \cdots \times D_n$$

这个集合中的每个元素都是具有如下形式的 n 元有序组：

$$(d_1, d_2, \cdots, d_n),\ d_i \in D_i,\ (i = 1,2,\cdots,n)$$

这个集合与 n 元关系 R 具有如下关系：

$$R \subseteq D_1 \times D_2 \times \cdots \times D_n$$

也就是说，n 元关系 R 是 n 元有序组的集合。

关系模型支持插入、删除、修改、查询 4 种操作，它们又可以进一步分解成 6 种基本操作。

(1) 关系的属性的指定。指定关系内的某些属性，用于确定关系的列，它们主要用于检索或定位。

(2) 关系的元组的选择。使用一个逻辑表达式给出关系中满足这个逻辑表达式的元组，用于确定关系的行，它们也主要用于检索或定位。

使用上述两种操作即可确定二维表中满足一定行列要求的数据。

(3) 关系的合并。通过将若干关系合并成一个关系，可进行关系间的检索与定位。

使用上述三种操作可以进行多个关系的定位。

(4) 关系的查询。在一个关系中或多个关系间进行查询，查询的结果也是关系。

(5) 关系元组的插入。在关系中增添一些元组，用于完成插入与修改任务。

(6) 关系元组的删除。在关系中删除一些元组，用于完成删除与修改任务。

4.3.2 关系的基本运算

由于操作是对关系所做的运算，而关系是有序组的集合；因此，可以将操作看成集合之间的运算。

1. 插入

设有关系 R 需要插入若干元组，将想要插入的元组组成关系 S，则插入可用集合的并运算表示为：

$$R \cup S$$

2. 删除

设有关系 R 需要删除若干元组，将想要删除的元组组成关系 S，则删除可用集合的差运算表示为：

$$R - S$$

3. 修改

当修改关系 R 中的元组时，可执行以下步骤：

(1) 设需要修改的元组构成了关系 S，先执行删除操作，得到如下结果：

$$R-S$$

(2) 设修改后的元组构成了关系 T，此时将关系 T 插入即可得到如下结果：

$$(R-S)\cup T$$

4. 查询

用于查询的 3 个操作无法用传统的集合运算表示，为此，需要引入一些新的运算。

1) 投影(Projection)运算

关系 R 通过投影运算(并由该运算给出指定的属性)后变为关系 S。S 是由 R 中的投影运算指出的那些属性列组成的关系。设 R 有 n 个属性 A_1，A_2，…，A_n，则在 R 上对属性 A_{i_1}，A_{i_2}，…，A_{i_m} $(A_{i_m}\in\{A_1,A_2,\cdots,A_n\})$ 的投影可表示成下面的一元运算：

$$\pi_{A_{i_1},A_{i_2},\cdots,A_{i_m}}(R)$$

2) 选择(Selection)运算

关系 R 通过选择运算(并由该运算给出选择的逻辑条件)后仍为一个关系，这个关系是由 R 中满足逻辑条件的那些元组组成的。设关系的逻辑条件为 F，则 R 满足 F 的选择运算可表示为：

$$\sigma_F(R)$$

其中，逻辑条件 F 是一个逻辑表达式。

3) 笛卡儿积(Cartesian Product)运算

两个关系的合并操作可以用笛卡儿积表示。设有 n 元关系 R 及 m 元关系 S，它们分别有 p、q 个元组，则关系 R 与 S 的笛卡儿积记为 $R\times S$，这是一个 $n+m$ 元关系。元组个数是 $p\times q$，由 R 与 S 的有序组组合而成。

图 4-12 给出了关系 R 和 S 的实例以及 R 与 S 的笛卡儿积 $T=R\times S$。

R

R1	R2	R3
a	b	c
d	e	f

S

Sl	S2	S3
j	k	l
m	n	o

T=R×S

R1	R2	R3	S1	S2	S3
a	b	c	j	k	l
a	b	c	m	n	o
d	e	f	j	k	l
d	e	f	m	n	o

图 4-12　关系 R、S 以及 $R\times S$

4.3.3 关系代数的扩充运算

在关系代数中，除了上述几种最基本的运算之外，为了操纵方便，仍需要增添一些运算，这些运算均可由基本运算导出。常用的扩充运算有交、除、连接、自然连接等。

1. 交(Intersection)运算

关系 R 与 S 经交运算后得到的关系是由那些既在 R 内又在 S 内的元组组成的，记为 $R \cap S$。图 4-13 给出了关系 R 与 S 以及它们经交运算后得到的关系 T。

$$R \cap S = R-(R-S)$$

R

A	B	C	D
1	2	3	4
8	6	9	3

S

A	B	C	D
2	5	0	6
1	2	3	4

$T=R \cap S$

A	B	C	D
1	2	3	4

图 4-13　关系 R、S 以及 $R \cap S$

2. 除(Division)运算

如果将笛卡儿积运算看作乘运算的话，那么除运算就是它的逆运算。当关系 $T=R \times S$ 时，可将除运算写为：

$$T \div R = S \text{ 或 } T/R = S$$

S 称为 T 除以 R 的商(Quotient)。

由于采用的是逆运算，因此除运算的执行需要满足一定的条件。设有关系 T、R，则 T 能被 R 除的充分必要条件是：T 中包含 R 的所有属性，并且 T 中有一些属性不出现在 R 中。

在除运算中，S 的属性由 T 中那些不出现在 R 中的属性组成。对于 S 中的任一元组，由它与关系 R 中每个元组构成的元组均出现在关系 T 中。

图 4-14 不仅给出了关系 T 及一组 R，而且针对这组不同的 R 给出了经除运算后得到的商 S。

T

A	B	C	D
m	n	1	2
x	y	3	4
x	y	1	2
m	n	3	4
m	n	5	6

图 4-14　除运算

R_1

C	D
1	2
3	4

R_2

C	D
1	2

R_3

C	D
1	2
3	4
5	6

S_1

A	B
m	n
x	y

S_2

A	B
m	n
x	y

S_3

A	B
m	n

图 4-14(续)

3. 连接(Join)与自然连接(Natural Join)运算

连接运算又称θ连接运算，这是一种二元运算。设有关系 R、S 以及比较式 $i\theta j$，其中 i 为 R 中的属性，j 为 S 中的属性。可以将 R、S 在属性 i、j 上的θ连接记为：

$$R \underset{i\theta j}{\bowtie} S$$

具体含义可用下式定义：

$$R \underset{i\theta j}{\bowtie} S=\sigma_{i\theta j}(R\times S)$$

在θ连接中，如果θ为=，就称θ连接为等值连接，否则称θ连接为不等值连接；如果θ为<，就称θ连接为小于连接；如果θ为>，就称θ连接为大于连接。

在实际应用中，最常用的连接是自然连接，自然连接将在等值连接的基础上去掉重复的属性列。在进行自然连接时，需要满足下面的条件：

(1) 两个关系间有公共属性。

(2) 可通过对应值相等的公共属性进行连接。

设有关系 R、S，R 有属性 A_1、A_2、…、A_n，S 有属性 B_1、B_2、…、B_m，并且 A_{i_1}、A_{i_2}、…、A_{i_j} 与 B_1、B_2、…、B_j 分别为相同的属性，此时它们的自然连接可记为：

$$R\bowtie S$$

具体含义可用下式表示：

$$R\bowtie S=\pi_{A_1,A_2,\cdots,A_n,B_{j+1},\cdots,B_m}(\sigma_{A_{i_1}=B_1\wedge A_{i_2}=B_2\wedge\cdots\wedge A_{i_j}=B_j}(R\times S))$$

设关系 R、S 分别如图 4-15(a)和图 4-15(b)所示，那么关系 $T=R\bowtie S$ 将如图 4-15(c)所示。

R

A	B	C	D
1	2	4	5
2	4	2	6
3	1	4	7

(a)

S

D	E
8	6
6	5
7	2

(b)

T

A	B	C	D	E
2	4	2	6	5
3	1	4	7	2

(c)

图 4-15　R、S 以及 $T=R\bowtie S$

在以上运算中，最常用的是投影运算、选择运算、自然连接运算、并运算及差运算。

4.4 数据库设计

数据库设计(Database Design)是指对于给定的应用环境，构造最优的数据库模式，建立数据库及其应用系统，使之能够有效地存储数据，满足各种用户的应用需求(信息要求和处理要求)。在数据库领域内，常常把使用数据库的各类系统统称为数据库应用系统。

本节重点介绍数据库的需求分析、概念设计及逻辑设计三个阶段。

4.4.1 数据库设计概述

数据库设计目前一般采用生存周期(Life Cycle)法，也就是将整个数据库应用系统的开发分解成目标独立的若干阶段，它们分别是：需求分析阶段、概念设计阶段、逻辑设计阶段、物理设计阶段、编码阶段、测试阶段、运行阶段、进一步修改阶段。数据库设计将采用上述几个阶段中的前四个阶段，并且重点以数据结构与模型的设计为主线，如图 4-16 所示。

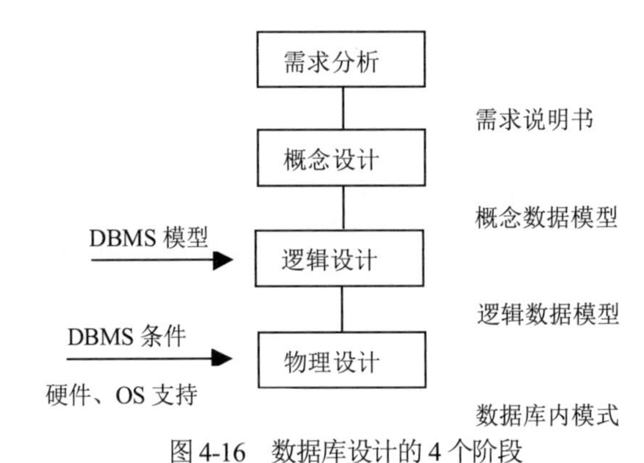

图 4-16　数据库设计的 4 个阶段

4.4.2 需求分析

需求的收集和分析是数据库设计的第一阶段，这一阶段收集到的基础数据和创建的一组数据流图(Data Flow Diagram，DFD)是进行下一步——概念设计的基础。

需求分析阶段的任务是通过详细调查现实世界中想要处理的对象(组织、部门、企业等)，充分了解原系统的工作概况，明确用户的各种需求，然后在此基础上确定新系统的功能。新系统必须充分考虑今后可能的扩充和改变，而不能仅按当前应用需求来设计数据库。

4.4.3 概念设计

进行数据库概念设计的目的是分析数据间内在的语义关联，并在此基础上建立数据的抽象模型。进行数据库概念设计的方法有以下两种。

1. 集中式模式设计法

这是一种统一的模式设计方法，可根据需求由统一的机构或人员设计出综合的全局模式。这种设计方法简单方便，强调统一与一致，适用于小型或并不复杂的系统，但对大型或语义关联复杂的系统并不适合。

2. 视图集成设计法

这种设计方法会首先将一个单位分解成若干部分，并为每一部分设计局部模式，建立每一部分的视图，然后以各个视图为基础进行集成。但在集成过程中可能出现一些冲突，这是由视图设计的分散性导致的不一致造成的，因此需要对视图进行修正，最终形成全局模式。

视图集成设计法是一种由分散到集中的设计方法，虽然设计过程稍显复杂，但却能较好地反映需求，适用于大型或复杂的系统，目前此种设计方法使用较多。

4.4.4 逻辑设计

进行数据库逻辑设计的主要目的是将 E-R 图转换成指定 RDBMS(关系数据库管理系统)中的关系模式。首先，从 E-R 图到关系模式的转换是比较直接的，实体与联系都可以表示成关系，E-R 图中的属性也可以转换成关系的属性。其次，实体集也可以转换成关系。E-R 模型与关系间的转换如表 4-1 所示。

表 4-1 E-R 模型与关系间的转换

E-R 模 型	关　系	E-R 模 型	关　系
属性	属性	实体集	关系
实体	元组	联系	关系

4.4.5 物理设计

进行数据库物理设计的主要目的是对数据库内部的物理结构进行调整并选择合适的存取路径，以提高数据库访问速度并有效利用存储空间。现代关系数据库已大量屏蔽了内部物理结构，因此留给用户参与物理设计的余地并不多。在一般的 RDBMS 中，留给用户参与物理设计的内容大致有如下几种：索引设计、集簇设计和分区设计。

4.4.6 数据库的建立与维护

数据库是一种共享资源，需要进行维护与管理，这种工作称为数据库管理，而实施数据库管理的人员是数据库管理员。数据库管理一般涉及如下操作：数据库的建立、数据库的调整、数据库的安全性控制与完整性控制、数据库的故障恢复、数据库的监控以及数据库的重组。

4.5 习 题

一、选择题

1. 进行数据库设计的根本目标是要解决_______。

A) 数据共享问题　　B) 数据安全问题

C) 大量数据的存储问题　　D) 简化数据的维护

2. 数据库系统的核心是______。

A) 数据模型　　B) 数据库管理系统

C) 数据库　　D) 数据库管理员

3. 数据库(DB)、数据库系统(DBS)、数据库管理系统(DBMS)之间的关系是____。

A) DB 包含 DBS 和 DBMS　　B) DBMS 包含 DB 和 DBS

C) DBS 包含 DB 和 DBMS　　D) 没有任何关系

4. 在数据库系统中，用户看到的数据模式为_______。

A) 概念模式　　B) 外模式　　C) 内模式　　D) 物理模式

5. 在数据管理技术发展的三个阶段中，数据共享最好的是______。

A) 人工管理阶段　　B) 文件系统阶段

C) 数据库系统阶段　　D) 三个阶段相同

6. 数据库应用系统中的核心问题是______。

A) 数据库设计　　B) 数据库系统设计

C) 数据库维护　　D) 数据库管理员培训

7. 数据库管理系统是______。

A) 操作系统的一部分　　B) 操作系统支撑下的系统软件

C) 一种编译系统　　D) 一种操作系统

8. 使用树状结构表示实体之间联系的模型是_______。

A) 关系模型　　B) 网状模型　　C) 层次模型　　D) 以上都是

9. “商品”与“顾客”两个实体集之间的关系一般是______。

A) 一对一关系　B) 一对多关系　C) 多对一关系　D) 多对多关系

10. 一间宿舍可住多名学生，实体“宿舍”和“学生”之间的关系是_____。

A) 一对一关系 B) 一对多关系 C) 多对一关系 D) 多对多关系

11. 在 E-R 图中，用来表示实体之间关系的图形是______。

A) 矩形 B) 椭圆 C) 菱形 D) 平行四边形

12. 设有表示学生选课的 3 个二维表——学生表 *S*(学号，姓名，性别，年龄，身份证号)、课程表 *C*(课号，课名)和选课表 SC(学号，课号，成绩)，二维表 SC 的关键字(键或码)是_____。

A) 课号，成绩 B) 学号，成绩 C) 学号，课号 D) 学号，姓名，成绩

13. 设有如下关系：

R

A	B	C
1	1	2
2	2	3

S

A	B	C
3	1	3

T

A	B	C
1	1	2
2	2	3
3	1	3

下列操作中正确的是______。

A) $T=R\cap S$ B) $T=R\cup S$ C) $T=R\times S$ D) $T=R/S$

14. 设有如下关系：

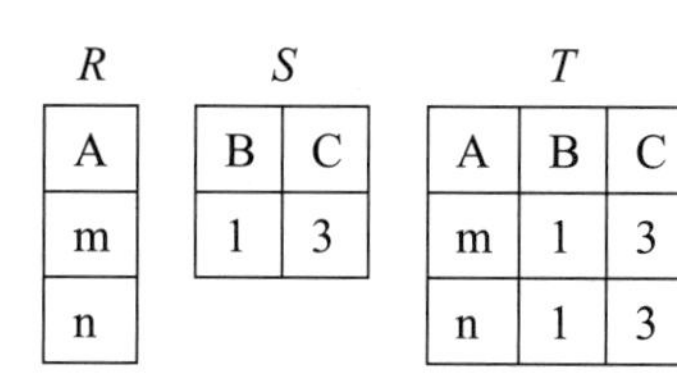

R

A
m
n

S

B	C
1	3

T

A	B	C
m	1	3
n	1	3

下列操作中正确的是______。

A) $T=R\cap S$ B) $T=R\cup S$ C) $T=R\times S$ D) $T=R/S$

15. 设有如下关系：

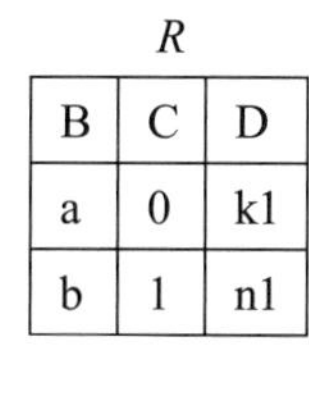

R

B	C	D
a	0	k1
b	1	n1

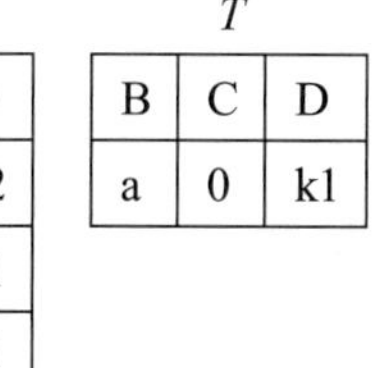

S

B	C	D
f	3	h2
a	0	k1
n	2	x1

T

B	C	D
a	0	k1

由关系 *R* 和 *S* 可通过运算得到关系 *T*，使用的运算是______。

A) 并运算 B) 自然连接运算 C) 笛卡儿积运算 D) 交运算

16. 下列关系运算中，能够不改变关系中的属性个数，但能减少元组个数的是______。

A) 并运算 B) 交运算 C) 投影运算 D) 笛卡儿积运算

17. 设有如下关系：

R

A	B
m	1
n	2

S

B	C
1	3
3	5

T

A	B	C
m	1	3

由关系 *R* 和 *S* 可通过运算得到关系 *T*，使用的运算是_____。

A) 笛卡儿积运算　B) 交运算　C) 并运算　D) 自然连接运算

18. 设有如下关系：

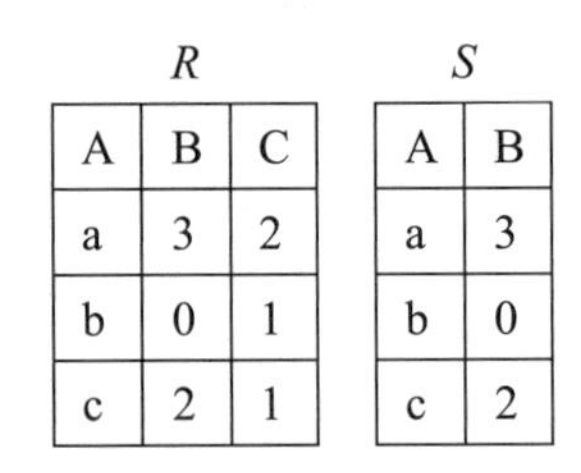

R

A	B	C
a	3	2
b	0	1
c	2	1

S

A	B
a	3
b	0
c	2

由关系 *R* 可通过运算得到关系 *S*，使用的运算是_____。

A) 选择运算　B) 投影运算　C) 插入运算　D) 连接运算

19. 数据库设计的 4 个阶段是需求分析、概念设计、逻辑设计和________。

A) 编码设计　B) 测试　C) 运行　D) 物理设计

20. 在数据库设计中，将 E-R 图转换成关系数据模型的过程属于______。

A) 需求分析阶段　B) 概念设计阶段

C) 逻辑设计阶段　D) 物理设计阶段

21. 在将 E-R 图转换为关系模式时，实体和联系都可以表示为_______。

A) 属性　B) 键　C) 关系　D) 域

二、填空题

1. 数据独立性分为逻辑独立性与物理独立性。当数据的存储结构发生改变时，数据的逻辑结构可以不变，因此基于逻辑结构的应用程序不必修改，这被称为_______。

2. 在数据库系统中，实现各种数据管理功能的核心软件称为_______。

3. 在数据库管理系统提供的数据定义语言、数据操纵语言和数据控制语言中，_____负责数据的模式定义与数据的物理存取构建。

4. 在关系数据库中，将把数据表示成二维表，每一个二维表称为______。

5. 关系表中的行称为______。

6. 在二维表中，______不能再分成更小的数据项。

7. 在 E-R 图中，可以使用的图形包括矩形、菱形、椭圆。其中，用来表示实体集的是_____。

8. 在数据库中，实体集之间可以是一对一、一对多或多对多关系，那么“学生”和“可选课程”之间是_______关系。

9. 人员基本信息一般包括身份证号、姓名、性别、年龄等，其中可以作为主键的是______。

10. 数据库设计包括概念设计、________和物理设计。

第 5 章　公共基础知识答案

5.1　数据结构与算法习题解答

一、 选择题

1. 下列叙述中正确的是______。

　A) 一个算法的空间复杂度大，其时间复杂度也必大。

　B) 一个算法的空间复杂度大，其时间复杂度必定小。

　C) 一个算法的时间复杂度大，其空间复杂度必定小。

　D) 上述三种说法都不对。

答案：D

2. 算法的有穷性是指______。

　A) 算法程序的运行时间是有限的。

　B) 算法能够处理的数据量是有限的。

　C) 算法程序的长度是有限的。

　D) 算法只能被有限的用户使用。

答案：A

分析：算法的有穷性是指算法应包含有限的操作步骤而不能是无限的，因此算法程序的运行时间是有限的。

3. 算法的空间复杂度是指______。

　A) 算法在执行过程中所需的计算机存储空间。

　B) 算法能够处理的数据量。

　C) 算法程序中语句或指令的条数。

　D) 队头指针既可以大于队尾指针，也可以小于队尾指针。

答案：A

4. 算法的时间复杂度是指_______。

　A) 算法的执行时间。

　B) 算法能够处理的数据量。

　C) 算法程序中语句或指令的条数。

　D) 算法在执行过程中所需的基本运算次数。

答案：D

分析：算法的时间复杂度是指执行算法所需的计算工作量，这可以使用算法在执行过程中所需的基本运算的执行次数来度量。

5. 下列叙述中正确的是_____。

A) 程序执行的效率与数据的存储结构密切相关。

B) 程序执行的效率只取决于程序的控制结构。

C) 程序执行的效率只取决于所能处理的数据量。

D) 以上三种说法都不对。

答案：A

6. 下列叙述中正确的是______。

A) 数据的逻辑结构只能有一种存储结构。

B) 数据的逻辑结构属于线性结构，而数据的存储结构属于非线性结构。

C) 数据的逻辑结构可以有多种存储结构，且各种存储结构不影响数据处理的效率。

D) 数据的逻辑结构可以有多种存储结构，且各种存储结构影响数据处理的效率。

答案：D

分析：数据的逻辑结构是指数据之间的逻辑关系，而数据的存储结构是指数据的逻辑结构在计算机存储空间中的存放形式。

7. 下列数据结构中，能够按照“先进先出”原则存取数据的是______。

A) 循环队列　　B) 栈　　C) 队列　　D) 二叉树

答案：C

分析：队列是一种限定仅在一端进行插入运算，而在另一端进行删除运算的线性表。在队列中，允许插入的一端称为队尾，允许删除的另一端称为队头。队列又称为“先进先出”表或“后进后出”表。

8. 下列叙述中正确的是______。

A) 在栈中，元素会随栈底指针与栈顶指针的变化而动态变化。

B) 在栈中，栈顶指针不变，元素随栈底指针的变化而动态变化。

C) 在栈中，栈底指针不变，元素随栈顶指针的变化而动态变化。

D) 上述三种说法都不对。

答案：C

分析：栈是一种限定仅在一端进行插入和删除运算的线性表。允许插入和删除的一端称为栈顶，而不允许插入和删除的另一端称为栈底。栈又称为“先进后出”表或“后进先出”表。

9. 下列叙述中正确的是______。

A) 循环队列有队头和队尾两个指针，因此，循环队列是非线性结构。

B) 在循环队列中，仅仅队头指针就能反映队列中元素的动态变化情况。

C) 在循环队列中，仅仅队尾指针就能反映队列中元素的动态变化情况。

D) 在循环队列中，元素的个数是由队头和队尾指针共同决定的。

答案：D

分析：在循环队列中，从队头指针 front 指向的位置直到队尾指针 rear 指向的前一个位置之间的所有元素均为队列中的元素。

10. 下列关于栈的描述中错误的是______。

A) 栈是先进后出的线性表。

B) 栈只能顺序存储。

C) 栈具有记忆功能。

D) 在栈的插入与删除操作中，不需要改变栈底指针。

答案：B

分析：栈可以顺序存储，也可以链式存储。

11. 假设栈的初始状态为空，现将元素 1、2、3、4、5、A、B、C、D、E 依次入栈，然后再将它们依次出栈，那么这些元素出栈时的顺序是______。

A) 12345ABCDE　　B) EDCBA54321

C) ABCDE12345　　D) 54321EDCBA

答案：B

分析：栈是先进后出的线性表。

12. 下列叙述中正确的是______。

A) 顺序存储结构的存储空间一定是连续的，链式存储结构的存储空间不一定是连续的。

B) 顺序存储结构只针对线性结构，链式存储结构只针对非线性结构。

C) 顺序存储结构能存储有序线性表，链式存储结构不能存储有序线性表。

D) 链式存储结构相比顺序存储结构节省存储空间。

答案：A

13. 下列叙述中正确的是______。

A) 栈是“先进先出”的线性表。

B) 队列是“先进后出”的线性表。

C) 循环队列是非线性结构。

D) 有序线性表既可以采用顺序存储结构，也可以采用链式存储结构。

答案：D

14. 下列关于线性链表的描述中正确的是______。

A) 存储空间不一定连续，且各个元素的存储顺序是任意的。

B) 存储空间不一定连续，且前件元素一定存储在后件元素的前面。

C) 存储空间必须连续，且前件元素一定存储在后件元素的前面。

D) 存储空间必须连续，且各个元素的存储顺序是任意的。

答案：A

15. 在深度为 7 的满二叉树中，叶子节点的个数为______。

A) 32　　B) 31　　C) 64　　D) 63

答案：C

16. 某二叉树包含 n 个度为 2 的节点，此二叉树中的叶子节点数为_____。

A) $n+1$　　B) $n-1$　　C) $2n$　　D) $n/2$

答案：A

分析：在二叉树中，度为 0 的节点(即叶子节点)总是比度为 2 的节点多 1 个。

17. 对如下二叉树进行后序遍历，遍历结果为________。

A) ABCDEF　　B) DBEAFC　　C) ABDECF　　D) DEBFCA

答案：D

分析：后序遍历二叉树的过程如下——若二叉树为空，则遍历结束；否则首先后序遍历左子树，然后后序遍历右子树，最后访问根节点。

18. 在长度为 n 的有序线性表中进行二分查找，在最坏情况下需要比较的次数为_____。

A) n　　B) $n/2$　　C) $\log_2 n$　　D) $n\log_2 n$

答案：C

分析：可以证明，对于长度为 n 的有序线性表，在最坏情况下，二分查找只需要比较 $\log_2 n$ 次，顺序查找需要比较 n 次。

19. 下列数据结构中，能使用二分查找法查找元素的是______。

A) 顺序存储的有序线性表　　B) 线性链表

C) 二叉链表　　D) 有序线性链表

答案：A

分析：二分查找法只适用于顺序存储的有序线性表。

20. 对长度为 n 的线性表进行顺序查找，在最坏情况下需要比较的次数为_____。

A) $\log_2 n$　　B) $n/2$　　C) n　　D) $n+1$

答案：C

二、填空题

1. 针对解题方案的正确而完整的描述称为________。

答案：算法

2. 算法复杂度主要包括时间复杂度和_______复杂度。

答案：空间

3. 线性表的存储结构主要分为顺序存储结构和链式存储结构。队列是一种特殊的线性表，操作原则是_______。

答案：先进先出或 FIFO

4. 按“先进后出”原则组织数据的数据结构是______。

答案：栈

5. 数据结构分为线性结构和非线性结构，带链的队列属于 ______。
答案：线性结构
6. 在一棵二叉树中，第六层(根节点为第一层)的节点数最多为_____。
答案：32
7. 深度为 5 的满二叉树有______个叶子节点。
答案：16

5.2 软件工程基础习题解答

一、选择题

1. 软件是指________。
A) 程序　　B) 程序和文档
C) 算法加数据结构　　D) 程序、数据和相关文档的集合
答案：D
2. 软件按功能可以分为应用软件、系统软件和支撑软件(或工具软件)。下面属于应用软件的是_________。
A) 编译程序　B) 操作系统　C) 教务管理系统　D) 汇编程序
答案：C
3. 下列选项中不属于软件生存周期里开发阶段任务的是________。
A) 软件测试　B) 概要设计　C) 软件运行维护　D) 详细设计
答案：C
分析：软件的生存周期分为软件定义、软件开发及软件运行三个阶段。
4. 在软件开发中，需求分析阶段产生的主要文档是_______。
A) 可行性分析报告　　B) 软件需求规格说明书
C) 概要设计说明书　　D) 集成测试计划
答案：B
分析：进行需求分析的目的是形成软件需求规格说明书。
5. 在软件开发中，可在需求分析阶段使用的工具是_____。
A) N-S 图　B) DFD 图　C) PDL 语言　D) 程序流程图
答案：B
分析：常见的需求分析方法有两种——结构化分析方法和面向对象的分析方法。其中，结构化分析方法能以数据流图(Data Flow Diagram，DFD)和数据字典(Data Dictionary，DD)为主要工具，建立系统的逻辑模型。

6. 两个或两个以上模块之间关联的紧密程度称为________。

A) 耦合度　　B) 内聚度

C) 复杂度　　D) 数据传输特性

答案：A

7. 从工程管理角度看，软件设计一般分两步完成，它们是________。

A) 概要设计与详细设计

B) 数据设计与接口设计

C) 软件结构设计与数据设计

D) 过程设计与数据设计

答案：A

8. 程序流程图中含有箭头的线段表示的是______。

A) 图元关系　　B) 数据流

C) 控制流　　D) 调用关系

答案：C

9. 在软件设计中，模块划分应遵循的原则是______。

A) 低内聚、低耦合　　B) 高内聚、低耦合

C) 低内聚、高耦合　　D) 高内聚、高耦合

答案：B

10. 下列叙述中不符合良好程序设计风格的是______。

A) 程序的效率第一，清晰第二

B) 程序的可读性好

C) 程序中含有必要的注释

D) 在输入数据前要有提示信息

答案：A

11. 下列选项中不属于结构化程序设计方法的是______。

A) 自顶向下　　B) 逐步求精

C) 模块化　　D) 可复用

答案：D

分析：结构化程序设计的原则是自顶向下、逐步求精、模块化并限制使用GOTO语句。

12. 下列选项中不符合良好程序设计风格的是_______。

A) 源程序要文档化　　B) 数据说明的次序要规范化

C) 避免滥用GOTO语句　　D) 模块设计要保证高耦合、高内聚

答案：D

13. 在面向对象方法中，实现信息隐蔽要依靠______。

A) 对象的继承　　B) 对象的多态

C) 对象的封装　　D) 对象的分类

答案：C

14. 下列叙述中正确的是______。

A) 软件测试的主要目的是发现程序中的错误。

B) 软件测试的主要目的是确定程序中产生错误的位置。

C) 为了提高软件测试的效率，最好由程序编制者自己来完成软件的测试工作。

D) 软件测试是为了证明软件没有错误。

答案：A

15. 进行程序调试的目的是_____。

A) 发现错误　　B) 改正错误

C) 改善软件的性能　　D) 验证软件的正确性

答案：B

分析：进行程序调试的目的是诊断和改正程序中的错误。

二、填空题

1. 软件的生存周期可分为多个阶段，一般分为定义阶段、开发阶段和运行维护阶段。编码和测试属于 _______阶段。

答案：开发

2. 软件工程三要素包括方法、工具和过程，其中，_______支持软件开发的各个环节的控制与管理。

答案：过程

分析：软件工程三要素包括方法、工具和过程。方法是完成软件工程项目的技术手段；工具支持软件的开发、管理、文档生成；过程支持软件开发的各个环节的控制与管理。

3. 对结构化分析使用的数据流图(DFD)，需要利用 _________ 对其中的图形元素进行确切的解释。

答案：数据字典

4. 软件开发过程主要分为需求分析、设计、编码与测试 4 个阶段，其中，_______阶段产生的是软件需求规格说明书。

答案：需求分析

5. 程序流程图中的菱形框表示的是_______。

答案：逻辑条件或逻辑判断

6. 在面向对象方法中，类的实例称为_______。

答案：对象

7. 在面向对象方法中，________描述的是具有相同属性与相同操作的一组对象。

答案：类

8. 符合结构化程序设计原则的 3 种基本控制结构是：选择结构、循环结构和_______。

答案：顺序结构

9. 单元测试的方法主要包括静态分析和动态测试。其中______是指不执行程序，而只对程序中的文本进行检查，然后通过阅读和讨论来分析并发现程序中的错误。

答案：静态分析

10. 软件测试分为白盒测试和黑盒测试，等价类划分法属于______测试。

答案：黑盒

分析：白盒测试的主要方法有逻辑覆盖、基本路径测试等。黑盒测试的主要方法有等价类划分法、边界值分析法、错误推测法等。

11. 测试用例包括输入值集和______值集。

答案：输出

12. 按照软件测试的一般步骤，集成测试应在______测试之后进行。

答案：单元

13. 诊断并改正程序中错误的工作通常称为______。

答案：程序调试

5.3 数据库基础习题解答

一、选择题

1. 进行数据库设计的根本目标是要解决______。

A) 数据共享问题　　B) 数据安全问题

C) 大量数据的存储问题　　D) 简化数据的维护

答案：A

2. 数据库系统的核心是______。

A) 数据模型　　B) 数据库管理系统

C) 数据库　　D) 数据库管理员

答案：B

3. 数据库(DB)、数据库系统(DBS)、数据库管理系统(DBMS)之间的关系是______。

A) DB 包含 DBS 和 DBMS　　B) DBMS 包含 DB 和 DBS

C) DBS 包含 DB 和 DBMS　　D) 没有任何关系

答案：C

分析：数据库系统由数据库、数据库管理系统、数据库管理员、硬件平台、软件平台组成。

4. 在数据库系统中，用户看到的数据模式为______。

A) 概念模式　　B) 外模式

C) 内模式　　D) 物理模式

答案：B

分析：数据库的体系结构分为三级，又称为三级模式——内模式(也就是物理模式)、概念模式和外模式。其中，外模式是用户能够看到的数据模式。

5. 在数据管理技术发展的三个阶段中，数据共享最好的是______。

A) 人工管理阶段　　B) 文件系统阶段

C) 数据库系统阶段　　D) 三个阶段相同

答案：C

6. 数据库应用系统中的核心问题是________。

A) 数据库设计　　B) 数据库系统设计

C) 数据库维护　　D) 数据库管理员培训

答案：A

7. 数据库管理系统是________。

A) 操作系统的一部分　　B) 操作系统支撑下的系统软件

C) 一种编译系统　　D) 一种操作系统

答案：B

8. 使用树状结构表示实体之间联系的模型是________。

A) 关系模型　　B) 网状模型

C) 层次模型　　D) 以上都是

答案：C

9. “商品”与“顾客”两个实体集之间的关系一般是________。

A) 一对一关系　　B) 一对多关系

C) 多对一关系　　D) 多对多关系

答案：D

10. 一间宿舍可住多名学生，实体“宿舍”和“学生”之间的关系是________。

A) 一对一关系　　B) 一对多关系

C) 多对一关系　　D) 多对多关系

答案：B

11. 在 E-R 图中，用来表示实体之间关系的图形是________。

A) 矩形　　B) 椭圆

C) 菱形　　D) 平行四边形

答案：C

分析：在 E-R 图中，用矩形表示实体集，用椭圆表示属性，用菱形表示关系。

12. 设有表示学生选课的 3 个二维表，学生表 *S*(学号，姓名，性别，年龄，身份证号)、课程表 *C*(课号，课名)和选课表 SC(学号，课号，成绩)，二维表 SC 的关键字(键或码)是________。

A) 课号，成绩　　B) 学号，成绩

C) 学号，课号　　D) 学号，姓名，成绩

答案：C

分析：在二维表中，凡能唯一标识元组的最小属性集称为二维表的键或码。

13. 设有如下关系：

R

A	B	C
1	1	2
2	2	3

S

A	B	C
3	1	3

T

A	B	C
1	1	2
2	2	3
3	1	3

下列操作中正确的是________。

A) $T=R\cap S$　　B) $T=R\cup S$

C) $T=R\times S$　　D) $T=R/S$

答案：B

14. 设有如下关系：

R

A
m
n

S

B	C
1	3

T

A	B	C
m	1	3
n	1	3

下列操作中正确的是________。

A) $T=R\cap S$　　B) $T=R\cup S$

C) $T=R\times S$　　D) $T=R/S$

答案：C

15. 设有如下关系：

R

B	C	D
a	0	k1
b	1	n1

S

B	C	D
f	3	h2
a	0	k1
n	2	x1

T

B	C	D
a	0	k1

由关系 *R* 和 *S* 可通过运算得到关系 *T*，使用的运算是________。

A) 并运算　　B) 自然连接运算

C) 笛卡儿积运算　　D) 交运算

答案：D

16. 下列关系运算中，能够不改变关系中的属性个数，但能减少元组个数的是________。

A) 并运算　　B) 交运算

C) 投影运算　　D) 笛卡儿积运算

答案：B

17. 设有如下关系：

R

A	B
m	1
n	2

S

B	C
1	3
3	5

T

A	B	C
m	1	3

由关系 *R* 和 *S* 通过运算得到关系 *T*，使用的运算是_____。

A) 笛卡儿积运算　　B) 交运算

C) 并运算　　D) 自然连接运算

答案：D

18. 设有如下关系：

R

A	B	C
a	3	2
b	0	1
c	2	1

S

A	B
a	3
b	0
c	2

由关系 *R* 可通过运算得到关系 *S*，使用的运算是_____。

A) 选择运算　　B) 投影运算

C) 插入运算　　D) 连接运算

答案：B

19. 数据库设计的 4 个阶段是需求分析、概念设计、逻辑设计和________。

A) 编码设计　　B) 测试

C) 运行　　D) 物理设计

答案：D

20. 在数据库设计中，将 E-R 图转换成关系数据模型的过程属于________。

A) 需求分析阶段　　B) 概念设计阶段

C) 逻辑设计阶段　　D) 物理设计阶段

答案：C

21. 在将 E-R 图转换为关系模式时，实体和联系都可以表示为________。

A) 属性　　B) 键　　C) 关系　　D) 域

答案：C

二、填空题

1. 数据独立性分为逻辑独立性与物理独立性。当数据的存储结构发生改变时，数据的逻辑结构可以不变，因此基于逻辑结构的应用程序不必修改，这被称为________。

答案：物理独立性

2. 在数据库系统中，实现各种数据管理功能的核心软件称为________。

答案：数据库管理系统

3. 在数据库管理系统提供的数据定义语言、数据操纵语言和数据控制语言中，_____负责数据的模式定义与数据的物理存取构建。

答案：数据定义语言

分析：数据定义语言负责数据的模式定义与数据的物理存取构建；数据操纵语言负责数据的操纵，包括增、删、改、查等操作；数据控制语言负责数据完整性、安全性的定义与检查以及并发控制、故障恢复等功能。

4. 在关系数据库中，将把数据表示成二维表，每一个二维表称为________。

答案：关系

5.关系表中的行称为________。

答案：元组

6. 在二维表中，________不能再分成更小的数据项。

答案：元组分量

7. 在 E–R 图中，可以使用图形包括矩形、菱形、椭圆。其中，用来表示实体集的是_____。

答案：菱形

8. 在数据库中，实体集之间可以是一对一、一对多或多对多关系，那么“学生”和“可选课程”之间是_________关系。

答案：多对多

9. 人员基本信息一般包括身份证号、姓名、性别、年龄等，其中可以作为主键的是________。

答案：身份证号

10. 数据库设计包括概念设计、________和物理设计。

答案：逻辑设计

第 6 章　全国计算机等级考试模拟试题

6.1 模拟试题一

一、选择题(每题 1 分，共 40 分)

1. 下列叙述中正确的是______。

   A) 对长度为 n 的有序链表进行查找，最坏情况下需要的比较次数为 n。

   B) 对长度为 n 的有序链表进行二分查找，最坏情况下需要的比较次数为$(n/2)$。

   C) 对长度为 n 的有序链表进行二分查找，最坏情况下需要的比较次数为$(\log_2 n)$。

   D) 对长度为 n 的有序链表进行二分查找，最坏情况下需要的比较次数为$(n \log_2 n)$。

答案：A

分析：二分查找法只适用于顺序存储的有序表，而有序链表不是顺序存储的，不能使用二分查找法。

2. 算法的时间复杂度是指______。

   A) 算法的执行时间。

   B) 算法能够处理的数据量。

   C) 算法程序中语句或指令的条数。

   D) 算法在执行过程中所需的基本运算次数。

答案：D

分析：算法的时间复杂度是指执行算法所需的计算工作量，这可以使用算法在执行过程中所需的基本运算次数来度量。

3. 软件按功能可以分为应用软件、系统软件和支撑软件(或工具软件)。下列属于系统软件的是______。

A) 编辑软件　　　　　　B) 操作系统

C) 教务管理系统　　　　D) 浏览器

答案：B

分析：系统软件是计算机管理自身资源、提高计算机使用效率并为计算机用户提供各种服务的软件，如操作系统、编译程序、数据库管理系统等。应用软件是为解决特定领域的应用问题而开发的软件，如事务处理软件、工程与科学计算软件等。支撑软件是介于系统软件和应用软件之间，用于协助用户开发软件的工具性软件，如需求分析工具软件、设计工具软件等。

4. 软件(程序)调试的任务是______。

A) 诊断和改正程序中的错误。

B) 尽可能多地发现程序中的错误。

C) 发现并改正程序中的所有错误。

D) 确定程序中所产生错误的性质。

答案：A

分析：在对程序进行成功的测试之后，接下来便进入程序的调试(又称排错)阶段。程序调试的任务是诊断和改正程序中的错误。程序调试与软件测试不同，软件测试是为了尽可能多地发现软件中的错误。

5. 数据流图(DFD 图)是______。

A) 软件概要设计工具

B) 软件详细设计工具

C) 结构化分析方法的需求分析工具

D) 面向对象分析方法的需求分析工具

答案：C

分析：结构化分析方法的常用工具有数据流图、数据字典、判定表和判定树等。

6. 软件的生存周期可分为定义阶段、开发阶段和运行阶段。详细设计属于______。

A) 定义阶段　　　　　　B) 开发阶段

C) 运行阶段　　　　　　D) 上述三个阶段

答案：B

分析：定义阶段包括可行性研究和需求分析，开发阶段包括概要设计、详细设计、软件实现和软件测试，运行阶段包括软件的运行和维护。

7. 数据库管理系统中负责数据模式定义的语言是______。

A) 数据定义语言　　　　B) 数据管理语言

C) 数据操纵语言　　　　D) 数据控制语言

答案：A

分析：数据定义语言(Data Definition Language，DDL)负责数据的模式定义与数据的物理存取构建。

8. 在用于学生管理的关系数据库中，存取学生信息的数据单位是______。

A) 文件　　B) 数据库

C) 字段　　D) 记录

答案：D

分析：关系数据库采用二维表来存储数据，每一行称为一条记录(表示个体信息，如一名学生的信息)，每一列称为字段。

9. 在数据库设计中，可利用 E-R 图来描述信息结构，但不涉及信息在计算机中的表示，这属于数据库设计的______。

A) 需求分析阶段　　B) 逻辑设计阶段

C) 概念设计阶段　　D) 物理设计阶段

答案：C

分析：数据库设计分为 4 个阶段。(1)需求分析阶段，这一阶段收集到的基础数据和创建的一组数据流图(DFD)是进行下一步——概念设计的基础；(2)概念设计(又称概要设计)阶段，主要任务是设计 E-R 图；(3)逻辑设计阶段，主要任务是将 E-R 图转换成关系模式；(4)物理设计阶段。

10. 设有如下关系：

R

A	B	C
a	1	2
b	2	2
c	3	2
d	3	2

T

A	B	C
c	3	2
d	3	2

为了由关系 *R* 得到关系 *T*，所需进行的运算是______。

A) 选择运算　　B) 投影运算

C) 交运算　　D) 并运算

答案：A

分析：可通过对关系 *R* 进行选择运算得到关系 *T*(由 *R* 中满足逻辑条件的那些元组组成)。

11. 以下叙述中正确的是______。

A) C 语言程序是由过程和函数组成的。

B) C 语言函数可以嵌套调用，如 fun(fun(x))。

C) C 语言函数不可以单独编译。

D) 在 C 语言中，除了 main 函数，其他函数不允许以单独文件的形式存在。

答案：B

分析：C 语言程序是由函数组成的。如果一个函数有返回值，那么这个函数就可以作为实参使用。C 语言函数可以文件形式存在，并可单独编译。

12. 以下关于 C 语言的叙述中，正确的是______。

A) C 语言中的注释不可以夹在变量名或关键字的中间。

B) C 语言中的变量可以在使用之前的任何位置进行定义。

C) 在使用 C 语言书写的算术表达式中，运算符两侧的数据类型必须一致。

D) 在 C 语言的数值常量中夹带空格并不影响常量值的正确表示。

答案：B

分析：凡是允许出现空格、制表符(Tab 键)或换行符的地方，都可以出现注释。变量必须先定义，后使用。有些运算符两侧的数据类型不必一致，它们可以自动转换，如 3.5/2，系统会自动将其转换为 3.5/2.0；但有些必须一致，如求余运算符(%)两侧的操作数必须为整型。如果数值常量中夹带空格(如 12　34)，将表示两个常量。

13. 在 C 语言中，以下用户标识符中不合法的是______。

A) _1　　B) AaBc

C) a_b　　D) a-b

答案：D

分析：用户标识符由字母、数字和下画线组成，数字不能是首字符；关键字(保留字)不能用作用户标识符。选项 D 中含有减号(-)，不合法。

14. 若有定义 double a=22;int i=0,k=18;，则下列不符合 C 语言规定的赋值语句是______。

A) a=a++,i++;　　B) i=(a+k)<=(i+k);

C) i=a%11;　　D) i=!a;

答案：C

分析：求余运算符(%)两侧的操作数必须为整型。由于 a 为实型，因此选项 C 不合法。

15. 有以下程序：

```
#include<stdio.h>
main()
{   char a,b,c,d;
    scanf("%c%c",&a,&b);
    c=getchar(); d=getchar();
    printf("%c%c%c%c\n",a,b,c,d);
}
```

当执行上述程序时，按下列方式输入数据(从第 1 列开始，<CR>代表回车。注意，回车也是一个字符)：

```
12<CR>
34<CR>
```

输出结果是______。

A) 1234　　B) 12

C) 12
3　　D) 12
34

答案：C

分析：字符变量 a、b、c、d 的值分别为 1、2、回车、3。

16. 以下关于 C 语言数据类型如何使用的叙述中，错误的是______。

A) 若要准确无误差地表示自然数，应使用整数类型。

B) 若要保存带有多位小数的数据，应使用双精度类型。

C) 若要处理“人员信息”等含有不同类型的相关数据，应自定义结构体类型。

D) 若只处理“真”和“假”两种逻辑值，应使用逻辑类型。

答案：D

分析：C语言没有逻辑型数据，在进行逻辑运算时，零值表示“假”，非零值表示“真”；在给出运算结果时，“假”用0表示，“真”用1表示。

17. 若a是数值类型，则逻辑表达式(a==1)||(a!=1)的值是______。

A) 1　　B) 0

C) 2　　D) 不知道a的值，因而无法确定

答案：A

分析：在C语言中，逻辑运算结果中的“假”用0表示、“真”用1表示。

18. 以下switch语句中与if(a==1) a=b; else a++;语句功能不同的是______。

A)
```
switch(a)
{ case 1: a=b; break;
  default: a++;
}
```

B)
```
switch(a==1)
{   case 0:a=b;break;
    case 1:a++;
}
```

C)
```
switch(a)
{   default :a++;break;
    case 1:a=b;
}
```

D)
```
switch(a==1)
{   case 1:a=b;break;
    case 0:a++;
}
```

答案：B

分析：在选项B中，如果a的值为1，则表达式a==1的值为1，于是执行case 1:a++;语句，这相当于在if语句中执行a=b赋值操作。

19. 有如下嵌套的if语句：

```
if (a<b)
    if(a<c) k=a;
    else k=c;
else
    if(b<c)k=b;
    else k=c;
```

以下语句中与上述 if 语句等价的是______。

A) k=(a<b)?a:b; k=(b<c)?b:c;

B) k=(a<b)?((b<c)?b:c):((b>c)?b:c);

C) k=(a<b)?((a<c)?a:c):((b<c)?b:c);

D) k=(a<b)?a:b; k=(a<c)?a:c;

答案：C

分析：题目中 if 语句的功能是将 a、b、c 的最小值赋给 k。选项 A 有两条赋值语句：语句 k=(a<b)?a:b;将 a 和 b 中的较小者赋给 k；语句 k=(b<c)b:c;将 b 和 c 中的较小者赋给 k；最终，k 的值为 b 和 c 中的较小者。选项 B 是将 a、b、c 的中间值赋给 k。选项 C 是将 a、b、c 中的最小值赋给 k，与 if 语句等价。选项 D 与选项 A 类似，作用也是将 a 和 c 中的较小值赋给 k。

20. 有以下程序：

```
#include<stdio.h>
main()
{
    int i,j,m=1;
    for(i=1;i<3;i++)
      {   for(j=3;j>0;j--)
            {   if(i*j>3)break;
            m=i*j;
            }
      }
     printf("m=%d\n",m);
}
```

程序运行后的输出结果是______。

A) m=1　　　　B) m=2

C) m=4　　　　D) m=5

答案：A

分析：当外循环 i=1 时，内循环 j 分别取 3、2、1，条件 i*j>3 均为“假”，从而分别执行 m=i*j 赋值操作，最后 m=1；当外循环 i=2 时，内循环 j=3，条件 i*j>3 为“真”，从而执行 break 语句，退出内循环；当外循环 i=3 时，结束循环，此时，m 的值仍为 1。

21. 有以下程序：

```
#include<stdio.h>
main()
{
    int a=l,b=2;
    for(;a<8;a++) {b+=a;a+=2;}
    printf("%d，%d\n"，a，b);
}
```

程序运行后的输出结果是______。

A) 9，18　　　　B) 8，11

C) 7，11　　　　D) 10，14

答案：D

分析：第一次循环，a=1，循环条件 a<8 为“真”，执行循环体，b=3，a=3；

第二次循环，a=4，循环条件 a<8 为“真”，执行循环体，b=7，a=6；

第三次循环，a=7，循环条件 a<8 为“真”，执行循环体，b=14，a=9；

第四次循环，a=10，循环条件 a<8 为“假”，循环结束，此时 b=14，a=10。

22. 有以下程序，其中 k 的初值为一个八进制数。

```
#include<stdio.h>
main()
{
    int k=011;
    printf("%d\n",k++);
}
```

程序运行后的输出结果是______。

A) 12　　　B) 11　　　C) 10　　　D) 9

答案：D

分析：函数 printf("%d\n",k++)将以十进制输出 k 的值 9，然后 k 自增 1。

23. 下列语句组中正确的是______。

A) char *s;s="Olympic";　　　B) char s[7];s="Olympic";

C) char *s;s={"Olympic"};　　　D) char s[7];s={"Olympic"};

答案：A

分析：字符串常量的值是字符串的首地址，即字符'O'的地址。选项 A 中的第一条语句定义了字符型指针变量 s，第二条语句给变量 s 赋值(字符串的首地址)。选项 B 和 D 是错误的，因为数组名 s 是常量(其值是数组的首地址)，所以不能使用赋值语句进行赋值。选项 C 也是错误的，因为表达式中没有大括号(花括号)。

24. 以下关于 return 语句的叙述中正确的是______。

A) 一个自定义函数中必须有一条 return 语句。

B) 一个自定义函数中可以根据不同情况设置多条 return 语句。

C) 定义成 void 类型的函数可以有带返回值的 return 语句。

D) 没有 return 语句的自定义函数在执行结束时不能返回到调用处。

答案：B

分析：一个自定义函数如果没有返回值(被定义为 void 类型)，那就可以没有 return 语句，所以选项 A 是错误的。自定义函数也可以有 return 语句，但不能带有返回值，所以选项 C 是错误的。在一个自定义函数中，可以根据不同的条件返回不同的值；换言之，可以设置多条 return 语句，所以选项 B 是正确的。没有 return 语句的自定义函数在执行结束时，将自动返回到调用处，所以选项 D 是错误的。

25. 下列语句中能正确定义数组的是______。

A) #define N 2008.5
   int num[N];

B) int num[];

C) #define N 2008
   int num[N];

D) int N=2008;
   int num[N];

答案：C

分析：在定义数组时，请使用常量定义数组的大小。选项 A 是错误的，因为 2008.5 不是常量；选项 B 是错误的，因为没有指定数组的大小；选项 D 是错误的，因为 N 是变量而不是常量；选项 C 是正确的，因为 N 是常量(符号常量)。

26. 有以下程序：

```
#include<stdio.h>
void fun(char *c,int d)
{
  *c=*c+1;d=d+1;
   printf("%c,%c,",*c,d);
}
main()
{
   char b='a',a='A';
   fun(&b,a);printf("%c,%c\n",b,a);
}
```

程序运行后的输出结果是______。

A) b，B，b，A　　B) b，B，B，A

C) a，B，B，a　　D) a，B，a，B

答案：A

分析：在主函数中调用函数 fun(&b,a)，将变量 b 的地址和变量 a 的值分别传给形参 c 和 d，使得 c=&b、d='A'; 当执行 fun 函数中的*c=*c+1 赋值操作时，将主函数中 b 的值加 1，使得 b='a'+1，此时 b='b'。注意，当进行函数调用时，如果参数传地址，那么可改变主调函数中变量的值，如变量 b；如果参数传数值，那么不改变主调函数中变量的值，如变量 a。

27. 若有定义 int(*pt)[3];，则下列说法中正确的是______。

A) 定义了基类型为 int 的 3 个指针变量。

B) 定义了基类型为 int 的具有 3 个元素的指针数组 pt。

C) 定义了一个名为*pt 且具有 3 个元素的整型数组。

D) 定义了一个名为 pt 的指针变量，pt 指向一个每行都有 3 个整数元素的二维数组。

答案：D

分析：int(*pt)[3]定义的是行指针变量，int *pt[3]定义的则是基类型为 int 的具有 3 个元素的指针数组 pt。

28. 若有定义 double a[10],*s=a;，则以下选项中能够代表数组元素 a[3]的是______。

A) (*s)[3]　　B) *(s+3)　　C)*s[3]　　D)*s+3

答案：B

分析：选项 A 中的(*s)[3]表示(*a)[3]，即 a[0][3]，错误；选项 B 中的*(s+3)也就是*(a+3)，即 a[3]，正确；选项 C 中的*s[3]也就是*a[3]，错误；选项 D 中的*s+3 表示*a+3，即 a[0]+3，这与题目要求不符。

29. 有以下程序：

```
#include<stdio.h>
main()
{
    int a[5]={1,2,3,4,5} ,b[5]={0,2,1,3,0} ,i,s=0;
    for(i=0;i<5;i++) s=s+a[b[i]];
    printf("%d\n", s);
}
```

程序运行后的输出结果是______。

A) 6　　B) 10　　C) 11　　D) 15

答案：C

分析：循环语句的执行结果为s=a[b[0]]+a[b[1]]+a[b[2]]+a[b[3]]+a[b[4]]，也就是s=a[0]+a[2]+a[1]+a[3]+a[0]=1+3+2+4+1=11。

30. 有以下程序：

```
#include <stdio.h>
main()
{
    int b[3][3]={0,1,2,0,1,2,0,1,2} ,i,j,t=1;
    for(i=0;i<3;i++)
        for(j=i;j<=i;j++) t+=b[i][b[j][i]];
    printf("%d\n",t);
}
```

程序运行后的输出结果是______。

A) 1　　B) 3　　C) 4　　D)9

答案：C

分析：本题中的内循环只执行一次，所以循环语句等价于 for(i=0;i<3;i++) t+=b[i][b[i][i]];。执行结果如下：

当 i=0 时，t=1+b[0][b[0][0]]=1+b[0][0]=1+0=1。

当 i=1 时，t=1+b[1][b[1][1]]=1+b[1][1]=1+1=2。

当 i=2 时，t=2+b[2][b[2][2]]=2+b[2][2]=2+2=4。

31. 若有以下定义和语句：

```
char s1[10]="abcd!",*s2="\n123\\";
printf("%d %d\n", strlen(s1),strlen(s2));
```

则输出结果是______。

A) 5 5　　B) 10 5　　C) 10 7　　D) 5 8

答案：A

分析：strlen(s1)表示数组 s1 中字符串的长度(不含字符串结束标志)，为 5；而 strlen(s2)表示指针变量 s2 所指向字符串的长度，为 5，因为'\n'和'\\'均表示一个字符。

32. 有以下程序：

```
#include <stdio.h>
#define N 8
void fun(int *x,int i)
{ *x=*(x+i);}
main()
{
    int a[N]={1,2,3,4,5,6,7,8},i;
    fun(a,2);
    for(i=0;i<N/2;i++)
      { printf("%d",a[i]);}
    printf("\n");
}
```

程序运行后的输出结果是______。

A) 1313　　B) 2234　　C) 3234　　D) 1234

答案：C

分析：在主函数中调用函数 fun(a,2)时，将执行*a=*(a+2);语句，使得 a[0]=a[2]；然后循环输出数组 a 中前 4 个元素的值，也就是输出 3234。

33. 有以下程序：

```
#include <stdio.h>
int f(int t[],int n);
main()
{
    int a[4]={1,2,3,4},s;
    s=f(a,4); printf("%d\n",s);
}
int f(int t[],int n)
{
    if(n>0) return t[n-1]+f(t,n-1);
    else return 0;
}
```

程序运行后的输出结果是______。

A) 4　　B) 10　　C) 14　　D) 6

答案：B

分析：函数 f 是递归函数，语句 s=f(a,4);的执行结果为 s=t[3]+t[2]+t[1]+t[0]+0，也就是 s=a[3]+a[2]+a[1]+a[0]=10。

34. 有以下程序：

```
#include <stdio.h>
int fun()
{   static int x=1;
    x*=2; return x;
}
main()
{
    int i,s=1,
    for(i=1;i<=2;i++) s=fun();
    printf("%d\n",s);
}
```

程序运行后的输出结果是______。

A) 0　　B) 1　　C) 4　　D) 8

答案：C

分析：fun 函数中的变量 x 是静态局部变量，其值是上次调用 fun 函数后的返回值。执行主函数中的循环语句，当 i=1 时，s=fun()=2；当 i=2 时，s=fun()=4。

35. 有以下程序：

```
#include <stdio.h>
#define SUB(a) (a)-(a)
main()
{
    int a=2,b=3,c=5,d;
    d=SUB(a+b)*c;
    printf("%d\n",d);
}
```

程序运行后的输出结果是______。

A) 0　　B) –12　　C) –20　　D) 10

答案：C

分析：宏定义 SUB 是预处理命令，宏展开是在编译前进行的。SUB(a+b)宏展开后为(a+b) – (a+b)(注意，宏展开只是进行文字替换，没有计算功能)，所以语句 d=SUB(a+b)*c;变为 d=(a+b) – (a+b)*c;，最后的计算结果为 d= – 20。

36. 若有以下定义：

```
struct complex
{   int real,unreal;} data1={1,8},data2;
```

则下列赋值语句中错误的是______。

A) data2=data1;　　　　B) data2=(2,6);

C) data2.real=data1.real;　　　　D) data2.real=data1.unreal;

答案：B

分析：结构体变量可以进行整体赋值，选项 A 正确；结构体成员作为变量，也可以赋值，选项 C 和 D 正确；(2,6)是逗号表达式，值为 6，不能赋给结构体变量 data2，因为 data2 有多个成员，所以选项 B 错误。

37. 有以下程序：

```
#include <stdio.h>
#include <string.h>
struct A
{ int a; char b[10]; double c;};
void f(struct A t);
main()
{
    struct A a={1001,"ZhangDa",1098.0};
    f(a); printf("%d,%s,%6.1f\n",a.a,a.b,a.c);
}
void f(struct A t)
{   t.a=1002; strcpy(t.b,"ChangRong");t.c=1202.0;}
```

程序运行后的输出结果是______。

A) 1001,zhangDa,1098.0　　　　B) 1002,changRong,1202.0

C) 1001,ehangRong,1098.O　　　　D) 1002,ZhangDa,1202.0

答案：A

分析：函数 f 的形参类型是结构体变量，不是指针，调用函数 f(a)后，不会改变实参 a 中的值，所以输出的仍是 a 的原值。

38. 若有以下定义和语句：

```
struct workers
{
    int num;char name[20];char c;
    struct
    {   int day; int month; int year;} s;
};
struct workers w,*pw;
pw=&w;
```

则下列语句中能为 w 中的 year 成员赋 1980 的是______。

A) *pw.year=1980;　　B) w.year=1980;

C) pw->year=1980;　　D) w.s.year=1980;

答案：D

分析：结构体变量 w 中的最后一个成员是结构体变量 s，可以使用 w.s.year 或 pw->s.year 来引用 s 中的 year 成员。

39. 有以下程序：

```
#include <stdio.h>
main()
{
    int a=2,b=2,c=2;
    printf("%d\n",a/b&c);
}
```

程序运行后的输出结果是______。

A) 0　　B)1　　C)2　　D)3

答案：A

分析：a/b&c=(a/b)&c=1&2=$(01)_2$&$(10)_2$=$(00)_2$=0。

40. 有以下程序：

```
#include <stdio.h>
main()
{
    FILE *fp;char str[10];
    fp=fopen("myfile.dat","w");
    fputs("abc",fp);fclose(fp);
    fp=fopen("myfile.dat","a+");
    fprintf(fp,"%d",28);
    rewind(fp);
    fscanf(fp,"%s",str); puts(str);
    fclose(fp);
}
```

程序运行后的输出结果是______。

A) abc　　B) 28c　　C) abc28　　D) 因类型不一致而出错

答案：C

分析：对于文件 mufile.dat 来说，第一次打开后，将被写入 abc 三个字符；第二次则以可读写的追加方式打开，并在原有数据后写入 28；接下来，使文件内部的位置指针指向文件的开头，将文件中的数据 abc28 读入字符数组 str；最后，将字符数组 str 中的数据输出。

二、程序填空题(18 分)

fun 函数的功能是：计算下式的前 *n* 项之和。

$$f(x)=1+x-\frac{x^2}{2!}+\frac{x^3}{3!}-\frac{x^4}{4!}+\cdots+(-1)^{n-1}\frac{x^n}{n!}$$

若 x=2.5、n=15，则 $f(x)$函数的值为 1.917914。

请在程序的下画线处填入正确内容并把下画线删除，使程序运行结果正确。

注意：不得增行或删行，也不得更改程序结构。

```
#include <stdio.h>
#include <math.h>
double fun(double x, int n)
{
    double f, t;int i;
/**********found**********/
    f=__1__;
    t=-1;
    for (i=1; i<n; i++)
    {
/**********found**********/
        t *=(__2__)*x/i;
/**********found**********/
        f+=__3__;
    }
    return f;
}
main()
{
    double x, y;
    x=2.5;
    y = fun(x, 15);
    printf("\nThe result is :\n");
    printf("x=%-12.6f      y=%-12.6f\n", x, y);
}
```

答案：第一处填入 1　　第二处填入 – 1　　第三处填入 t

分析：根据题目中的公式可知，在第一处，设置变量 f 的初值为 1；在第二处，需要对正负号进行变换，所以应填 – 1；在第三处，需要对计算结果进行累加并赋值给变量 f，所以应填 t。

三、程序修改题(18 分)

在如下给定的程序中，函数 fun 的功能是：将字符串中的字符逆序输出，但不改变字符串中的内容。例如，若字符串为"abcd"，则输出"dcba"。

请改正程序中的错误，使程序运行结果正确。

注意：不要改动 main 函数，不得增行或删行，也不得更改程序结构。

```
#include <stdio.h>
```

```
/************found************/
fun(char a)
{
    if( *a )
    {
        fun(a+1) ;
        /************found************/
        printf("%c" *a) ;
    }
}
main( )
{
    char s[10]="abcd";
    printf("处理前字符串=%s\n 处理后字符串=", s);
    fun(s); printf("\n") ;
}
```

答案：第一处改为 fun(char *a);　　第二处改为 printf("%c", *a);

分析：在第一处，形参 a 应定义为字符串指针；在第二处，输出语句中缺少逗号。

四、程序设计题(24 分)

fun 函数的功能如下：将两个两位数的正整数 a 和 b 合并成一个整数并存放在 c 中。合并方式如下：将 a 的十位数和个位数依次放在 c 的十位和千位上，将 b 的十位数和个位数依次放在 c 的百位和个位上。例如，当 a=45、b=12 时，调用 fun 函数后，c=5142。

注意：请勿改动主函数和其他函数中的任何内容，而仅在 fun 函数的花括号中填入编写的若干语句。

```
#include <stdio.h>
void fun(int a, int b, long *c)
{



}
main()
{
    int a,b; long c;
    printf("Input a b:");
    scanf("%d%d", &a, &b);
    fun(a, b, &c);
    printf("The result is: %ld\n", c);
}
```

答案：*c=(a%10)*1000+(b/10)*100+(a/10)*10+(b%10);

分析：可以首先从正整数 a 和 b 中分别取出十位和个位上的数字，然后按条件组成一个新的数字。取 a 的十位数字的方法是 a/10，取 a 的个位数字的方法是 a%10。

6.2 模拟试题二

一、选择题(每题 1 分，共 40 分)

1. 下列叙述中正确的是______。

A) 线性表的链式存储结构与顺序存储结构所需的存储空间是相同的。

B) 线性表的链式存储结构所需的存储空间一般多于顺序存储结构。

C) 线性表的链式存储结构所需的存储空间一般少于顺序存储结构。

D) 上述三种说法都不对。

答案：B

分析：顺序存储只存放数据；而链式存储除了存放数据之外，还需要存放节点的地址。

2. 下列叙述中正确的是______。

A) 在栈中，元素随栈底指针与栈顶指针的变化而动态变化

B) 在栈中，栈顶指针不变，元素随栈底指针的变化而动态变化

C) 在栈中，栈底指针不变，元素随栈顶指针的变化而动态变化

D) 上述三种说法都不对

答案：C

分析：栈是限定仅在一端进行插入和删除运算的线性表，允许插入和删除的一端称为栈顶，而不允许插入和删除的另一端称为栈底。

3. 软件测试的目的是______。

A) 评估软件的可靠性　　B) 发现并改正程序中的错误

C) 改正程序中的错误　　D) 尽可能多地发现程序中的错误

答案：D

分析：软件测试是为了尽可能多地发现软件中的错误，而程序调试的任务是诊断和改正程序中的错误。

4. 在下面的描述中，不属于软件危机表现的是______。

A) 软件过程不规范　　B) 软件开发生产率低

C) 软件质量难以控制　　D) 软件成本不断提高

答案：A

分析：软件危机主要表现在以下几个方面。

(1) 软件需求的增长得不到满足。用户对系统不满意的情况经常发生。

(2) 软件开发成本和进度无法控制。

(3) 软件质量难以保证。

(4) 软件不可维护或可维护性非常低。

(5) 软件的成本不断提高。

(6) 软件开发生产率的提高赶不上硬件的发展和应用需求的增长。

5. 软件的生存周期是指______。

A) 软件产品从提出、实现、使用、维护到停止使用的过程。

B) 软件从需求分析、设计、实现到测试完成的过程。

C) 软件的开发过程。

D) 软件的运行维护过程。

答案：A

6. 在面向对象方法中，继承是指______。

A) 一组对象所具有的相似性质。

B) 一个对象具有另一个对象的性质。

C) 各对象之间的共同性质。

D) 一种在类之间共享属性和操作的机制。

答案：D

分析：类是一组具有共同属性、共同方法的对象的集合。也可以说，类是对象的抽象，更是创建对象的模板。继承是使用已有的类来创建新类的一种技术。已有的类可当作基类引用，新类则相应地可当作派生类引用。

7. 层次数据库、网状数据库和关系数据库的划分原则是______。

A) 记录的长度　　　　B) 文件的大小

C) 联系的复杂程度　　D) 数据之间的联系方式

答案：D

分析：不同的数据库系统建立在不同的数据模型之上，而数据模型是对数据的逻辑结构和特征的描述，如层次模型、网状模型、关系模型等。

8. 一名工作人员可以使用多台计算机，而一台计算机也可由多名工作人员使用，实体“工作人员”与“计算机”之间的关系是______。

A) 一对一关系　　B) 一对多关系

C) 多对多关系　　D) 多对一关系

答案：C

9. 在数据库设计中，反映用户对数据要求的模式是______。

A) 内模式　B) 概念模式　C) 外模式　D) 设计模式

答案：C

分析：数据库的体系结构分为三级——内模式、概念模式、外模式。其中，内模式给出了数据库的物理存储结构与物理存取方法，而概念模式给出了系统的全局数据描述，外模式则给出了每个用户的局部数据描述。

10. 设有如下 3 个关系 *R*、*S* 和 *T*：

R

A	B	C
a	1	2
b	2	1
c	3	1

S

A	D
c	4

R

A	B	C	d
c	3	1	4

为了由关系 *R* 和 *S* 得到关系 *T*，所需进行的运算是______。

A) 自然连接运算　　　　B) 交运算

C) 投影运算　　　　　　D) 并运算

答案：A

分析：在进行自然连接时，需要满足两个条件——(1)两个关系间有公共属性；(2)可通过对应值相等的公共属性进行连接。

11. 以下关于结构化程序设计的叙述中，正确的是______。

A) 一个结构化程序必须同时由顺序、分支、循环 3 种结构组成。

B) 结构化程序使用 GOTO 语句后会很便捷。

C) 在 C 语言中，程序的模块化是利用函数来实现的。

D) 由 3 种基本结构构成的程序只能解决小规模的问题。

答案：C

分析：选项 A 错，这 3 种结构不必同时出现；结构化程序设计方法的主要原则为自顶向下、逐步求精、模块化以及限制使用 GOTO 语句，选项 B 错；选项 C 是对的，在 C 语言中，程序的模块化是由函数实现的；结构化程序的基本结构为顺序结构、选择结构和循环结构，使用这 3 种结构可以构造出任何复杂结构的程序，选项 D 错。

12. 以下关于简单程序设计的步骤和顺序的说法中，正确的是______。

A) 确定算法后，整理并写出文档，最后进行编码并上机调试。

B) 首先确定数据结构，然后确定算法，接下来进行编码并上机调试，最后整理文档。

C) 首先进行编码和上机调试，然后在编码过程中确定算法和数据结构，最后整理文档。

D) 首先写好文档，然后根据文档进行编码和上机调试，最后确定算法和数据结构。

答案：B

13. 以下叙述中错误的是______。

A) C 程序在运行过程中，所有计算都以二进制方式进行。

B) C 程序在运行过程中，所有计算都以十进制方式进行。

C) 所有 C 程序都需要在编译并链接无误后才能运行。

D) C 程序中的整型变量只能存放整数，实型变量只能存放浮点数。

答案：B

分析：计算机使用二进制数进行计算，C 程序需要经过编译并链接成机器语言(二进制语言)才能运行，所以选项 B 是错误的，其他选项是正确的。注意，字符型是整型的特殊形式。

14. 若有定义语句 int a; long b; double x,y;，则下列表达式中正确的是______。

A) a%(int)(x – y)　　B) a=x!=y;

C) (a*y)%b　　D) y=x+y=x

答案：A

分析：取余运算符%的运算对象必须是整型，选项 A 正确，但选项 C 错误；选项 B 是赋值语句而不是表达式，去掉分号后就是表达式了；选项 D 是错误的，因为赋值运算符=的左端必须是变量，不能是表达式。

15. 以下选项中能表示合法常量的是______。

A) 整数：1,200　　B) 实数：1.5E2.0

C) 斜杠字符：'\'　　D) 字符串："\007"

答案：D

分析：整数中不能有逗号，选项 A 错误；在实数的指数形式中，E 的右端只能是整数，选项 B 错误；斜杠字符用'\\'表示，而'\'表示单引号，选项 C 错误；选项 D 正确，"\007"表示一个字符串常量，但其中只有一个字符，值为 7。

16. 表达式 a+=a-=a=9 的值是______。

A) 9　　B) –9　　C) 18　　D) 0

答案：D

分析：赋值运算符=的结合性为自右向左。题目中表达式的计算过程如下：

a+=a-=a=9

a+=a-=9(表达式 a=9 的值为 9)

a+=0(表达式 a-=9 即 a=a – 9，值为 0)

0(表达式 a+=0 即 a=a+0，值为 0)

17. 如果变量已正确定义，那么在语句 if(W) printf("%d\n", k);中，以下选项中不能替代 W 的是______。

A) a<>b+c　　B) ch=getchar()

C) a==b+c　　D) a++

答案：A

分析：只要是合法的表达式，就可以替代 W。符号<>不是 C 语言中的运算符，因此选项 A 错误。

18. 有以下程序：

```
#include<stdio.h>
main()
{
    int a=1,b=0;
    if(!a) b++;
    else if(a==0) if(a) b+=2;
                  else b+=3;
    printf("%d\n",b);
}
```

程序运行后的输出结果是______。

A) 0　　B) 1　　C) 2　　D) 3

答案：A

分析：注意多层 if 语句嵌套时 else 与 if 的匹配规则——每个 else 总是与它前面相距最近的尚未配对的 if 配对。在本题中，if(!a)中的!a 为假，因此执行 if(a==0)语句。由于 a==0 为假，因此后面嵌套的 if 语句不会被执行。

19. 若有定义语句 int a, b;double x;，则下列选项中没有错误的是______。

A)
```
switch(x%2)
  {case 0: a++; break;
   case 1: b++; break;
   default : a++; b++;
  }
```

B)
```
switch((int)x/2.0
  { case 0: a++; break;
    case 1:b++; break;
    default : a++; b++;
  }
```

C)
```
switch((int)x%2)
  { case 0: a++; break;
    case 1:b++; break;
    default : a++; b++;
  }
```

D)
```
switch((int)(x)%2)
  { case 0.0: a++; break;
    case 1.0: b++; break;
    default : a++; b++;
  }
```

答案：C

分析：取余运算符%的两端必须为整型数据，选项 A 错误；选项 B 有两处错误，一是((int)x/2.0 缺少右括号“)”，二是(int)x/2.0 的值不是整数；选项 D 错误，因为 case 的后面不能是实数；选项 C 正确。

20. 有以下程序：

```
#include <stdio.h>
main()
{
  int a=1,b=2;
  while(a<6) {b+=a;a+=2;b%=10;}
  printf("%d,%d\n",a,b);
}
```

程序运行后的输出结果是______。

A) 5,11　　B) 7,1　　C) 7,11　　D) 6,1

答案：B

分析：

循环体为 b=b+a; a=a+2; b=b%10;

当 a=1 时，执行循环体：b=3;a=3;b=3;

当 a=3 时，执行循环体：b=6;a=5;b=6;

当 a=5 时，执行循环体：b=11;a=7;b=1

输出结果为“7,1”。

21. 有以下程序：

```
#include<stdio.h>
main()
{
   int y=10;
   while(y--);
   printf("y=%d\n",y);
}
```

程序运行后的输出结果是______。

A) y=0　　B) y=－1　　C) y=1　　D) while 构成无限循环

答案：B

分析：当 y--的值是 0 时，y=－1。

22. 有以下程序：

```
# include<stdio.h>
main()
{
   char s[]="rstuv";
   printf("%c\n",*s+2);
}
```

程序运行后的输出结果是______。

A) tuv　　B) 字符 t 的 ASCII 码值

C) t　　D) 出错

答案：C

分析：格式说明符%c 表示输出一个字符，而*s+2='r'+2='t'，所以输出字符 t。

23. 有以下程序：

```
# include<stdio.h>
# include<string.h>
main()
{
   char x[]="STRING";
   x[0]=0;x[1]='\0';x[2]='0';
   printf("%d   %d\n",sizeof(x),strlen(x));
}
```

程序运行后的输出结果是______。

A) 6　1　　B) 7　0　　C) 6　3　　D) 7　1

答案：B

分析：sizeof(x)计算数组 x 的大小，值为 7(字符串结束标志占 1 字节)；strlen(x)计算数组 x 中存放的字符串的长度，值为 0，因为数组 x 的第一个元素为 0，而数值 0 和字符'\0'等价。

24. 有以下程序：

```
#include<stdio.h>
int f(int x);
main()
{
  int   n=1,m;
  m=f(f(f(n)));printf("%d\n",m);
}
int f(int x)
{return x*2;}
```

程序运行后的输出结果是______。

A) 1　　　　B) 2　　　　C) 4　　　　D) 8

答案：D

分析：m=f(f(f(1)))=f(f(2))=f(4)=8。

25. 以下语句中完全正确的是______。

A) int *p; scanf("%d",&p);

B) int *p; scanf("%d",p);

C) int k, *p=&k; scanf("%d",p);

D) int k, *p;*p= &k; scanf("%d",p);

答案：C

分析：选项 A 错误，p 为指针变量，不能输入普通整数；选项 B 错误，因为 p 没有被赋值，因而它的值不确定；选项 C 正确；选项 D 错误，因为语句*p=&k;不合法。

26. 若有定义语句 int *p[4];，则以下选项中与之等价的是______。

A) int p[4];　　　　B) int **p;

C) int *(p[4]);　　　　D) int (*p)[4];

答案：C

分析：*(p[4])即*p[4]，选项 C 正确，选项 C 定义的是指针数组，而选项 D 定义的是行指针变量。

27. 下列数组定义语句中正确的是______。

A) int N=10;
　　int x[N];

B) #define N 10
　　int x[N];

C) int x[0..10];　　　　D) int x[];

答案：B

分析：在定义数组时，必须使用常量声明数组的大小，选项 A 错误，而选项 B 正确；选项 C 中的 0..10 非法；选项 D 则没有声明数组的大小，也是错的。

28. 假设需要定义一个包含 5 个元素的整型数组，以下定义语句中错误的是______。

A) int a[5]={0};　　　　B) int b[]={0,0,0,0,0};

C) int c[2+3]; D) int i=5,d[i];

答案：D

29. 有以下程序：

```
#include<stdio.h>
void f(int *p);
main()
{
    int a[5]={1,2,3,4,5}, *r=a;
    f(r);printf("%\n";*r);
}
void f(int *p)
{   p=p+3;printf("%d,",*p);}
```

程序运行后的输出结果是________。

A) 1,4 B) 4,4 C) 3,1 D) 4,1

答案：D

分析：在主函数中调用函数f(r)，从而将数组a的首地址传给函数f的形参p，执行语句p=p+3;后，输出*p，也就是输出a[3]的值4；返回主函数，输出*r，也就是输出a[0]的值1。

30. 有以下程序(函数fun只对下标为偶数的元素进行操作)：

```
# include<stdio.h>
void fun(int*a, int n)
{
    int i, j, k, t;
    for (i=0;i<n-1;i+=2)
      {
         k=i;
         for(j=i;j<n;j+=2)if(a[j]>a[k])k=j;
         t=a[i];a[i]=a[k];a[k]=t;
      }
}
main()
{   int aa[10]={1,2,3,4,5,6,7} , i;
    fun(aa,7);
    for(i=0,i<7; i++)printf("%d,",aa[i]));
    printf("\n");
}
```

程序运行后的输出结果是______。

A) 7,2,5,4,3,6,1 B) 1,6,3,4,5,2,7

C) 7,6,5,4,3,2,1 D) 1,7,3,5,6;2,1

答案：A

分析：函数 fun 的功能是对下标为偶数的元素从大到小进行排序。

31. 下列选项中，能够满足“若字符串 s1 等于字符串 s2，则执行 ST”这一要求的是______。

A) if(strcmp(s2,s1)==0)ST;　　B) if(sl==s2)ST;

C) if(strcpy(s l ,s2)==1)ST;　　D) if(sl-s2==0)ST;

答案：A

分析：比较两个字符串是否相等时，只能使用函数 strcmp，选项 A 正确；选项 B 中的 s1==s2 比较的是字符串的首地址是否相等；选项 C 中的函数 strcpy 则将字符串 s2 复制到字符串 s1 中；选项 D 与选项 B 一样，它们都是错误的。

32. 以下语句中不能将 s 所指字符串正确复制到 t 所指存储空间的是______。

A) while(*t=*s) {t++;s++;}

B) for(i=0;t[i]=s[i];i++);

C) do {*t++=*s++;} while(*s);

D) for(i=0,j=0;t[i++]=s[j++];);

答案：C

分析：选项 C 没有将字符串结束标志'\0'复制到 t 中，其他选项正确。

33. 有以下程序(strcat 函数用于连接两个字符串)：

```
#include<stdio.h>
#include<string.h>
main()
{
    char a[20]="ABCD\0EFG\0",b[]="IJK";
    strcat(a,b);printf("%s\n",a);
}
```

程序运行后的输出结果是______。

A) ABCDE\0FG\0IJK　　B) ABCDIJK

C) IJK　　D) EFGIJK

答案：B

分析：数组 a 中的字符串为"ABCD"，函数 strcat(a,b)则将数组 a 和 b 中的字符串连接了起来，形成新的字符串"ABCDIJK"并保存到数组 a 中。

34. 有以下程序(库函数 islower(ch)用于判断 ch 中的字母是否为小写字母)：

```
#include<stdio.h>
#include<ctype.h>
void fun(char *p)
{
    int i=0;
    while(p[i])
    {  if(p[i]==' ' && islower(p[i-1]))   p[i-1]=p[i-1]-'a'+'A';
       i++;
    }
}
```

```
main()
{
    char s1[100]=" ab cd EFG! ";
    fun(s1); printf("%s\n",s1);
}
```

程序运行后的输出结果是______。

A) ab cd EFG!　　B) Ab Cd EFg!

C) aB cD EFG!　　D) ab cd EFg!

答案：C

分析：fun 函数的功能是将字符串中空格左边的字母变成大写字母。

35. 有以下程序：

```
#include<stdio.h>
void fun(int x)
{
    if(x/2>1)fun(x/2);
    printf(" %d",x);
}
main()
{   fun(7);printf("\n");   }
```

程序运行后的输出结果是______。

A) 1 3 7　　B) 7 3 1　　C) 7 3　　D) 3 7

答案：D

分析：fun 是递归函数，调用过程如下。

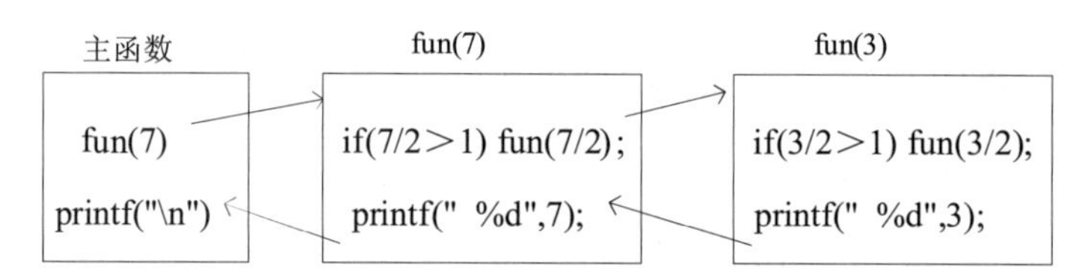

输出结果为 3 7。

36. 有以下程序：

```
#include<stdio.h>
int fun()
{
    static int x=1;
    x+=1;return x;
}
main()
{
    int i;s=1;
```

```
        for(i=1;i<=5;i++) s+=fun();
        printf("%d\n",s);
    }
```

程序运行后的输出结果是______。

A) 11　　B) 21　　C) 6　　D) 120

答案：B

分析：fun 函数中的变量 x 是局部静态变量，x 的初值为 1，以后每次调用时，x 都将使用上次调用结束时的值，所以 s=1+2+3+4+5+6=21。

37. 有以下程序：

```
#inctude<stdio.h>
#include<stdlib.h>
main()
{
    int *a,*b,*c;
    a=b=c=(int*)malloc(sizeof(int));
    *a=1;*b=2,*c=3;
    a=b;
    printf("%d,%d,%d\n",*a,*b,*c);
}
```

程序运行后的输出结果是______。

A) 3,3,3　　B) 2,2,3　　C) 1,2,3　　D) 1,1,3

答案：A

分析：程序运行后，系统将在内存中为 malloc(sizeof(int))函数分配一块大小为 sizeof(int)的存储空间，并将这块存储空间的地址作为返回值赋给 3 个指针变量 a、b、c，这 3 个指针变量将指向同一地址，所以执行语句*a=1;*b=2,*c=3;后，它们的值均为 3。

38. 有以下程序：

```
#include<stdio.h>
main()
{
    int s,t,A=10;double B=6;
    s=sizeof(A);t=sizeof(B);
    printf("%d,%d\n",s,t);
}
```

在 Visual C++ 2010 中编译并运行上述程序，输出结果是______。

A) 2,4　　B) 4,4　　C) 4,8　　D) 10,6

答案：C

分析：在 Visual C++ 2010 中编译 C 程序时，系统会为 int 类型的变量分配 4 字节的存储空间，而为 double 类型的变量分配 8 字节的存储空间。

39. 若有以下语句：

```
typedef struct S
{ int g; char h;}T;
```

下列叙述中正确的是______。

A) 可以使用 S 定义结构体变量　　B) 可以使用 T 定义结构体变量

C) S 是结构体类型的变量　　D) T 是结构体类型 struct S 的变量

答案：B

分析：typedef 用于定义类型别名。本题使用 typedef 将结构体类型 struct S 定义为 T，因而可以使用 T 定义结构体变量，选项 B 正确，选项 D 错误；可以使用 struct S 定义结构体变量，但 S 不能单独定义结构体变量，选项 A 错误；S 是结构体类型名，不是结构体变量名，选项 C 错误。

40. 有以下程序：

```
#include<stdio.h>
main()
{
    short c=124;
    c=c_______;
    printf("%d\n",c);
}
```

为了使程序的运行结果为 248，应在下画线处填入______。

A) >>2　　B) |248　　C) &0248　　D) <<1

答案：D

分析：左移运算符(<<)每左移一位，相当于将对象乘以 2。

二、程序填空题(18 分)

在以下给定的程序中，fun 函数的功能是：计算形参 x 所指数组中 *N* 个数的平均值(规定所有数均为整数)，并作为函数值返回；然后将大于平均值的数放在形参 y 所指数组中，并在主函数中输出。

例如，假设有 10 个整数——46、30、32、40、6、17、45、15、48、26，它们的平均值为 30.500000，主函数将输出 46、32、40、45、48。

请在程序的下画线处填入正确的内容并把下画线删除，使程序运行结果正确。

```
#include <stdlib.h>
#include <stdio.h>
#define   N   10
double fun(double x[],double *y)
{
    int i,j; double av;
    /**********found**********/
    av=___1___;
```

```
    /**********found**********/
    for(i=0; i<N; i++) av = av + __2__;
    for(i=j=0; i<N; i++)
    /**********found**********/
       if(x[i]>av)    y[__3__]= x[i];
    y[j]=-1;
    return av;
}
main()
{
   int i; double x[N] = {46,30,32,40,6,17,45,15,48,26};
   double y[N];
   for(i=0; i<N; i++) printf("%4.0f ",x[i]);
   printf("\n");
   printf("\nThe average is: %f\n",fun(x,y));
   for(i=0; y[i]>=0; i++) printf("%5.0f ",y[i]);
   printf("\n");
}
```

答案：第 1 处填入 0　　第 2 处填入 x[i]/N　　第 3 处填入 j++

分析：在第一处，当计算平均值时，需要将变量 av 初始化为 0；在第二处，因为需要利用 for 循环计算平均值，所以应填入 x[i]/N；在第三处，因为需要把数组 x 中大于平均值的数依次存放到形参 y 所指数组中，所以应填入 j++。

三、程序修改题(18 分)

以下程序的功能是：读入一行英文，将其中每一个单词的第一个字母改成大写形式，然后输出这行英文(这里的“单词”是指用空格隔开的字符串)。

例如，若输入“I am a student to take the examination.”，则输出“I Am A Student To Take The Examination.”。

请改正程序中的错误，使程序运行结果正确。

```
#include <ctype.h>
#include <string.h>
/************found************/
include <stdio.h>
/************found************/
void upfst (char p)
{
    int   k=0;
    for ( ; *p; p++ )
        if( k )
        {    if( *p == ' ')     k = 0;     }
        else    if( *p != ' ')
```

```
        {    k = 1;    *p = toupper( *p ); }
}

main( )
{
    char chrstr[81];
    printf( "\nPlease enter an English text line: " );    gets(chrstr);
    printf( "\n\nBefore changing:\n    %s", chrstr);
    upfst(chrstr);
    printf( "\nAfter changing:\n    %s\n", chrstr );
}
```

答案：将第一处改为#include <stdio.h>　　将第二处改为 void upfst(char *p)

分析：在第一处，include 前漏写了#；在第二处，由于传入的参数是字符串，因此应改为 void upfst(char *p)。

四、程序设计题(24 分)

编写 fun 函数，功能是删除字符串中的所有空格。

例如，若在主函数中输入 asd af aa z67，则输出 asdafaaz67。

注意：请勿改动主函数和其他函数中的任何内容，而仅在 fun 函数的花括号中填入编写的若干语句。

```
#include <stdio.h>
#include <ctype.h>
void fun(char *str)
{

}
main()
{
    char str[81];
    int n;
    printf("Input a string:") ;
    gets(str);
    puts(str);
    fun(str);
    printf("*** str: %s\n",str);
}
```

答案：

```
char *p = str ;
int i = 0 ;
while(*p)
```

```
{
    if(*p != ' ') str[i++] = *p ;
    p++ ;
}
str[i] = 0 ;
```

分析：本题考查的是如何利用字符串指针来删除字符串中的空格。在 fun 函数的开头，首先使指针 p 指向字符串 str 并将位置变量 i 设置为 0，然后使用 while 循环和字符串指针 p 来处理空格。每循环一次，就判断指针 p 所指的字符是否为空格，如果不是空格，就将字符写到 str 字符串中，写入位置由 i 控制；如果是空格，则不做任何处理，继续读取下一字符，直至字符串结束为止；最后把字符串结束标志写到位置为 i 的 str 中，并通过形参 str 返回。

6.3 模拟试题三

一、选择题(每题 1 分，共 40 分)

1. 下列关于栈的叙述中正确的是______。

A) 栈顶元素最先被删除　　B) 栈顶元素最后才被删除

C) 栈底元素永远不被删除　　D) 以上三种说法都不对

答案：A

分析：栈是限定仅在一端进行插入和删除运算的线性表。其中，允许插入和删除的一端称为栈顶，而不允许插入和删除的另一端称为栈底。

2. 下列叙述中正确的是______。

A) 有一个以上根节点的数据结构不一定是非线性结构。

B) 只有一个根节点的数据结构不一定是线性结构。

C) 循环链表是非线性结构。

D) 双向链表是非线性结构。

答案：B

分析：数据的逻辑结构分为线性结构和非线性结构。如果一个非空的数据结构满足以下两个条件——(1)有且只有一个根节点，(2)每个节点最多有一个前件，同时最多有一个后件；就称这个非空的数据结构为线性结构，否则为非线性结构。由此可知：选项 A 错误；选项 B 正确，因为二叉树就是非线性结构，但二叉树只有一个根节点；选项 C 和选项 D 是错的，因为线性结构既可以顺序存储，也可以链式存储。

3. 某二叉树共有 7 个节点，其中叶子节点只有 1 个，该二叉树的深度为(假设根节点在第 1 层)______。

A) 3　　B) 4　　C) 6　　D) 7

答案：D

分析：由于该二叉树只有一个叶子节点，因此除叶子节点外，每个节点只有一个分支(左子树或右子树)，因此该二叉树的深度为 7。

4. 在软件开发中，需求分析阶段产生的主要文档是______。

A) 软件集成测试计划　　B) 软件详细设计说明书

C) 用户手册　　D) 软件需求规格说明书

答案：D

分析：进行需求分析的目的是形成软件需求规格说明书。

5. 结构化程序所要求的基本结构不包括______。

A) 顺序结构　　B) GOTO 跳转

C) 选择(分支)结构　　D) 循环(重复)结构

答案：B

分析：结构化程序所要求的基本结构是顺序结构、选择结构和循环结构。

6. 以下描述中错误的是______。

A) 总体结构图支持软件系统的详细设计。

B) 软件设计是将软件需求转换为软件表示的过程。

C) 数据结构与数据库设计是软件设计的任务之一。

D) PAD 图是软件详细设计的表示工具。

答案：A

分析：在概要设计过程中，常用总体结构图来描述系统的层次和各模块的关系，而在详细设计过程中，常用 PAD 图来为每一个模块描述算法和数据结构的细节，选项 A 错误，选项 D 正确；软件设计是把软件需求转换为软件表示的过程，选项 B 正确；数据结构及数据库设计是软件概要设计的基本任务之一，选项 C 正确。

7. 负责数据库查询操作的数据库语言是______。

A) 数据定义语言　　B) 数据管理语言

C) 数据操纵语言　　D) 数据控制语言

答案：C

分析：数据库管理系统提供了 3 种数据库语言——数据定义语言负责数据的模式定义与数据的物理存取构建；数据操纵语言负责数据的操纵，包括增、删、改、查等操作；数据控制语言负责数据完整性、安全性的定义与检查等功能。

8. 一名教师可讲授多门课程，一门课程也可由多名教师讲授，实体“教师”和“课程”之间的关系是______。

A) 1 : 1 关系　　B) 1 : m 关系

C) m : 1 关系　　D) m : n 关系

答案：D

分析：两个实体集之间的联系实际上是实体集间的函数关系，具体有以下几种。

一对一关系，简记为 1 : 1。

一对多或多对一关系，简记为 $1:M(1:m)$ 或 $M:1(m:1)$。

多对多关系，简记为 $M:N(m:n)$。

9. 若有如下关系：

R

A	B	C
a	1	2
b	2	1
c	3	1

S

A	B
c	3

T

C
1

为了由关系 *R* 和 *S* 得到关系 *T*，需要进行的运算是______。

A) 自然连接运算　　　　B) 交运算

C) 除运算　　　　D) 并运算

答案：C

分析：*R* 能被 *S* 除的充分必要条件是——*R* 中的域包含 *S* 中的所有属性，并且 *R* 中有一些域不出现在 *S* 中。

10. 如果定义无符号整型类为 UInt，那么下列可以作为 UInt 类的实例化值的是______。

A) –369　　　　B) 369

C) 0.369　　　　D) 整数集合{1,2,3,4,5}

答案：B

11. 计算机高级语言程序的运行方法有编译执行和解释执行两种，以下叙述中正确的是______。

A) C 语言程序仅可以编译执行。

B) C 语言程序仅可以解释执行。

C) C 语言程序既可以编译执行，也可以解释执行。

D) 以上说法都不对。

答案：A

分析：C 语言是编译型语言。

12. 以下叙述中错误的是______。

A) C 语言的可执行程序是由一系列机器指令构成的。

B) 使用 C 语言编写的源程序不能直接在计算机上运行。

C) 通过编译得到的二进制目标程序需要链接才可以运行。

D) 在没有安装 C 语言集成开发环境的机器上不能运行通过 C 源程序生成的.exe 文件。

答案：D

分析：.exe 文件可直接运行。

13. 以下选项中不能用作 C 程序合法常量的是______。

A) 1,234　　　　B) '\123'　　　　C) 123　　　　D) "\x7G"

答案：A

分析：选项 A 错误，因为整数中不能有逗号；选项 B 表示字符常量；选项 D 表示字符串常量。

14. 以下选项中可用作 C 程序合法实数的是______。

A) .1e0　　　B) 3.0e0.2　　　C) E9　　　D) 9.12E

答案：A

分析：在实数的指数形式中，e 的左侧必须有数据(整数或实数)，e 的右侧必须是整数。因此，选项 A 正确，其他选项错误。

15. 若有定义语句 int a=3,b=2,c=1;，则以下赋值表达式中错误的是______。

A) a=(b=4)=3;　　　B) a=b=c+1;

C) a=(b=4)+c;　　　D) a=1+(b=c=4);

答案：A

分析：赋值运算符=的左端必须是变量，不能是表达式，故选项 A 是错误的。

16. 若有以下程序段：

```
char name[20];
int num;
scanf("name=%s num=%d",name;&num);
```

当执行上述程序段并从键盘输入 name=Lili num=1001<回车>时，name 的值为______。

A) Lili　　　B) name=Lili

C) Lili num=　　　D) name=Lili num=1001

答案：A

分析：格式说明符%s 表示输入一个字符串，遇到空格时结束，所以 name 的值为 Lili。

17. if 语句的基本形式是：if(表达式) 语句。关于“表达式”的值，以下叙述中正确的是______。

A) 必须是逻辑值　　　B) 必须是整数值

C) 必须是正数　　　D) 可以是任意合法的数值

答案：D

分析：C 语言没有逻辑型数据，而是用 0 表示“假”，用非零值表示“真”。

18. 有以下程序：

```
#include
main()
{
    int x=011;
    printf("%d\n",++x);
}
```

程序运行后的输出结果是______。

A) 12　　　B) 11　　　C) 10　　　D) 9

答案：C

分析：011 是八进制数，等于十进制数 9，表达式++x 的值为 10。

19. 有以下程序：

```
#include<stdio.h>
main()
```

```
{
    int s;
    scanf("%d",&s);
    while(s>0)
    {   switch(s)
        {   case 1: printf("%d",s+5);
            case 2: printf("%d",s+4); break;
            case 3: printf("%d",s+3);
            default : printf("%d",s+1); break;
        }
        scanf("%d",&s);
    }
}
```

运行程序时，若输入 1 2 3 4 5 0<回车>，则输出结果是______。

A) 6566456　　B) 66656　　C) 66666　　D) 6666656

答案：A

分析：读入 1 给 s 后，进入 while 循环，执行 switch 语句，从 case 1 后面的语句开始执行，先输出 s+5=6，再输出 s+4=5，遇到 break 语句后，结束 switch 语句；接下来读入 2 给 s，处理方式与前面类似；以此类推，程序最终输出的是 6566456。

20. 有以下程序段：

```
int i,n;
for(i=0;i<8;i++)
{   n=rand()%5;
    switch(n)
    {   case 1:
        case 3:printf("%d\n",n); break;
        case 2:
        case 4:printf("%d\n",n); continue;
        case 0:exit(0);
    }
    printf("%d\n",n);
}
```

关于上述程序段的执行情况，以下叙述中正确的是______。

A) for 循环语句固定执行 8 次。

B) 当产生的随机数 n 为 4 时结束循环操作。

C) 当产生的随机数 n 为 1 和 2 时不进行任何操作。

D) 当产生的随机数 n 为 0 时结束程序的运行。

答案：D

分析：随机数生成函数 rand 返回的是一个非负整数，所以 $0 \leqslant n \leqslant 4$。当 $n=0$ 时执行函数 exit(0)，这将结束程序的运行。

21. 有以下程序：

```
#include<stdio.h>
main()
{
    char s[]="012xy\08s34f4w2";
    int i,n=0;
    for(i=0;s[i]!=0;i++)
      if(s[i]>='0'&&s[i]<='9') n++;
    printf("%d\n",n);
}
```

程序运行后的输出结果是______。

A) 0　　B) 3　　C) 7　　D) 8

答案：B

分析：注意字符'0'和'\0'的区别('\0'为 0，但'0'不是 0)，数组 s 中的字符串为"012xy"，而'\0'为字符串结束标志。以上程序中的循环语句用于统计数组 s 中的字符串"012xy"包含多少个数字字符。

22. 假设 i 和 k 都是 int 型变量，有以下 for 语句：

```
for(i=0,k=-1;k=1;k++) printf("*****\n");
```

下面关于以上 for 语句执行情况的叙述中正确的是______。

A) 循环体执行两次　　B) 循环体执行一次

C) 循环体一次也不执行　　D) 构成无限循环

答案：D

分析：循环条件 k=1 是赋值表达式，值为 1，因而循环条件永远为“真”。

23. 有以下程序：

```
#include
main()
{
    char b,c; int i;
    b='a'; c='A';
    for(i=0;i<6;i++)
    {   if(i%2) putchar(i+b);
        else putchar(i+c);
    }
      printf("\n");
}
```

程序运行后的输出结果是______。

A) ABCDEF　　B) AbCdEf

C) aBcDeF　　D) abcdef

答案：B

分析：for 循环输出前 6 个英文字母，当 i 为偶数时，输出大写字母，否则输出小写字母。

24. 若有定义语句 double x[10],*p=x;，以下能给数组 x 中下标为 6 的元素读入数据的语句是________。

A) scanf("%f",&x[6]);　　　　B) scanf("%lf",*(x+6));

C) scanf("%lf",p+6);　　　　D) scanf("%lf",p[6]);

答案：C

分析：输入 double 型实数时需要使用%lf，选项 A 错误；*(x+6)以及 p[6]都与 x[6]相同，它们是变量而不是地址，选项 B 和选项 D 错误；p+6 与&x[6]相同，选项 C 正确。

25. 有以下程序(注意，字母 A 的 ASCII 码值是 65)：

```
#include<stdio.h>
void fun(char *s)
{
    while(*s)
    {
        if(*s%2) printf("%c",*s);
        s++;
    }
}
main()
{
    char a[]="BYTE";
    fun(a); printf("\n");
}
```

程序运行后的输出结果是______。

A) BY　　　B) BT　　　C) YT　　　D) YE

答案：D

分析：函数 fun(a)的功能是输出字符串"BYTE"中 ASCII 码值为奇数的字母。由于字母 A 的 ASCII 码值是 65，因此只有选项 D 正确。

26. 有以下程序：

```
#include<stdio.h>
main()
{  …
    while( getchar()!='\n');
    …
}
```

以下叙述中正确的是______。

A) 以上程序中的 while 语句将无限循环。

B) getchar()不可以出现在 while 语句的条件表达式中。

C) 当执行以上程序中的 while 语句时，只有按回车键程序才能继续执行。

D) 当执行以上程序中的 while 语句时，只要按任意键程序就能继续执行。

答案：C

分析：当执行到以上程序中的 while 语句时，只有按回车键才能结束循环，否则继续循环(循环体为空语句)。

27. 有以下程序：

```
#include<stdio.h>
main()
{
    int x=1,y=0;
    if(!x) y++;
    else if(x==0)
        if (x) y+=2;
        else y+=3;
    printf("%d\n",y);
}
```

程序运行后的输出结果是______。

A) 3　　B) 2　　C) 1　　D) 0

答案：D

分析：由于 x=1，因此语句 if(!x)中的条件表达式!x 为“假”，执行 else 子句；又由于语句 if(x==0)中的条件表达式 x==0 为“假”，因此后面的 if-else 内嵌语句不会被执行。程序将输出 y 的原值 0。

28. 若有定义语句 char s[3][10],(*k)[3],*p;，则以下赋值语句中正确的是______。

A) p=s;　　B) p=k;　　C) p=s[0];　　D) k=s;

答案：C

分析：由于 p 是字符型指针变量、k 是字符型行指针变量(每行 3 个元素)、二维数组名 s 是行指针常量(指向第一行的 10 个元素)，因而 s[0]表示&s[0][0]，只有选项 C 正确。

29. 有以下程序：

```
#include<stdio.h>
void fun(char *c)
{
    while(*c)
        {  if(*c>='a'&&*c<='z') *c=*c-('a'-'A');
         c++;
    }
}
main()
{
     char s[81];
     gets(s); fun(s); puts(s):
}
```

当运行程序时，通过键盘输入 Hello Beijing<回车>，程序的输出结果是______。

A) hello beijing　　B) Hello Beijing

C) HELLO BEIJING　　D) hELLO Beijing

答案：C

分析：函数 gets(s)会将字符串"Hello Beijing"输入字符数组 s 中，函数 fun(s)则将字符串 s 中的小写字母转换成大写字母。

30. 在以下程序中，fun 函数的功能是：通过键盘输入数据，并为数组中的所有元素赋值。

```
#include<stdio.h>
#define N 10
void fun(int x[N])
{
    int i=0;
    while(i<N)scanf("%d",_____);
}
```

在上述程序中，下画线处应填入的是______。

A) x+i　　B) &x[i+1]　　C) x+(i++)　　D) &x[++i]

答案：C

分析：x+(i++)即&x[i++]，选项 C 正确。

31. 有以下程序：

```
#include<stdio.h>
main()
{
    char a[30],b[30];
    scanf("%s",a);
    gets(b);
    printf("%s\n %s\n",a,b);
}
```

当运行程序时，若输入：

```
how are you? I am fine<回车>
```

则输出结果是______。

A) how are you?
I am fine　　B) how
are you? I am fine

C) how are you? I am fine　　D) row are you?

答案：B

分析：当使用语句 scanf("%s",a);输入字符串时，遇到空格也就表示字符串输入结束了，因此 a 中的字符串为"how"；当使用语句 gets(b);输入字符串时，由于可以有空格，因此 b 中的字符串为"are you? I am fine"。

32. 有如下函数定义：

```
int fun(int k)
{
    if (k<1) return 0;
    else if(k==1) return 1;
        else return fun(k-1)+1;
}
```

若执行调用语句 n=fun(3);，则 fun 函数总共被调用的次数是______。

A) 2　　B) 3　　C) 4　　D) 5

答案：B

33. 有以下程序：

```
#include<stdio.h>
int fun (int x,int y)
{
    if (x!=y) return ((x+y)/2);
    else return (x);
}
main()
{
    int a=4,b=5,c=6;
    printf("%d\n",fun(2*a,fun(b,c)));
}
```

程序运行后的输出结果是______。

A) 3　　B) 6　　C) 8　　D) 12

答案：B

分析：fun(a,c)的值为 5，fun(8,5)的值为 6，故选项 B 正确。

34. 有以下程序：

```
#include<stdio.h>
int fun()
{
    static int x=1;
    x*=2;
    return x;
}
main()
{
    int i,s=1;
    for(i=1;i<=3;i++) s*=fun();
    printf("%d\n",s);
```

```
}
```

程序运行后的输出结果是______。

A) 0　　B) 10　　C) 30　　D) 64

答案：D

分析：fun 函数中的变量 x 是局部静态变量，初值为 1，以后每次调用 fun 函数时，x 都将使用上次调用结束时的返回值。第一次调用 fun 函数时，返回值为 2；第二次调用 fun 函数时，返回值为 4；第三次调用 fun 函数时，返回值为 8；所以 s=2*4*8=64。

35. 有以下程序：

```
#include<stdio.h>
#define S(x) 4*(x)*x+1
main()
{
    int k=5,j=2;
    printf("%d\n",S(k+j));
}
```

程序运行后的输出结果是______。

A) 197　　B) 143　　C) 33　　D) 28

答案：B

分析：宏定义 S(k+j)展开后为 4*(k+j)*k+j+1，所以输出结果为 4*(5+2)*5+2+1=143。

36. 若有定义语句 struct {char mark[12];int num1;double num2;} t1,t2;，假设所有变量均已正确赋初值，则以下语句中错误的是______。

A) t1=t2;　　B) t2.num1=t1.num1;

C) t2.mark=t1.mark;　　D) t2.num2=t1.num2;

答案：C

分析：由于 mark 是数组名(地址常量)，不能重新赋值，因此选项 C 是错误的。

37. 有以下程序：

```
#include
struct ord
{ int x， y;}dt[2]={1,2,3,4};
main()
{
    struct ord *p=dt;
    printf("%d,",++(p->x)); printf("%d\n",++(p->y));
}
```

程序运行后的输出结果是______。

A) 1,2　　B) 4,1　　C) 3,4　　D) 2,3

答案：D

分析：++(p->x)即++(dt[0].x)，值为 2；++(p->y)即++(dt[0].y)，值为 3。

38. 有以下程序：

```
#include<stdio.h>
struct S
{ int a,b;}data[2]={10,100,20,200};
main()
{
    struct S p=data[1];
    printf("%d\n",++(p.a));
}
```

程序运行后的输出结果是______。

A) 10　　B) 11　　C) 20　　D) 21

答案：D

分析：++(p.a)即++(data[1].a)，值为21。

39. 有以下程序：

```
#include<stdio.h>
main()
{
    unsigned char a=8,c;
    c=a>>3;
    printf("%d\n",c);
}
```

程序运行后的输出结果是______。

A) 32　　B) 16　　C) 1　　D) 0

答案：C

分析：由于a=$(00001000)_2$，因此a>>3的值为$(00000001)_2$，从而c=1。

40. 若fp已定义，则执行语句fp=fopen("file","w");后，以下有关文件操作的叙述中，正确的是______。

A) 写操作结束后可以从头开始读。

B) 只能写，不能读。

C) 可以在原有内容的后面追加写入。

D) 可以随意读写。

答案：B

分析：使用w模式打开的文件只能写入。若打开的文件不存在，则以指定的文件名新建文件；若打开的文件已经存在，则将文件删除，然后重建一个新文件。

二、程序填空题(18分)

在以下给定的程序中，fun函数的功能是：将$N \times N$矩阵中的元素按列右移一个位置，右边被移出矩阵的元素则绕回左边。例如，假设N=3，对于下列矩阵：

　　1　2　3
　　4　5　6
　　7　8　9

运行结果为：

　　3　1　2
　　6　4　5
　　9　7　8

请在程序的下画线处填入正确的内容，并把下画线删除，使程序运行结果正确。

注意：不得增行或删行，也不得更改程序结构。

```
#include <stdio.h>
#define N 4
void fun(int (*t)[N])
{
    int i, j, x;
    /**********found**********/
    for(i=0; i<__1__; i++)
      {
         /**********found**********/
         x=t[i][__2__] ;
         for(j=N-1; j>=1; j--)
           t[i][j]=t[i][j-1];
           /**********found**********/
         t[i][__3__]=x;
        }
}
main()
{
    int t[][N]={21,12,13,24,25,16,47,38,29,11,32,54,42,21,33,10}, i, j;
    printf("The original array:\n");
    for(i=0; i<N; i++)
    {
        for(j=0; j<N; j++)   printf("%2d   ",t[i][j]);
        printf("\n");
    }
    fun(t);
    printf("\nThe result is:\n");
    for(i=0; i<N; i++)
    {
```

```
        for(j=0; j<N; j++) printf("%2d    ",t[i][j]);
      printf("\n");
      }
}
```

答案：第一处填入N　　　　第二处填入 $N-1$　　　　第三处填入 0

分析：在第一处，由于fun函数要对$N \times N$矩阵进行操作，因此for循环的终止值为N；在第二处，因为要把最后一列的元素赋值给临时变量x，并在保存后用于交换，所以应填入$N-1$；在第三处，第1列元素要用x进行替换，由于C语言中的下标是从0开始的，因此应填入0。

三、程序修改题(18 分)入

在以下给定的程序中，fun 函数的功能是：计算并输出下列级数的前 N 项之和，直到 S_{N+1} 大于 q 为止，q 的值可通过形参传入。

$$S_N = \frac{2}{1} + \frac{3}{2} + \frac{4}{3} + \cdots + \frac{N+1}{N}$$

例如：若 q 的值为 50.0，则函数的返回值为 49.394948。

请改正程序中的错误，使程序运行结果正确。

注意：不要改动 main 函数，不得增行或删行，也不得更改程序结构。

```
#include <stdio.h>
double fun(double q)
{ int n; double s,t;
  n = 2;
  s = 2.0;
  while(s<=q)
  {   t=s;
    /************found************/
    s=s+(n+1)/n;
    n++; }
  printf("n=%d\n",n);
  /************found************/
  return   s;
}
main ( )
{
 printf("%f\n", fun(50));
 }
```

答案：将第一处改为 s+=(float)(n+1)/n　　　将第二处改为 return t

分析：在第一处，如果将两个整数相除，那么结果仍为整数，所以必须转换其中一个操作数的类型为float，应改为s+=(float)(n+1)/n；在第二处，返回结果有误，应改为return t。

四、程序设计题(24 分)

编写 fun 函数，功能如下：求 Fibonacci 数列中大于 t 的最小的那个数，并将结果作为函数值返回。Fibonacci 数列 $F(n)$的定义如下：

$F(0)=0$，$F(1)=1$

$F(n)=F(n-1)+F(n-2)$

例如，当 t=1000 时，fun 函数的返回值为 1579。

注意：请勿改动主函数和其他函数中的任何内容，而仅在 fun 函数的花括号中填入编写的若干语句。

```
#include <math.h>
#include <stdio.h>
int fun(int t)
{


}


main()     /* 主函数 */
{
    int n;
    n=1000;
    printf("n = %d, f = %d\n",n, fun(n));
}
```

答案：

```
int f0 = 0, f1 = 1, f;
do {
     f = f0 + f1;
     f0 = f1 ;
     f1 = f ;
   } while(f < t);
return f;
```

分析：求 Fibonacci 数列中的某一项的算法有很多，其中最为简单方便的就是递推法。题目中已经将递推公式给出，这里主要考查学生使用 C 语言实现算法的能力。可在 fun 函数的开头设置 f0 和 f1 的值，然后采用循环的方式求下一项的值 f，将 f1 的值赋给 f0，并将新求出的 f 值赋给 f1，循环的执行条件为 f 小于 t，最后返回求得的 f 值。

6.4 模拟试题四

一、选择题(每题 1 分，共 40 分)

1. 下列叙述中正确的是______。

A) 算法就是程序。

B) 设计算法时只需要考虑数据结构的设计。

C) 设计算法时只需要考虑结果的可靠性。

D) 以上三种说法都不对。

答案：D

2. 下列关于线性链表的叙述中正确的是_____。

A) 各数据节点的存储空间可以不连续，但它们的存储顺序与逻辑顺序必须一致。

B) 各数据节点的存储顺序与逻辑顺序可以不一致，但它们的存储空间必须连续。

C) 进行插入与删除时，不需要移动线性链表中的元素。

D) 以上三种说法都不对。

答案：C

3. 下列关于二叉树的叙述中正确的是_____。

A) 叶子节点总是比度为 2 的节点少一个。

B) 叶子节点总是比度为 2 的节点多一个。

C) 叶子节点数是度为 2 的节点数的两倍。

D) 度为 2 的节点数是度为 1 的节点数的两倍。

答案：B

4. 软件按功能可以分为应用软件、系统软件和支撑软件(或工具软件)。下列选项中属于应用软件的是______。

A) 学生成绩管理系统　　B) C 语言编译程序

C) UNIX 操作系统　　D) 数据库管理系统

答案：A

5. 某系统的总体结构图如下：

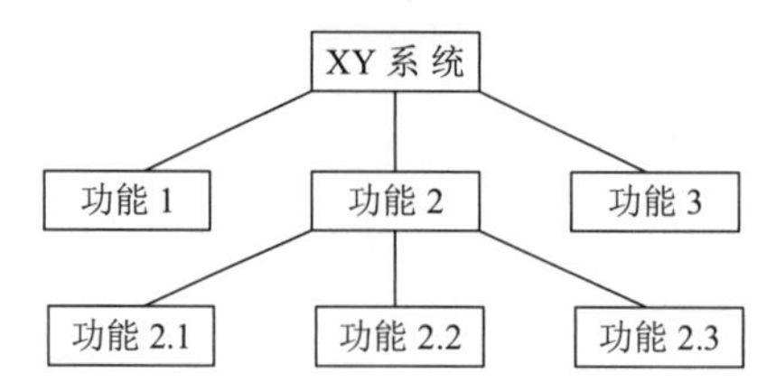

以上总体结构图的深度是_____。

A) 7　　B) 6　　C) 3　　D) 2

答案：C

6. 程序调试的任务是______。

A) 设计测试用例　　B) 验证程序的正确性

C) 发现程序中的错误　　D) 诊断和改正程序中的错误

答案：D

7. 下列关于数据库设计的叙述中，正确的是______。

A) 在需求分析阶段建立数据字典。

B) 在概念设计阶段建立数据字典。

C) 在逻辑设计阶段建立数据字典。

D) 在物理设计阶段建立数据字典。

答案：A

分析：结构化分析方法是结构化程序设计理论在软件需求分析阶段的运用。结构化分析的常用工具有数据流图、数据字典、判定树和判定表。

8. 数据库系统的三级模式不包括______。

A) 概念模式　B) 内模式　C) 外模式　D) 数据模式

答案：D

9. 若有如下三个关系 R、S 和 T：

R

A	B	C
a	1	2
b	2	1
c	3	1

S

A	B	C
a	1	2
b	2	1

T

A	B	C
c	3	1

为了由关系 R 和 S 得到关系 T，所需进行的运算是______。

A) 自然连接运算　　B) 差运算

C) 交运算　　D) 并运算

答案：B

10. 下列选项中属于面向对象设计方法的主要特征的是____。

A) 继承　B) 自顶向下　C) 模块化　D) 逐步求精

答案：A

11. 以下叙述中错误的是______。

A) 使用 C 语言编写的函数源程序，文件名后缀可以是.c。

B) 使用 C 语言编写的函数都可以作为独立的源程序文件。

C) 使用 C 语言编写的每个函数都可以独立地进行编译并执行。

D) 一个 C 语言程序只能有一个主函数。

答案：C

12. 以下关于程序模块化的叙述中，错误的是____。

A) 把程序分成若干相对独立的模块，可便于编码和调试。

B) 把程序分成若干相对独立、功能单一的模块，可便于重复使用这些模块。

C) 可采用自底向上、逐步细化的设计方法把若干独立模块组装成想要的程序。

D) 可采用自顶向下、逐步细化的设计方法把若干独立模块组装成想要的程序。

答案：C

13. 以下关于C语言常量的叙述中，错误的是_____。

A) 所谓常量，是指在程序运行过程中，其值不能发生改变的量。

B) 常量分为整型常量、实型常量、字符常量和字符串常量。

C) 常量分为数值型常量和非数值型常量。

D) 经常使用的变量可以定义成常量。

答案：D

14. 若有定义语句 int a=10; double b=3.14;，则表达式'A'+a+b 的值的类型是____。

A) char　　B) int　　C) double　　D) float

答案：C

15. 若有定义语句 int x=12,y=8,z;，则执行语句 z=0.9+x/y;后，z 的值为_____。

A) 1.9　　B) 1　　C) 2　　D) 2.4

答案：B

16. 若有定义语句 int a,b;，则通过语句 scanf("%d;%d",&a,&b);，能把整数 3 赋给变量 a，而把整数 5 赋给变量 b 的输入数据是______。

A) 3　5　　B) 3,5　　C) 3;5　　D) 35

答案：C

17. 若有定义语句 int k1=10,k2=20;，则执行表达式(k1=k1>k2)&&(k2=k2>k1)后，k1 和 k2 的值分别为______。

A) 0 和 1　　B) 0 和 20　　C) 10 和 1　　D) 10 和 20

答案：B

18. 若有以下程序：

```
#include <stdio.h>
main()
{
    int a=1,b=0;
    if(--a) b++;
    else if(a==0) b+=2;
         else   b+=3;
    printf("%d\n",b);
}
```

程序运行后的输出结果是_____。

A) 0　　B) 1　　C) 2　　D) 3

答案：C

19. 下列条件语句中，输出结果与其他语句不同的是_____。

A) if(a) printf("%d\n",x); else printf("%d\n",y);

B) if(a==0) printf("%d\n",y); else printf("%d\n",x);

C) if(a!=0) printf("%d\n"x); else printf("%d\n",y);

D) if(a==0) printf("%d\n",x); else printf("%d\n",y);

答案：D

20. 若有以下程序：

```
#include <stdio.h>
main()
{
    int a=7;
    while(a--);
    printf("%d\n",a);
}
```

程序运行后的输出结果是______。

A) －1　　B) 0　　C) 1　　D) 7

答案：A

21. 以下语句中不能输出字符 A 的是(提示：字符 A 的 ASCII 码值为 65，字符 a 的 ASCII 码值为 97)______。

A) printf("%c\n",'a' – 32);　　B) printf("%d\n",'A');

C) printf("%c\n",65);　　D) printf("%c\n",'B' – 1);

答案：B

22. 若有以下程序(提示：字符 a 的 ASCII 码值为 97)：

```
#include <stdio.h>
main()
{
  char *s={"abc"};
  do
  {   printf("%d",*s%10); ++s; }
      while(*s);
 }
```

程序运行后的输出结果是_____。

A) abc　　B) 789　　C) 7890　　D) 979899

答案：B

23. 若有定义语句 double a,*p=&a;，则以下叙述中错误的是______。

A) 定义语句中的*是取址运算符。

B) 定义语句中的*只是一个说明符。

C) 定义语句中的 p 只能存放 double 型变量的地址。

D) 定义语句中的*p=&a 能把变量 a 的地址作为初值赋给指针变量 p。

答案：A

24. 若有以下程序：

```
#include <stdio.h>
```

```
double f(double x);
main()
{
    double a=0; int i;
    for(i=0;i<30;i+=10) a+=f((double)i);
    printf("%5.0f\n",a);
}
double f(double x)
{ return x*x+1; }
```

程序运行后的输出结果是______。

A) 503　　B) 401　　C) 500　　D) 1404

答案：A

25. 若有定义语句 int year=2009, *p=&year;，则以下语句中不能使变量 year 的值增至 2010 的是______。

A) *p+=1;　　B) (*p)++;　　C) ++(*p);　　D) *p++;

答案：D

26. 以下定义数组的语句中错误的是______。

A) int num[]={1,2,3,4,5,6};　　B) int num[][3]={{1,2},2,4,5,6};

C) int num[2][4]={{1,2},{3,4},{5,6}};　　D) int num[][4]={1,2,3,4,5,6};

答案：C

27. 若有以下程序：

```
#include <stdio.h>
void fun(int *p)
{   printf("%d\n",p[5]); }
main()
{
    int a[10]={1,2,3,4,5,6,7,8,9,10};
    fun(&a[3]);
}
```

程序运行后的输出结果是_____。

A) 5　　B) 6　　C) 8　　D) 9

答案：D

28. 若有以下程序：

```
#include <stdio.h>
#define N 4
void fun(int a[][N],int b[])
{
    int i;
    for(i=0;i<N;i++) b[i]=a[i][i]-a[i][N-1-i];
```

```
}
main()
{
    int x[N][N]={{1,2,3,4},{5,6,7,8},{9,10,11,12},{13,14,15,16}}, y[N];
    fun(x,y);
    for(i=0;i<N;i++) printf("%d,"y[i]);    printf("\n");
}
```

程序运行后的输出结果是______。

A) －12,-3,0,0　　B) －3,－1,1,3

C) 0,1,2,3　　D) －3, －3,3,3

答案：B

29. 以下函数的功能是_____。

```
int fun(char *x,char *y)
{
    int n=0;
    while((*x==*y)&&*x!='\0') {x++; y++; n++;}
    return n;
}
```

A) 查找 x 和 y 所指字符串中是否包含'\0'。

B) 查找 x 和 y 所指字符串中最前面连续相同的字符个数。

C) 将 y 所指字符串赋给 x 所指存储空间。

D) 统计 x 和 y 所指字符串中相同字符的个数。

答案：B

30. 若有定义语句 char *s1="OK",*s2="ok";，则以下语句中能够输出 OK 的是_____。

A) if(strcmp(s1,s2)==0) puts(s1);　B) if (strcmp(s1,s2)!=0) puts(s2);

B) if(strcmp(s1,s2)==1) puts(s1);　D) if (strcmp(s1,s2)!=0) puts(s1);

答案：D

31. 以下程序在主函数中调用了已在主函数的前面定义的 fun 函数：

```
#include <stdio.h>
...
main()
{
    double a[15],k;
    k=fun(a);
    ...
}
```

以下选项中错误的 fun 函数首部是_____。

A) double fun(double a[15])　　B) double fun(double *a)
C) double fun(double a[])　　D) double fun(double a)

答案：D

32. 若有以下程序：

```
#include <stdio.h>
#include <string.h>
main()
{
    char a[5][10]={ "china", "beijing", "you", "tiananmen", "welcome"};
    int i,j;    char t[10];
    for(i=0;i<4;i++)
        for(j=i+1;j<5;j++)
            if(strcmp(a[i],a[j])>0)
            { strcpy(t,a[i]);    strcpy(a[i],a[j]);    strcpy(a[j],t);}
    puts(a[3]);
}
```

程序运行后的输出结果是_____。

A) beijing　　B) china　　C) welcome　　D) tiananmen

答案：C

33. 若有以下程序：

```
#include <stdio.h>
int f(int m)
{
    static int n=0;
    n+=m;
    return n;
}
main()
{
    int n=0;
    printf("%d,",f(++n));
    printf("%d\n",f(n++));
}
```

程序运行后的输出结果是______。

A) 1,2　　B) 1,1　　C) 2,3　　D) 3,3

答案：A

34. 若有以下程序：

```
#include <stdio.h>
main()
```

```
{
    char ch[3][5]={"AAAA", "BBB", "CC"};
    printf("%s\n",ch[1]);
}
```

程序运行后的输出结果是______。

A) AAAA　　B) CC　　C) BBBCC　　D) BBB

答案：D

35. 若有以下程序：

```
#include <stdio.h>
#include <string.h>
void fun(char *u,int m)
{
    char s,*p1,*p2;
    p1=u;   p2=u+m-1;
    while(p1<p2) {s=*p1; *p1=*p2; *p2=s; p1++; p2--;}
}
main()
{
    char a[]= "123456";
    fun(a, strlen(a));   puts(a);
}
```

程序运行后的输出结果是______。

A) 654321　　B) 116611　　C) 161616　　D) 123456

答案：A

36. 若有以下程序：

```
#include <stdio.h>
#include <string.h>
typedef struct{char name[15]; char sex; int score[2];} STU;
STU f(STU a)
{
    STU b={"Zhao", 'm', 85,90};
    int i;
    strcpy(a.name,b.name);
    a.sex=b.sex;
    for(i=0;i<2;i++) a.score[i]=b.score[i];
    return a;
}
main()
{
    STU c={"Qian", 'f', 95,92},d;
```

```
    d=f(c);
    printf("%s,%c,%d,%d,",d.name,d.sex,d.score[0],d.score[1]);
    printf("%s,%c,%d,%d,",c.name,c.sex,c.score[0],c.score[1]);
}
```

程序运行后的输出结果是______。

A) Zhao,m,85,90,Qian,f,95,92　　B) Zhao,m,85,90, Zhao,m,85,90

C) Qian,f,95,92, Qian,f,95,92　　D) Qian,f,95,92, Zhao,m,85,90

答案：A

37. 若有以下程序：

```
#include <stdio.h>
main()
{
    struct node{int n; struct node *next;} *p;
    struct node x[3]={{2, x+1}, {4, x+2}, {6, NULL}};
    p=x;
    printf("%d,", p->n);
    printf("%d\n", p->next->n );
}
```

程序运行后的输出结果是______。

A) 2,3　　B) 2,4　　C) 3,4　　D) 4,6

答案：B

38. 若有以下程序：

```
#include <stdio.h>
main()
{
    int a=2,b;
    b=a<<2;    printf("%d\n",b);
}
```

程序运行后的输出结果是_______。

A) 2　　B) 4　　C) 6　　D) 8

答案：D

39. 以下选项中叙述错误的是______。

A) C 函数中定义的赋有初值的静态变量，每调用一次函数，就赋一次初值。

B) 在 C 程序的同一函数中，在所有复合语句内都可以定义变量，但这些变量的作用域仅限于定义它们的复合语句。

C) C 函数中定义的自动变量，系统不会为它们自动赋确定的初值。

D) C 函数的参数不可以声明为静态变量。

答案：A

40. 有以下程序：

```
#include <stdio.h>
main()
{
    FILE *fp;
    int k,n,i,a[6]={1,2,3,4,5,6};
    fp=fopen("d2.dat", "w");
    for(i=0;i<6;i++) fprintf(fp, "%d\n", a[i]);
    fclose(fp);
    fp=fopen("d2.dat", "r");
    for(i=0;i<3;i++) fscanf("fp, "%d%d",&k,&n);
    fclose(fp);
    printf("%d,%d\n", k,n);
}
```

程序运行后的输出结果是_____。

A) 1,2　　B) 3,4　　C) 5,6　　D) 123,456

答案：C

二、程序填空题(18 分)

在以下程序中，fun 函数的功能是把形参 a 所指数组中的偶数按照原来的顺序依次存放到 a[0]、a[1]、a[2]…中，然后把奇数从数组中删除，并将偶数的个数通过函数值返回。例如：若 a 所指数组中的数据最初排列为 9、1、4、2、3、6、5、8、7，那么删除奇数后，a 所指数组中的数据为 4、2、6、8，返回值为 4。

请在程序的下画线处填入正确的内容并把下画线删除，使程序运行结果正确。

注意：不得增行或删行，也不得更改程序结构。

```
#include <stdio.h>
#define  N  9
int fun(int a[], int n)
{
   int i,j;
   j = 0;
   for (i=0; i<n; i++)
/**********found**********/
      if(___1___==0)
      {
/**********found**********/
         ___2___ = a[i]; j++;
      }
/**********found**********/
```

```
    return ____3____;
}
main()
{
    int  b[N]={9,1,4,2,3,6,5,8,7}, i, n;
    printf("\nThe original data: \n");
    for (i=0; i<N; i++)   printf("%4d ", b[i]);
    printf("\n");
    n = fun(b, N);
    printf("\nThe number of even: %d\n", n);
    printf("\nThe even: \n");
    for (i=0; i<n; i++)   printf("%4d ", b[i]);
    printf("\n");
}
```

答案：第一处填入 a[i]%2　　第二处填入 a[j]　　第三处填入 j

分析：在第一处，需要判断a[i]是否是偶数，若是，则仍保留在原数组a[j]中，所以应填入a[i]%2；在第二处，数组a中元素的位置由j控制，每增加一个元素，就将j加1，所以应填入a[j]；在第三处，需要返回删除奇数后a所指数组中的元素j，所以应填入j。

三、程序修改题(18 分)

在以下给定的程序中，fun 函数的功能是计算下式的值。

$$s=f(-n)=f(-n+1)+\cdots+f(0)+f(1)+f(2)+\cdots+f(n)$$

例如，当 n 为 5 时，fun 函数的返回值应为 10.407143。$f(x)$函数的定义如下：

$$f(x)=\begin{cases}(x+1)/(x-2) & x>0 \text{ 且 } x\neq 2 \\ 0 & x=0 \text{ 或 } x=2 \\ (x-1)/(x-2) & x<0\end{cases}$$

注意：不要修改 main 函数，不得增行或删行，也不得更改程序结构。

```
#include <stdio.h>
#include <math.h>
/************found************/
f(double x)
{
  if (x == 0.0 || x == 2.0)
      return 0.0;
    else if (x < 0.0)
          return (x -1)/(x-2);
```

```
        else
          return (x +1)/(x-2);
 }
double fun(int n)
{
   int i;
   double s=0.0, y;
    for(i= -n; i<=n; i++)
     {
       y=f(1.0*i);
       s +=y;
     }
/************found************/
   return s
}
main()
{
  printf("%f\n", fun(5) );
}
```

答案：第一处，函数名 f 前应加 double；第二处，s 后应加分号。

分析：在第一处，由于函数的返回值是实数，因此函数的类型为实型，应在函数名前加上函数类型说明符double；在第二处，return语句缺少语句结束符号。

四、程序设计题

编写 fun 函数，功能是计算下式并将 s 作为函数值返回。

$$s = \sqrt{\ln(1) + \ln(2) + \ln(3) + \cdots + \ln(m)}$$

在 C 语言中，可通过调用 log(n)函数来求 ln(n)。log 函数的函数声明如下：

```
double log(double x);
```

例如，若 m 的值为 20，则 fun 函数的返回值为 6.506583。

注意：请勿改动主函数和其他函数中的任何内容，而仅在 fun 函数的花括号内填入编写的若干语句。

```
#include <math.h>
#include <stdio.h>
double fun(int m)
{
```

```
}
main()
{
  printf("%f\n", fun(20));
}
```

答案：

```
double s = 0.0;
int i;
for(i = 1; i <= m; i++) s += log(i);
s = sqrt(s);
return s;
```

分析：本题主要考查学生对函数和循环的理解程度。可在 fun 函数的开头定义 double 型变量 s，并将初值设置为 0，然后利用循环求多个对数的和。最后，通过平方根函数求得最终结果，并通过 return 语句返回。

第四篇 MATLAB软件入门

MATLAB 是 Matrix Laboratory 的简称，它是一款由美国 MathWorks 公司开发的集数值计算、符号计算和图形可视化三大基本功能于一体的功能强大、简单易学的软件。MATLAB 是国际公认的优秀数学应用软件之一。MATLAB 的命令和数学中的符号、公式非常接近，可读性强，容易掌握。从 20 世纪 80 年代产生到现在，MATLAB 已发展成为适合多学科的大型软件，除基本部分外，MATLAB 还根据各专业领域的特殊需要提供了许多工具箱，如用于自动控制领域的 Control System 工具箱、用于信号处理的 Signal Process 工具箱、用于图像处理的 Image Process 工具箱，以及用于神经网络的 Neural Network 工具箱等，每一个工具箱都是为某一类学科专业和应用定制的，工具箱使用户能学习和应用专业技术。目前，很多高校将 MATLAB 作为线性代数、数值分析、数理统计、优化方法、自动控制、数字信号处理等课程的基本教学工具。近年来，MATLAB 在国际、国内大学生数学建模竞赛中的应用，为参赛者在有限的时间内准确、有效地解决问题提供了有力保证。

P.1 MATLAB 简介

本篇将以 MATLAB 7.10.0(R2010a)版本为例，通过举例介绍 MATLAB 的初步应用。

P.1.1 MATLAB 工作界面

启动 MATLAB 软件后，你将看到如图 P-1 所示的 MATLAB 工作界面。

(1) 命令窗口(Command Window)：其中的>>为命令提示符，用户可以在命令提示符后输入各种命令，命令的执行结果也显示在命令窗口中。当某条语句不需要显示结果时，可在该语句的后面直接添加分号。通过上下箭头可以调出以前输入的命令，使用滚动条可以查看以前的命令及输出信息。在命令窗口中适合运行较简单的程序或命令，在这里，输入一条语句就解释执行一条语句。在命令窗口中不太方便进行程序的编辑，用户通常是在文本编辑窗口中编辑较大的程序，并保存为 MATLAB 文件(.m 文件)，这种文件又称为 M 文件。要执行编写的程序，可以把编写好的程序粘贴到命令窗口中，也可以直接选择文本编辑窗口中的 Debug|Run 菜单命令(或按 F5 功能键)。

(2) “新建 M 文件”按钮：单击此按钮会出现文本编辑窗口，在此可以编写程序。如图 P-2 所示，用户已在文本编辑窗口中编写了一段程序并命名为 Myexam.m，这个文件被保存在默认文件夹中。

(3) 命令历史(Command History)窗口：已经执行过的命令将依次显示在这个窗口中，可供用户备查。

(4) 工作空间(Workspace)窗口：显示当前计算机内存中都有哪些变量及相关信息。

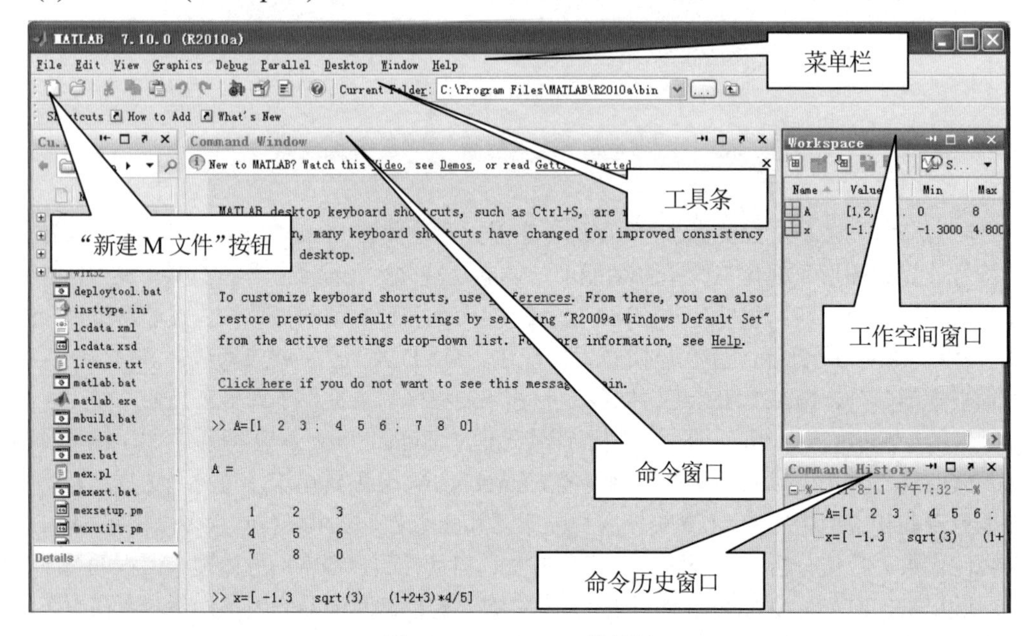

图 P-1 MATLAB 工作界面

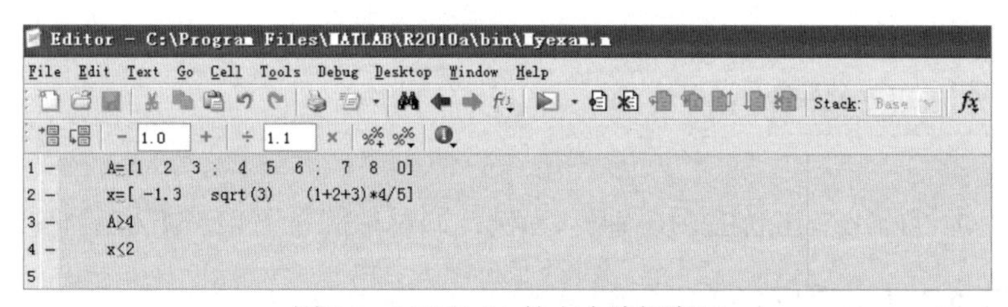

图 P-2 MATLAB 的文本编辑窗口

P.1.2 在线帮助和演示

MATLAB具有丰富的在线帮助功能及许多基本范例，初学者可以单击命令窗口中的Video、Demos、Getting Started按钮来学习 MATLAB 软件的使用方法，也可以使用 Help 菜单中的相应选项查询有关信息，还可以使用 help 命令在命令行上进行查询，用户可以在命令窗口中试一下 help、help help 和 help eig(求特征值的函数)命令。学会利用软件的在线帮助功能学习软件，对于每一位读者来说都是至关重要的。

P.2 向量与矩阵

MATLAB 能处理数、向量和矩阵。一个数事实上是一个 1×1 的矩阵，1 个 n 维向量则是一

个 $1\times n$ 或 $n\times 1$ 的矩阵。从这个角度讲，MATLAB 处理的所有数据都是矩阵。

P.2.1 向量与矩阵的输入

在命令窗口中直接排列输入，元素之间用空格或逗号分隔，行与行之间用分号分开。例如，输入：

```
>> A=[1  2  3;  4  5  6;  7  8  0]
A =
        1 2 3
        4 5 6
        7 8 0
```

这表示系统已经接收并处理了命令，并在当前工作空间中建立了矩阵 *A*。

大的矩阵可以分行输入，可用回车键代替分号，例如：

```
>> A=[ 1     2     3
       4     5     6
       7     8     0 ]
```

结果和上面一样，也是：

```
A =
     1    2 3
     4    5 6
     7    8 0
```

矩阵元素可以是任何数值表达式，例如：

```
>> x=[ -1.3     sqrt(3)     (1+2+3)*4/5]
   x =
        -1.3000   1.7321       4.8000
```

P.2.2 向量与矩阵的生成

除直接列出向量元素外，还可利用:运算符生成向量。例如，在命令窗口中输入：

```
>> y=1:6
y =
     1     2     3     4     5     6
```

即可产生一个 1~6 的单位增量是 1 的行向量，此为默认情况。

使用:运算符还可以产生单位增量不等于 1 的行向量，语法是把增量放在起始值和终止值的中间。例如，在命令窗口中输入：

```
>> x=0:pi/4:pi
```

即可产生一个 0~pi 的行向量，单位增量是 pi/4≈0.7854。

```
x=
   0  0.7854     1.5708     2.3562     3.1416
```

甚至可以产生单位增量为负数的行向量，例如：

```
>> z=6:-1:1
z =
      6      5      4      3      2      1
```

MATLAB 中的一些函数可用来直接生成特殊矩阵，例如：

```
>> ones(4)                          %生成 4×4 的全 1 矩阵
ans =
      1      1      1      1
      1      1      1      1
      1      1      1      1
      1      1      1      1。
>> w=eye(3)                         % 生成 3×3 且对角线为 1 的单位矩阵
w =
      1      0      0
      0      1      0
      0      0      1
>> x=linspace(0,1,11)     % 利用 linspace 函数，生成以 0 为起始值、以 1 为终止值、元素数目为 11 的向量
>> R = randn(4,4)         % 生成元素服从标准正态分布的随机矩阵
R =
     0.5377      0.3188      3.5784      0.7254
     1.8339     -1.3077      2.7694     -0.0631
    -2.2588     -0.4336     -1.3499      0.7147
     0.8622      0.3426      3.0349     -0.2050
```

MATLAB 提供了一批能够生成矩阵的函数，如表 P-1 所示。

表 P-1　生成矩阵的常用函数

名　称	含　义	名　称	含　义
zeros	生成零矩阵	diag	生成对角矩阵
ones	生成全 1 矩阵	tril	取一个矩阵的下三角
eye	生成单位矩阵	triu	取一个矩阵的上三角
magic	生成魔术方阵	pascal	生成 Pascal 矩阵

我们还可以利用 MATLAB 文件(.m 文件)创建矩阵。

P.2.3　向量与矩阵的操作

在 MATLAB 中可以对矩阵进行任意操作，包括改变矩阵的形式、取出子矩阵、扩充矩阵、

旋转矩阵等。其中，最重要的运算符为:，它的作用是取出选定的行与列。

MATLAB 中的变量对类型和维数的声明不做要求，可将所有变量保存成 double 类型。当 MATLAB 遇到新的变量时，系统会自动生成这个变量，并分配适当的存储单元。假如变量已经存在，MATLAB 则会改变这个变量的值，必要时还会为其分配新的存储单元。

例如：

$A(i,j)$ 代表 A 的第 i 行、第 j 列元素。

$A(i,:)$ 代表 A 的第 i 行元素。

$A(:,j)$ 代表 A 的第 j 列元素。

$A(:,:)$ 代表 A 的所有元素。

$A(:)$ 将 A 按列的方向拉成一列向量。

$A(j:k)$ 代表 $A(j), A(j+1),\cdots, A(k)$，等同于 $A(:)$的第 j~k 个元素。

$A(:,j:k)$ 代表 $A(:,j), A(:,j+1), \cdots, A(:,k)$。

$A(:,j)=[]$ 将 A 的第 j 列删除。

$A(i,:)=[]$ 将 A 的第 i 行删除。

对矩阵可以进行各种各样的旋转、变形、扩充。例如，MATLAB 内部函数 fliplr(flip matrix in the left/right direction)可用来对矩阵进行左右旋转。

请在命令窗口中逐条输入以下语句并观察相应的结果。

```
>> clear                          % 清除工作空间窗口中已有的变量
>> A=[1 2 3;4 5 6;7 8 9;10 11 12]
>> A(2,3)
>> A(3,:)
>> A(:,3)
>> A(:,:)
>> A(:)
>> A(4:9)
>> A(:,2:3)
>> B=A(1:2,2:3)                   % 获取矩阵的第1、第2行元素以及第2、第3列元素
>> fliplr(A)                      % 可查看帮助文件
>> C=B(:)
>> D=[A,C]                        % 为矩阵加一列，拼接得到新矩阵
>> A(1,1)=1000                    % 修改矩阵元素的值
>> A=[A; [-1  -2  -3]]            % 为矩阵加一行，扩充为5行3列的矩阵
>> A(:, 2) = []                   % 删除第二列
>> A([1 5], :) = []               % 删除当前矩阵的第1和第5行
>> x=1:2:9                        % 生成向量[1 3 5 7 9]
>> x(8)=15                        % 在结果中自动生成向量的第8个元素，中间未定义的元素自动为零
                                  % 生成向量[1 3 5 7 9 0 0 15]
```

P.3 矩阵与数组的基本运算

P.3.1 矩阵的加法和减法

如果矩阵 *A* 和 *B* 的维数相同，则 *A*+*B* 与 *A*–*B* 表示矩阵 *A* 与 *B* 的和与差；如果矩阵 *A* 和 *B* 的维数不匹配，MATLAB 会给出相应的错误提示信息。比如：

```
>> A=[1  2  3;  4  5  6;  7  8  0];
>> B=[10  11  12;  13  14  15;16  17  18];
>> D=[1  2;3  4];
>> E=A+B
E =
     11     13     15
     17     19     21
     23     25     18
>> F=A+D      %维数不匹配，MATLAB 给出相应的错误提示信息
??? Error using ==> plus
Matrix dimensions must agree.
>> G=4-D       % 运算对象是标量(一个 1×1 矩阵)，可与其他矩阵进行加减运算
G =
      3     2
      1     0
```

P.3.2 矩阵的乘法

通常意义上，矩阵的乘法可用*表示，这与线性代数中介绍的完全相同。比如：

```
>> A=[1  2  ;  3  4];
>> B=[5  7  9;  6  8  10];
>> C=A*B
C =
     17     23     29
     39     53     67
>> D=B*A       %由于维数与通常意义上的乘法要求不符，因此 MATLAB 给出错误提示信息
??? Error using ==> mtimes
Inner matrix dimensions must agree.
```

P.3.3 矩阵的除法

MATLAB 中有两种矩阵除法：\(表示左除)和 / (表示右除)。如果矩阵 *A* 是非奇异方阵，则 *A**B* 表示使用 *A* 乘以 *B* 的逆矩阵，相当于 *A**inv(*B*)；而 *B*/*A* 表示使用 *B* 乘以 *A* 的逆矩阵，相当于 *B**inv(*A*)。具体计算时，可不使用逆矩阵而直接计算。

通常情况下，*x*=*A**B* 是 *A***x*=B 的解，而 *x*=*B*/*A* 是 *x***A*=*B* 的解。

P.3.4　矩阵的乘方

A^P表示 A 的 P 次方。如果 A 是一个方阵，而 P 是一个大于 1 的整数，则 A^P 表示 A 的 P 次幂，也就是将 A 自乘 P 次。

P.3.5　数组的加法和减法

数组的加法和减法运算与矩阵的加法和减法运算相同，所以运算符+和－既适用于矩阵，也适用于数组。

P.3.6　数组的乘法和除法

数组的乘法用符号.*表示。如果矩阵 A 与 B 具有相同的阶数，则 A .* B 表示 A 和 B 单个元素之间对应相乘。比如：

```
>> A=[1  2;  3  4];
>> B=[5  6;  7  8];
>> C=A .* B
C =
     5    12
    21    32
```

关于数组的左除.\与右除./ ，请读者自行举例以加深体会。

P.3.7　数组的乘方

数组的乘方用符号.^表示。

例如：

```
X=[ 1  2  3]
Y=[ 4  5  6]
Z = X.^Y = [1^4  2^5  3^6] = [1  32  729]
```

(1) 若指数是标量，例如 X .^ 2，X 同上，则有：

```
Z = X .^ 2= [1^2  2^2  3^2] = [ 1  4  9]
```

(2) 若底是标量，例如 2 .^ [X Y]，X、Y 同上，则有：

```
Z =2 .^[X Y]=[2^1  2^2  2^3  2^4  2^5  2^6] = [2  4  8  16  32  64]
```

P.4　函数

MATLAB 提供了大量的标准初等数学函数，包括 abs(绝对值函数)、sqrt(平方根函数)、sin(正弦函数)、exp(指数函数)等。对复数取平方根或对数不会出错，MATLAB 会自动产生复数结果。一些常用的数学函数见表 P-2。

表 P-2　一些常用的数学函数

函　数	含　义	函　数	含　义
sin(*x*)	*x* 的正弦	abs(*x*)	*x* 的绝对值
cos(*x*)	*x* 的余弦	sqrt(*x*)	*x* 的平方根
tan(*x*)	*x* 的正切	exp(*x*)	e^x
cot(*x*)	*x* 的余切	pow2(*x*)	2^x
asin(*x*)	*x* 的反正弦	log(*x*)	Ln*x*
acos(*x*)	*x* 的反余弦	log2(*x*)	$\log_2 x$
atan(*x*)	*x* 的反正切函数	round(*x*)	四舍五入到最近整数
sinh(*x*)	*x* 的超越正弦函数	rem(*x*,*y*)	将 *x* 除以 *y* 的余数
tanh(*x*)	*x* 的超越正切函数	lcm(*x*,*y*)	*x* 和 *y* 的最小公倍数
asinh(*x*)	*x* 的反超越正弦函数	fix(*x*)	无论正负，舍去小数至最近整数
acosh(*x*)	*x* 的反超越余弦函数	floor(*x*)	地板函数，舍去正小数至最近整数
atanh(*x*)	*x* 的反超越正切函数	ceil(*x*)	天花板函数，加入正小数至最近整数
atan(*x*)	*x* 的反正切函数	rat(*x*)	将实数化为分数表示
real(*z*)	复数 *z* 的实部	sign(*x*)	符号函数
imag(*z*)	复数 *z* 的虚部	min(*x*)	向量元素的最小值
conj(*z*)	复数 *z* 的共轭复数	max(*x*)	向量元素的最大值
angle(*z*)	复数 *z* 的相角	mean(*x*)	向量元素的平均值

```
>> help elfun                %得到一个初等数学函数的列表
Elementary math functions.
```

MATLAB 还提供了许多高等数学函数，包括 Bessel(贝塞尔函数)和 Gamma(伽马函数)等，这些函数中的大多数函数都支持复数变量。

```
>> help specfun              % 得到一个高等函数的列表
Specialized math functions.
>> help elmat                % 得到一个矩阵函数的列表
Elementary matrices and matrix manipulation.
```

MATLAB 提供了一些常用的预定义变量，见表 P-3。

表 P-3　MATLAB 常用的预定义变量

预定义变量	含　义	预定义变量	含　义
pi	3.14159265⋯	realmin	最小浮点数，2^{-1022}
i	虚数单位，$\sqrt{-1}$	realmax	最大浮点数，$(2-\varepsilon)2^{1023}$
j	与 *i* 相同	Inf	无穷大
eps	浮点相对精度，$\varepsilon=2^{-52}$	NaN	不定数

无穷大是通过用非零数除以零或者根据运算溢出(如超过 realmax)而产生的，而 NaN 通常是由 0/0 运算、Inf/Inf 运算等得出的。

函数名不会被保留，在将新的变量赋给函数之后，原来的函数会被覆盖。例如：

```
>> eps = 1.e-6
```

执行完上面这条赋值语句后，在以后的运算中，eps 的值就为 1.e-6 了。原函数可用如下语句恢复：

```
>> clear eps
```

请在命令窗口中直接输入 i、j 和 a，观察有什么不同，然后用 i 定义变量。

```
>> clear
>> i
ans =
          0 + 1.0000i
>> j
ans =
          0 + 1.0000i
>> a
??? Undefined function or variable 'a'.
>> i=0:2:12
i =
     0     2     4     6     8    10    12
```

在 MATLAB 中直接输入 i 和 j 时，系统会认为它们是虚数，因而显示为 0 + 1.0000i；但是，当把 i 和 j 当成一般变量赋值时，MATLAB 将不再把它们视为复数的虚数部分。因此，当有复数参与运算时，建议不要把 i 和 j 作为一般变量使用，以免系统在执行复数运算时由于混淆不清而产生错误。

P.5 MATLAB 绘图

图形能使人的视觉感官直接感受到数据的许多内在本质，从而发现数据的内在联系。MATLAB 可以表达出数据的二维、三维图形。通过对图形的线型、色彩、光线和视角等属性进行控制，MATLAB 把数据的内在特征表现得淋漓尽致，因而能够帮助用户更好地理解数据的内在本质。

P.5.1 二维图形

1. 基本平面图形绘制函数 plot

plot 函数的基本调用格式如下：

```
plot(x,y)
```

其中，*x*和*y*为长度相同的向量，分别用于存储*x*和*y*坐标数据。使用plot(*x*,*y*)可以自动绘制出二维图形。如果已经打开图形窗口，那么系统将在最近打开的图形窗口中绘图；如果未打开图形窗口，系统将打开新的图形窗口并绘图。

下面在 $0 \leqslant x \leqslant 2\pi$ 区间内，绘制曲线 $y = 2e^{-0.5x}\sin(2\pi x)$。

```
>> x= linspace(0, 2*pi, 100);                % 生成 100 个点的 x 坐标
>> y =2*exp(-0.5*x) .* sin(2*pi*x);          % 生成对应的 y 坐标
>> plot(x,y)
```

执行完以上命令后，将得到如图 P-3 所示的曲线。

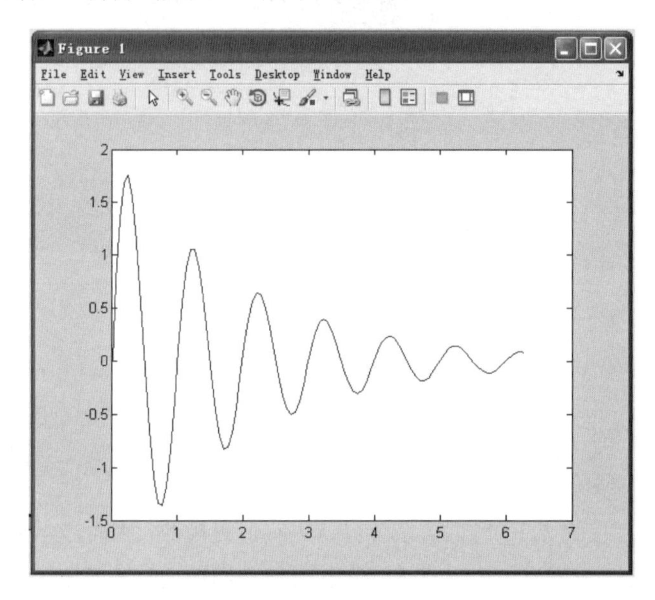

图 P-3　使用 MATLAB 绘制的 $y = 2e^{-0.5x}\sin(2\pi x)$曲线

此外，利用 plot 函数还可以在同一坐标图中绘制多条曲线。

```
>> x= linspace(0, 2*pi, 100);                % 生成 100 个点的 x 坐标
>> y1=sin(x); y2=cos(x);                     % y1、y2 分别是与 x 坐标对应的正弦值和余弦值
>> y3= exp(-0.5*x) .* sin(2*pi*x);
>> plot(x,y1,x,y2, x, y3)                    % 在同一坐标图中分别绘制相应的曲线
```

当线条多于一条时，若用户没有指定想要使用的颜色，plot 函数将循环使用由当前坐标轴颜色顺序属性定义的颜色，以区别不同的线条。在用完上述属性值之后，plot 函数将循环使用由坐标轴线型顺序属性定义的线型，以区别不同的线条。

如果想分多次在同一坐标图中绘制不同的曲线，可使用 hold 命令：

```
>> hold on;          % 保持坐标图不变，后绘制的图形叠加在原图上
>> hold off;         % 解除对原图的保持，在将原图清除后再绘制新图
```

此时，plot 函数的调用格式如下：

```
plot(x 数组,y 数组,'线型属性、标记类型和颜色属性的控制符')
```

如果需要在同一张图中绘制多条曲线，只需要根据上述调用格式往后追加其他的 x 和 y 数组即可。

线型属性、标记类型和颜色属性的控制符详见表 P-4。

表 P-4　线型属性、标记类型和颜色属性的控制符

线型属性		标记类型		颜色属性	
-	实线	.	点	y	黄色
:	虚线	o	小圆圈	m	棕色
-.	点画线	x	叉号	c	青色
--	间断线	+	加号	r	红色
		*	星号	g	绿色
		s	方格	b	蓝色
		d	菱形	w	白色
		^	朝上三角	k	黑色
		v	朝下三角		
		>	朝右三角		
		<	朝左三角		
		p	五角星		
		h	六角星		

2. 绘制图形时的辅助命令

使用 title、xlabel、ylabel、text 和 legend 命令可以给图形加上标题、x 轴和 y 轴的标注以及图形说明和注释。例如：

```
>> clear;
>> x= (0: pi/100: 2*pi);                % 生成 x 坐标
>> x1= (0: pi/20: 2*pi);                % 生成 x 坐标
>> y1=sin(x);                           % y1 是与 x 对应的正弦值
>> y2=cos(x1);                          % y2 是与 x1 对应的余弦值
>> y3= exp(-0.5*x) .* sin(2*pi*x);
>> plot(x,y1,'b:', x1,y2,'g+', x,y3,'r-')   % 在同一坐标图中分别绘制相应的曲线
>> title('曲线图');                      % 加图形标题
>> xlabel('自变量');                     % 加 x 轴说明
```

```
>> ylabel('因变量');                    % 加 y 轴说明
>> text(2.5,0.7,'曲线 y1');              % 在指定位置添加图形说明
>> text(4.5,-0.4,'曲线 y2');             % 在指定位置添加图形说明
>> text(1,-0.5, '曲线 y3');              % 在指定位置添加图形说明
>> legend('正弦曲线', '余弦曲线', '振荡衰减曲线')   %添加图形注释
```

得到的图形效果如图 P-4 所示。

在绘制图形时，还有如下常用的辅助命令，请读者自行尝试它们的用法和功能。

```
gtext(' string')                 % 在命令执行后，可用鼠标将文字拖放到图中的任何位置
hold on                          % 保持坐标图不变，后绘制的图形叠加在原图上
hold off                         % 解除对原图的保持，在将原图清除后再绘制新图
grid                             % 在图形上添加网格
axis([xmin xmax ymin ymax])      % 分别给出 x 轴和 y 轴的最小值及最大值
axis equal                       % x 轴和 y 轴的单位长度相同
axis square                      % 图框呈方形
axis off                         % 取消坐标轴
```

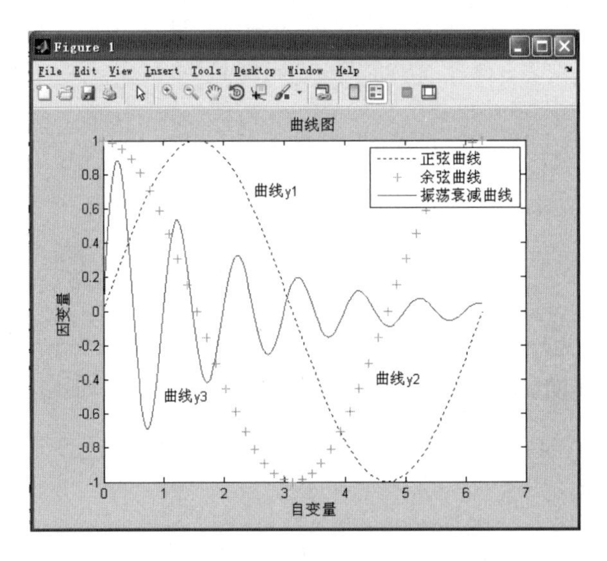

图 P-4　加了各种图形标注的曲线图

3. 绘制二维图形的其他函数以及窗口的分割

loglog、semilogx、semilogy 和 polor 命令的用法和 plot 函数相似。

```
loglog              % 用 log10-log10 标度绘图
semilogx            % 用半对数坐标绘图，x 轴是 log10，y 轴是线性的
semilogy            % 用半对数坐标绘图，y 轴是 log10，x 轴是线性的
```

```
polar(theta, rho)        % 使用相角为 theta、半径为 rho 的极坐标形式绘图，此外还可使用 grid 命令画出极
                         % 坐标网格
bar(x)                   % 显示 x 向量元素的条形图
hist                     % 绘制统计频率直方图
histfit(data,nbins)      % 绘制统计直方图及其正态分布拟合曲线
pie(x,explode)           % 使用 x 中的数据画一张饼图，与 explode 的非零值对应的部分将从饼图中心分离
                         % 出来
fill(x,y,c)              % 用 x 和 y 中的数据生成多边形，并用 c 指定的颜色进行填充
fplot('function',limits) % 在 limits=[xmin,xmax]内绘制名为 function 的一元函数图形
```

function 函数必须是一个 M 文件函数或是一个包含变量 x 且能使用 eval 函数进行计算的字符串，如'sin(*x*)*exp(2**x*) '、' [sin(*x*),cos(*x*)] '、'hump(*x*) '等。

在绘图过程中，经常需要把几个图形放在同一个图形窗口中表现出来，而不是简单地进行叠加。这就要用到 subplot 函数了，调用格式如下：

```
subplot(m,n,p)          % 把一个图形窗口分割成 m×n 个子区域，按行从左到右进行编号
```

用户可以通过参数 p 调用各个子绘图区域并进行操作。

下面在一个图形窗口中以子图形式绘制正弦、余弦和正切函数图以及正态分布的统计直方图及其正态分布拟合曲线、饼图及填充图，效果如图 P-5 所示。

```
>> clear
>> subplot(2,2,1);
>> fplot('[sin(x),cos(x),tan(x)]',[-2*pi 2*pi -8 8]);
>> title('正弦、余弦和正切函数图');
>> subplot(2,2,2);
>> r= normrnd(10,1,100,1);          % 生成符合正态分布的随机数，请查看帮助文件
>> histfit(r)                       % 正态分布的统计直方图及其正态分布拟合曲线
>> title('正态分布直方图与拟合曲线');
>> subplot(2,2,3);
>> pie([8,12,20,15,5],[1,0,0,0,0]); %考试成绩统计饼图
>> title('饼图');
>> subplot(2,2,4);
>> x=linspace(0,10,50);
>> y=sin(x).*exp(-x/3);
>> fill(x,y ,'b');                  % 用蓝色填充图形
>> title('填充图形');
```

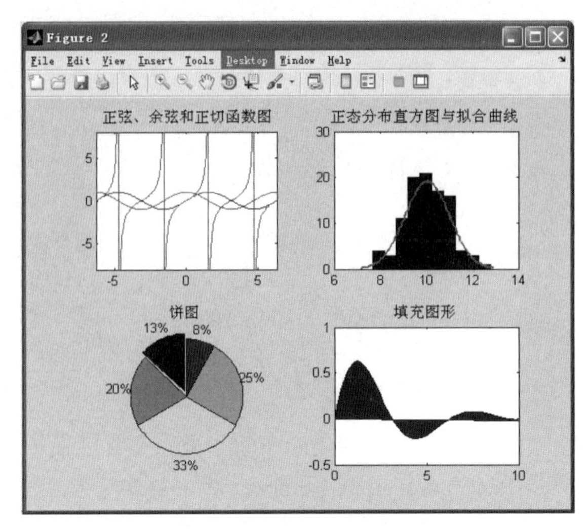

图 P-5　图形窗口分割实例

P.5.2　三维图形

1.三维曲线绘制函数 plot3

与 plot 函数类似，plot3 函数的基本调用格式如下：

```
plot3(x,y,z)
```

其中：*x*、*y* 和 *z* 为长度相同的向量，分别用于存储 *x*、*y* 和 *z* 坐标数据。使用 plot3(*x*,*y*,*z*)可以自动绘制出三维曲线。

在命令提示符下输入下列语句，可以绘制三维螺旋线，效果如图 P-6 所示。

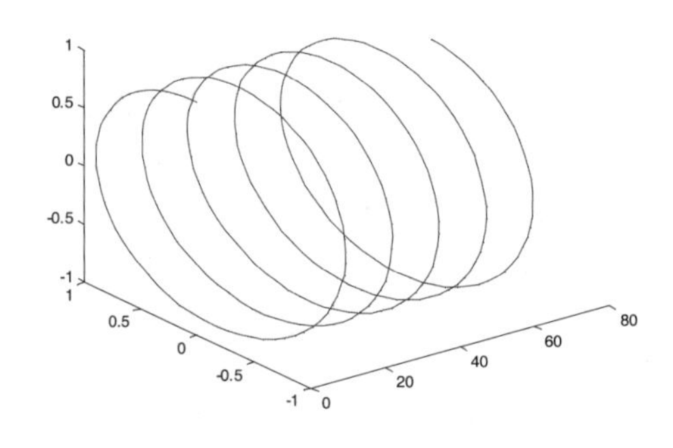

图 P-6　三维螺旋线

```
>> t=[0:0.1:10*pi];
>> x=2*t;
>> y=sin(t);
>> z=cos(t);
>> plot3(x,y,z);
```

2. 绘制三维曲面的基本函数 mesh

mesh(*x*,*y*,*z*,*c*)函数能够绘制由矩阵 *x*、*y*、*z* 确定的曲面网格图，矩阵 *c* 用于确定网格颜色，

省略时 c=z。

为了绘制两变量的函数 $z=f(x,y)$，首先需要产生特定的行列矩阵，然后计算函数在各网格点上的值，最后使用 mesh 函数输出图形。

下面绘制 z=sin(y)cos(x)三维曲面，效果如图 P-7 所示。

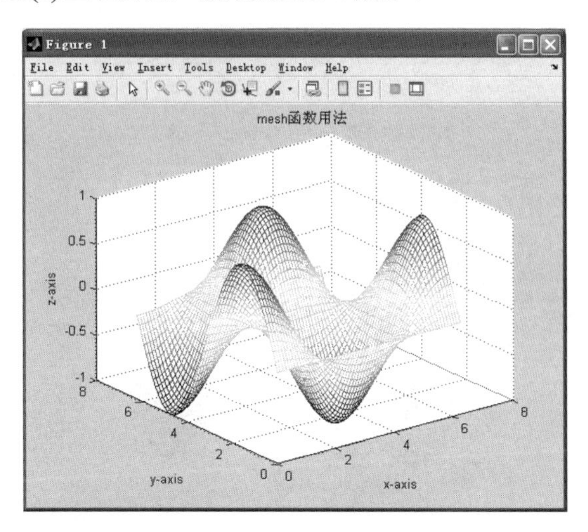

图 P-7　使用 mesh 函数绘制的 z=sin(y)cos(x)三维曲面

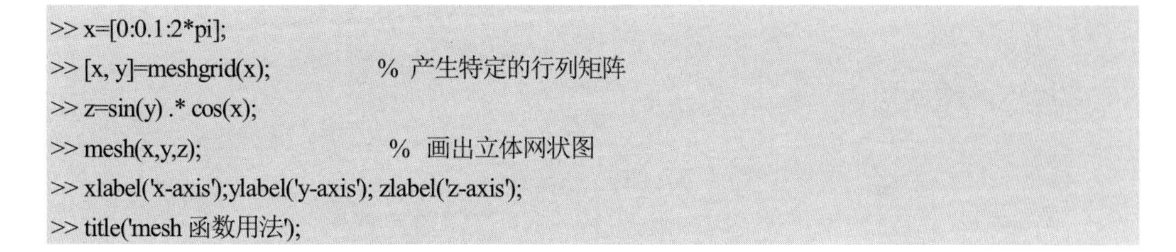

```
>> x=[0:0.1:2*pi];
>> [x, y]=meshgrid(x);              % 产生特定的行列矩阵
>> z=sin(y) .* cos(x);
>> mesh(x,y,z);                     % 画出立体网状图
>> xlabel('x-axis');ylabel('y-axis'); zlabel('z-axis');
>> title('mesh 函数用法');
```

3. 绘制三维曲面的其他几个常用函数

surf(x,y,z,c)函数的输入参数的设置与 mesh 函数相同，所不同的是：mesh 函数绘制的是网格图，而 surf 函数绘制的是着色的三维表面。对表面进行着色的方法是：在得到相应的网格后，对每一个网格依据该网格所代表节点的色值(由变量 c 控制)定义这个网格的颜色。若不输入 c，则默认 c=z。

meshc 函数的调用方式与 mesh 函数相同，只是 meshc 函数在 mesh 函数的基础上又增加了绘制相应等高线的功能。

meshz 函数的调用方式与 mesh 函数相同，只是 meshz 函数在 mesh 函数的基础上增加了屏蔽功能，从而屏蔽了边界面。

sphere 函数专用于绘制圆球体，调用格式如下：

```
[x,y,z]=sphere(n)
```

sphere 函数能生成 3 个(n+1)×(n+1)阶的矩阵，之后再利用 surf(x,y,z) 函数即可生成单位球面。默认 n=20，sphere(n)函数只绘制球面图，不返回值。

cylinder 函数的调用格式如下：

```
[x,y,z]=cylinder(r,n)
```

cylinder 函数将返回母线向量为 *r*、高度为 1 的旋转曲面的 *x*、*y*、*z* 轴的坐标值，旋转轴为 *z* 轴，旋转曲面的圆周上含有指定的 *n* 个距离相同的点。可以使用 surf 或 mesh 函数画出旋转曲面。

下列语句展示了以上几个函数的应用实例，效果如图 P-8 所示。

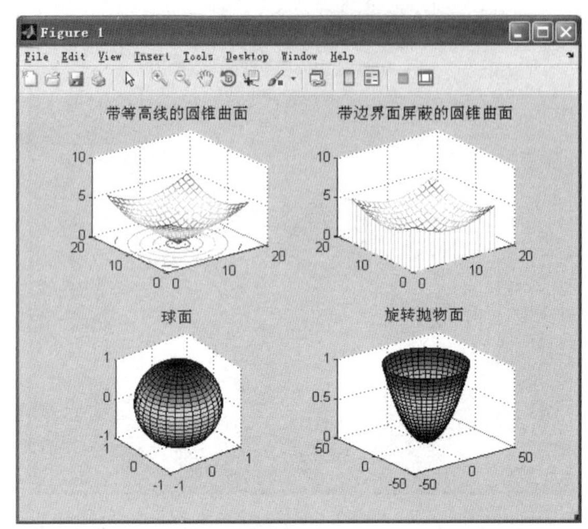

图 P-8　meshc、meshz、sphere、cylinder 和 surf 函数的应用实例

```
>> clear
>> subplot(2,2,1);
>> [x,y]=meshgrid([-4:.5:4]);
>> z=sqrt(x.^2+y.^2);
>> meshc(z);                                    % 绘制带等高线的圆锥曲面
>> title('带等高线的圆锥曲面');
>> subplot(2,2,2);
>> [x,y]=meshgrid([-4:.5:4]);
>> z=sqrt(x.^2+y.^2);
>> meshz(z);                                    % 绘制带边界面屏蔽的圆锥曲面
>> title('带边界面屏蔽的圆锥曲面');
>> subplot(2,2,3);
>> sphere(30);                                  % 绘制单位球面
>> axis square;                                 % 使绘图区域为正方形
>> title('球面');
>> subplot(2,2,4);
>> h=0:20;
>> r=(60*h).^0.5;
>> [x,y,z]=cylinder(r,40);                      % 旋转曲面的x、y、z轴的坐标值
>> surf(x,y,z);                                 % 绘制着色的旋转抛物面
>> title('旋转抛物面');
```

P.6　MATLAB 编程

MATLAB 作为一门高级语言，不仅可以像之前介绍的那样，以一种人机交互的命令行的方式工作，而且可以像 C、Fortran 等其他高级计算机语言一样进行程序设计——编制一种以.m 为扩展名的 MATLAB 程序，简称 M 文件。所谓的 M 文件，就是使用 MATLAB 语言编写的可在 MATLAB 语言环境下运行的程序源代码文件。由于 MATLAB 软件是用 C 语言编写而成的，因此 M 文件的语法与 C 语言十分相似。对于学过 C 语言的读者来说，M 文件的编写是相当容易的。

P.6.1　关系运算与逻辑运算

MATLAB 的关系运算和逻辑运算都是针对元素进行操作，结果是特殊的逻辑数组(logical array)，“真”用 1 表示，“假”用 0 表示；在逻辑运算中，所有非零元素都将作为 1(真)处理。MATLAB 的关系运算和逻辑运算见表 P-5。

表 P-5　MATLAB 的关系运算和逻辑运算

运 算 符	含 义	运 算 符	含 义
<	小于	&	与
<=	小于或等于	|	或
>	大于	~	非
>=	大于或等于	all	
==	等于	any	
~=	不等于		

any 和 all 运算符在进行连接操作时很有用。设 x 是 0-1 向量，如果 x 中有一元素非零，则 any(x)返回 1，否则返回 0；而当 x 中的所有元素都非零时，all(x)返回 1，否则返回 0。

find 函数在关系运算中非常有用，使用 find 函数可以在 0-1 矩阵中找到非零元素的下标。例如：

```
>> y=[1   3   -2   4   3.5   2.8];
>> find(y<3.0)                    % 找出 y 的分量在哪些位置小于 3.0
ans =
     1     3     6                % 处于第 1、3、6 位置的元素小于 3.0
```

P.6.2　程序结构

MATLAB 有 3 种程序结构：顺序结构、选择结构(或分支结构)和循环结构。MATLAB 的控制流语句能够原本简单地在命令行中运行的一系列命令或函数组合成整体——程序，从而提高工作效率。控制流语句都以 end 结尾，MATLAB 常用的控制流语句见表 P-6。

表 P-6　MATLAB 常用的控制流语句

类　型	语　法	解　释
循环语句	for 循环变量=数组 命令组 end	对于循环变量依次取数组中的值，循环执行命令组，直到循环变量遍历完数组。数组最常用的形式是初值:增量:终值
循环语句	while 条件表达式 　　命令组 End	当条件表达式满足时，循环执行命令组，直到条件表达式不满足。使用 while 语句时，需要注意避免出现死循环
分支语句	if 条件表达式 1 　命令组 1 elesif 条件表达式 2 　命令组 2 … else 　命令组 k end	若条件表达式 1 满足，则执行命令组 1，且结束分支语句；否则检查条件表达式 2，若满足，则执行命令组 2，且结束分支语句；就这样进行下去，若所有条件表达式都不满足，则执行命令组 k，并结束分支语句。最常用的格式如下： if 条件表达式 　命令组 end
	switch 分支变量 case 值 1 　命令组 1 case 值 2 　命令组 2 … otherwise 　命令组 k end	若分支变量取值 1，则执行命令组 1，且结束分支语句；若分支变量取值 2，则执行命令组 2，且结束分支语句；就这样进行下去，若分支变量不取列出的所有值，则执行命令组 k
中断语句	pause	暂停执行，直到敲击键盘，pause(*n*)表示暂停 *n* 秒后再继续
	break	中断执行，当用在循环语句中时，表示跳出循环
	return	中断执行，回到主调函数或命令窗口
	error(字符串)	提示错误并显示说明

例如，计算以下公式：

$$s=\sum_{n=1}^{100}\frac{1}{n^2}$$

```
>> clear;s=0;                 % 清除工作空间窗口中的变量，给变量 s 赋初值 0
>> for n=1:100                % 循环遍历数组
>>      s=s+1/n/n;            % 累加求和
>> end
>> s                          % 输出 s 的值
s =
```

```
    1.6350
```

对于多重循环，应写成锯齿形以增强程序的可读性。例如，求 Hilbert 矩阵的程序如下：

```
>> m=6;n=6;
>> for i=1:m
>>        for j=1:n
>>              A(i,j)=1/(i+j-1);              % 在计算过程中不输出中间结果
>>        end
>> end
>> format rat;                                 % 以有理数格式输出
>> A                                           % 显示矩阵结果
A =
         1      1/2    1/3    1/4    1/5     1/6
         1/2    1/3    1/4    1/5    1/6     1/7
         1/3    1/4    1/5    1/6    1/7     1/8
         1/4    1/5    1/6    1/7    1/8     1/9
         1/5    1/6    1/7    1/8    1/9     1/10
         1/6    1/7    1/8    1/9    1/10    1/11
```

P.6.3　M 文件

MATLAB 的 M 文件可以分为脚本(Script)文件和函数(Function)文件两种。

1. 脚本文件

单击 MATLAB 工作界面中的“新建 M 文件”按钮，即可在文本编辑窗口中编写程序。例如，可在文本编辑窗口中输入如下计算 Fibonnaci 数列的程序：

```
% 一个自编的用于计算 Fibonnaci 数列的 M 文件
f=[1, 1 ]; i = 1;
while f(i)+f(i+1)<1000
      f(i+2)=f(i)+f(i+1);
      i=i+1;
end
plot(f)
```

单击文件编辑器上方的工具条中的“保存”按钮，将文件保存为 Myfibonnci.m，这样的文件就是 M 文件。

直接在文件编辑器上方的工具条中找到 debug 里面的 run，单击即可运行程序(或直接按 F5 功能键)；在 MATLAB 工作界面的命令窗口中键入 Myfibonnci 命令，并按回车键执行，系统将计算出所有小于 1000 的 Fibonnaci 数列并绘出图形。

注意：文件执行后，变量 f 和 i 仍留在工作空间窗口中。

```
% 一个脚本式的M文件，用于顺次输出sin(1)~sin(6)的值
for i=1:6
    a=sin(i);
    fprintf('sin(%d)=',i)                   % 格式输出函数，具体用法可查看帮助文件
    fprintf('%12.8f\n',a)
end
```

运行结果为：

```
sin(1)=   0.84147098
sin(2)=   0.90929743
sin(3)=   0.14112001
sin(4)=  -0.75680250
sin(5)=  -0.95892427
sin(6)=  -0.27941550
```

2. 函数文件

我们经常用到的sin、cos、exp函数是MATLAB软件自带的函数，直接应用即可。但有时为了方便解决一些问题，我们需要自己编写函数。自己编写函数有两项基本要求：

(1) 必须在MATLAB文件编辑器中编写函数。

(2) 函数名和文件名必须相同。

例如，编写一个M函数，对于输入的任意向量，都可以计算由下列分段函数值构成的另一个向量：

$$f(x)=\begin{cases}x^2, & x>8\\ 1, & -1<x\leqslant 1\\ 3+2x, & x\leqslant -1\end{cases}$$

在MATLAB文件编辑器中输入以下语句，然后保存为Myfenduan_a.m文件，这样以后就可以和MATLAB软件自带的函数一样，直接应用即可。

```
% 一个M函数，用于计算分段函数的值
function y=Myfenduan_a(x)        % 只要包含关键字function、函数名、输入变量、输出变量，这个文件就是
                                 % 函数文件
n=length(x);
for i=1:n
    if x(i)>1
        y(i)=x(i)^2;
    elseif x(i)>-1
        y(i)=1;
    else
        y(i)=3+2*x(i);
    end
end
```

在命令窗口中输入：

```
>> x=[-3 0 3];
>> y=Myfenduan_a(x)          % 利用自编的函数文件 Myfenduan_a.m 计算相应的值
y =
    -3     1     9
```

程序 Myfenduan_a.m 是按通常思路编写的，可读性好，但速度较慢。下面的程序 Myfenduan_b.m 是根据 MATLAB 数组运算的特点设计编写的，程序简短且速度较快，数组维数越高，效率改进越显著。

```
% 根据 MATLAB 数组运算的特点，一个改进的用于计算分段函数值的 M 函数
function y=Myfenduan_b(x)
y=zeros(size(x));
k1=find(x>1);y(k1)=x(k1).^2;
k2=find(x>-1&x<=1);y(k2)=1;
k3=find(x<=-1);y(k3)=3+2*x(k3);
```

在下列程序中，tic 表示计时开始，toc 为读数，作用是检验上面两个程序的运算速度。

```
>> clear; tic;
>> x=-5:0.0005:5;
>> y=Myfenduan_a(x); toc                % 计算机不同，运行时间也会有区别
Elapsed time is 0.287650 seconds.       % 利用 Myfenduan_a.m 计算的时间
>> clear; tic;
>> x=-5:0.0005:5;
>> y=Myfenduan_b(x); toc                % 计算机不同，运行时间也会有区别
Elapsed time is 0.008810 seconds.       % 利用 Myfenduan_b.m 计算的时间
```

函数文件与脚本文件不同，前者定义的变量和运算都在文件内部，而不在工作空间窗口中。函数调用完毕后，定义的变量和运算也将全部释放。请读者自行举例以检验相关结论。

P.7 MATLAB 的符号运算

P.7.1 符号变量的确定

sym 和 syms 函数的作用是构造符号变量和表达式。

sym 函数用来构造单个符号变量。例如，可使用 a=sym('a')构造符号变量 a，用户此后可以在表达式中使用符号变量 a 进行各种运算。

syms 函数用来构造多个符号变量，一般调用格式如下：

```
syms  var1  var2 … varn
```

注意，符号变量间用空格而不是逗号进行分隔。

符号变量的确定原则如下：

(1) 除了 i 和 j 之外，字母位置最接近 x 的字母为符号变量；若距离相等，则 ASCII 码值大的为符号变量。

(2) 若不存在除了 i 与 j 以外的字母，则视 x 为默认的符号变量。

(3) 可利用函数 findsym(string, *N*)来查找在众多符号中，哪 *N* 个符号为符号变量。

P.7.2 MATLAB 的常见符号运算

1. 因式分解

```
>> syms x
>> f=x^6+1;
>> s=factor(f)                        % 请利用 help factor 查找相关函数的功能
s =
      (x^2 + 1)*(x^4 - x^2 + 1)
```

2. 极限计算

limit(*f*, *x*, a)：求函数 *f* 在 *x* 趋于常数 a 时的极限。

limit(*f*)：求函数 *f* 在 *x* 趋于 0 时的极限。

limit(*f*, *x*, a,'right')：求函数 *f* 在 *x* 趋于常数 a 时的右极限。

limit(*f*, *x*, a, 'left')：求函数 *f* 在 *x* 趋于常数 a 时的左极限。

例如：

```
>> f1=sym ('(3*t^3+1) / (1-2*t^4)');     % 定义符号变量 f1
>> limit (f1,'t', inf)                   % 求函数 f1 在 t 趋于无穷时的极限
ans =
      0
>> limit (f1,'t', 5 )                    % 求函数 f1 在 t 趋于 5 时的极限
ans =
      -376/1249
```

例如，求极限：

$$M=\lim_{n\to\infty}(1-\frac{2x}{n})^n$$

```
>> syms n x;
>> M=limit('(1-2*x/n)^n',n,inf)
M =
      1/exp(2*x)
```

3. 导数计算

$y=\sin ax$，求导数$A=\frac{\mathrm{d}y}{\mathrm{d}x}$、$B=\frac{\mathrm{d}y}{\mathrm{d}a}$和$C=\frac{\mathrm{d}^2y}{\mathrm{d}x^2}$。

```
>> syms a x;     y=sin(a*x);
```

```
>> A=diff(y,x)
>> B=diff(y,a)
>> C=diff(y,x,2)          % 对表达式 y 中指定的符号变量 x 计算 y 的二阶导数
```

结果为：

```
A =a*cos(a*x); B =x*cos(a*x); C =-a^2*sin(a*x)
```

4. 积分计算

$$I=\int\frac{x^2+1}{(x^2-2x+2)^2}\,\mathrm{d}x \qquad J=\int_0^{\pi/2}\frac{\cos x}{\sin x+\cos x}\,\mathrm{d}x \qquad K=\int_0^{+\infty}\mathrm{e}^{-x^2}\,\mathrm{d}x$$

求相应的积分值。

```
>> syms x                    % 定义符号变量为 x
>> f=(x^2+1)/(x^2-2*x+2)^2;
>> g=cos(x)/(sin(x)+cos(x));
>> h=exp(-x^2);
>> I=int(f)                  % 计算 f 对符号变量 x 的积分值
>> J=int(g,0,pi/2)           % 计算 g 在积分区间(0, pi/2)的积分值
>> K=int(h,0,inf)            % 计算 h 的广义积分值
```

结果为：

```
I = (3*atan(x - 1))/2 + (x/2 - 3/2)/(x^2 - 2*x + 2)
J = pi/4
K = pi^(1/2)/2
```

5. 级数求和

求级数 $\sum_{n=1}^{\infty}\frac{1}{n^2}$ 的和 S 以及前 10 项的部分和 S_1。

```
>> syms n
>> S=symsum(1/n^2, 1, inf)
>> S1=symsum(1/n^2,1,10)
S =
      pi^2/6
S1 =
    1968329/1270080
```

在求级数 $\sum_{n=1}^{\infty}\frac{x}{n^2}$ 的和 S_2 时，可用如下命令：

```
>> syms n x
>> S2=symsum(x/n^2, n, 1, inf)
S2 =
      (pi^2*x)/6
```

6. 方程求解

在求解一般代数方程时，可使用 solve 函数。

例如，求一元三次方程 $x^3-1=0$ 的根。

```
>> clear
>> x=solve('x^3-1')               % 有关 solve 函数用法的更多信息，请读者查阅帮助文件
x =
                        1
            - 1/2 - (3^(1/2)*i)/2
            - 1/2 + (3^(1/2)*i)/2
```

在求解微分方程的解析解时，可使用 dsolve(f)函数，格式如下：

```
dsolve('equation1', ' equation2', …)
```

其中，equation 为方程或条件。在写方程或条件时，用 Dy 表示 y 关于自变量的一阶导数，用 D2y 表示 y 关于自变量的二阶导数，以此类推。

例如，求微分方程 $\begin{cases} y''=x+y' \\ y(0)=1,\ y'(0)=0 \end{cases}$ 的特殊解。

```
>> syms x y
>> dsolve('D2y=x+Dy', 'y(0)=1', 'Dy(0)=0', 'x')        % 将 x 声明为独立变量，有关 dsolve 函数用法的更多
                                                        % 信息，请查阅帮助文件
ans =
      exp(x) - x - x^2/2
```

P.8 MATLAB 在数学建模中的应用

随着科学技术的迅速发展，运用数学方法解决科学研究和工程技术领域中的实际问题，已经得到普遍重视。在许多情况下，除了要进行一定的理论分析之外，实验观测或相应的数据处理也是必不可少的步骤。本节将简单介绍数学建模中经常用到的插值法与曲线拟合法。

P.8.1 数学建模简介

数学模型是针对现实世界中的某一特定对象，为了某个特定的目的，根据特有的内在规律，做出必要的简化和假设，运用适当的数学工具，采用形式化语言，概括或近似地表述出来的一种数学结构。它或者能解释特定对象的现实形态，或者能预测对象的未来状态，或者能提供处理对象的最优决策或控制。

数学建模简单地说就是建立数学模型的全过程。数学建模是一种数学思考方法，是运用数学语言和方法，通过抽象、简化建立能近似刻画并解决实际问题的数学模型的一种强有力的数学手段。

想要建立某实际问题的数学模型，需要一定的洞察力和想象力，筛选、抛弃次要因素，突出主要因素，做出适当的抽象和简化。全过程一般分为表述、求解、解释、验证四个阶段，可通过这些阶段完成从现实对象到数学模型，再从数学模型到现实对象的循环，如图 P-9 所示。

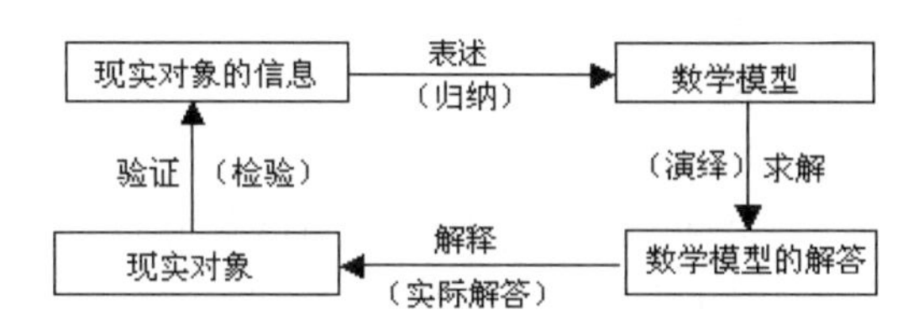

图 P-9　数学建模的全过程

其中：表述是指根据建立数学模型的目的和掌握的信息，将实际问题翻译成数学问题，并用数学语言确切地表述出来；求解是指选择适当的方法，求得数学模型的解答；解释是指将数学解答翻译回现实对象，对实际问题进行解答；验证是指检验解答的正确性。

数学建模的一般步骤如图 P-10 所示。

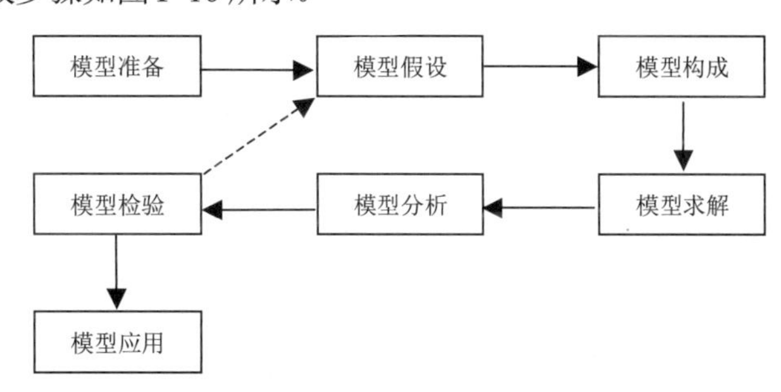

图 P-10　数学建模的一般步骤

- 模型准备：了解问题的实际背景，明确题目的要求，收集各种必要的信息。
- 模型假设：为了利用数学方法，通常要对问题做出必要的、合理的假设，使问题的主要特征突现出来，忽略问题的次要方面。
- 模型构成：根据所做的假设以及事物之间的联系，构造各种量之间的关系，把问题转换为数学问题，注意要尽量采用简单的数学工具。
- 模型求解：利用已知的数学方法求解上一步得到的数学问题，此时往往还需要做出进一步的简化或假设。
- 模型分析：对所得的解答进行分析，特别需要注意当数据发生变化时所得结果是否稳定。
- 模型检验：分析所得结果的实际意义，与实际情况进行比较，看是否符合实际。如果不够理想，应该修改、补充假设，或重新建模、不断完善。
- 模型应用：建立的模型必须在实际应用中才能产生效益，要在应用中不断改进和完善。最后，撰写数学建模报告。

大学生数学建模竞赛于 1985 年由美国开始举办，竞赛以 3 名学生组成一支团队，赛前有指导教师进行培训。赛题来源于实际问题。比赛时，要求每一支参赛团队就选定的赛题在连续 3 天的时间里写出论文，内容包括问题的适当阐述，合理的假设，模型的分析、建立、求解、验证，结果的分析，模型优缺点讨论等。我国自1989年起陆续有高校参加美国大学生数学建模竞赛。1992年起我国开始举办自己的大学生数学建模竞赛，并成为教育部组织的全国大学生4项学科竞赛之一。

大学生数学建模竞赛的特点是题目由工程技术、管理科学中的实际问题简化加工而成，对数学知识要求不深，一般没有事先设定的标准答案，但留有充分余地供参赛者发挥聪明才智和创造精神。由于竞赛由3名大学生组成一队，他们要在连续3天的时间内分工合作，共同完成一篇论文，因而也培养了学生的合作精神。加之竞赛评奖以假设的合理性、建模的创造性、结果的正确性和文字表述的清晰程度为主要标准，因此这项活动的开展有利于对学生知识、能力和素质的全面培养，既丰富、活跃了广大同学的课外生活，也为优秀学生脱颖而出创造了条件。

P.8.2　数学建模中的常用方法 —— 插值与拟合

插值与拟合是既来源于实际，又广泛应用于实际的两种重要方法。在工程中，常有这样的问题：给定一批数据点，须确定满足特定要求的曲线或曲面。如果要求所求曲线通过给定的所有数据点，这就是数据插值问题；在数据较少的情况下，这样做能取得较好的效果。但是，当数据较多时，插值函数往往比较复杂，同时，由于给定的数据一般都由观测所得，往往带有随机误差，因此要求曲线通过所有数据点既不现实也不必要。如果不要求曲线通过所有数据点，而仅仅要求能反映对象整体的变化趋势，便可得到更简单实用的近似函数，这就是数据拟合，又称曲线拟合。

1. 数据插值的基本方法

1) 拉格朗日插值

已知函数 $y=f(x)$ 在互异的两个点 x_0 和 x_1 处的函数值 y_0 和 y_1，要估计该函数在另一点 ξ 处的函数值，最自然的想法是绘制经过点 (x_0,y_0) 和点 (x_1,y_1) 的直线 $y=L_1(x)$，并将 $L_1(\xi)$ 作为近似值。已知 $y=f(x)$ 在互异的 3 个点 x_0、x_1 和 x_2 处的函数值 y_0、y_1 和 y_2，可以构造经过这 3 个点的二次曲线 $y=L_2(x)$，并将 $L_2(\xi)$ 作为准确值 $f(\xi)$ 的近似值。

一般情况下，若已知 $y=f(x)$ 在互异的 n+1 个点 $x_0,x_1,\cdots,x_n$ 处的函数值 $y_0,y_1,\cdots,y_n$，则可以考虑构造如下经过 n+1 个点的次数不超过 n 的多项式 $L_n(x)$：

$$L_n(x)=a_0x^n+a_1x^{n-1}+\cdots+a_{n-1}x+a_n$$

通过所有这 n+1 个点的曲线满足：

$$L_n(x_k)=y_k,\ k=0,1,\cdots,\ n$$

然后便可使用 $L_n(\xi)$ 作为准确值 $f(\xi)$ 的近似值。这样构造出来的多项式 $L_n(x)$ 称为 $f(x)$ 的 n 次拉格朗日插值多项式或插值函数。

2) 分段插值

多项式历来都被认为是最好的逼近工具之一，但一般不宜采用高次(如 $n>7$)多项式插值，否则逼近的效果往往并不理想。

当插值范围较小时，低次插值往往更有效。最直观的办法就是将各数据点用折线连接起来，这种增加节点并采用分段低次多项式插值的处理方法称为分段插值法。换言之，不是去寻求整个插值区间上的某个高次多项式，而是把整个区间划分为若干小的区间。如果：

$$a=x_0<x_1<\cdots<x_n=b \qquad \text{式(P-1)}$$

那么分段线性插值公式为：

$$P(x)=\frac{x-x_i}{x_{i-1}-x_i}y_{i-1}+\frac{x-x_{i-1}}{x_i-x_{i-1}}y_i，\quad x_{i-1}<x\leqslant x_i，\quad i=0,1,\cdots,n$$

分段线性插值通常有较好的收敛性和稳定性，算法简单，缺点是不如拉格朗日插值多项式光滑。

3) 样条插值

分段线性插值函数在节点上的一阶导数一般不存在，且不光滑，这就导致了样条插值函数的提出。

在机械制造、航海、航空工业中，经常需要解决下列问题：已知一些数据点$(x_0, y_0), (x_1, y_1),\cdots, (x_n, y_n)$，如何绘制一条比较光滑的全部通过这些数据点的曲线呢？绘图员巧妙地解决了这一问题：首先把数据点描绘在平面上，然后把一根富有弹性的细直条(称为样条)弯曲，使其一边通过这些数据点，用压铁固定其形状，沿样条边绘出一条光滑的曲线。绘图员往往要用好几根样条，才能分段完成上述工作，同时应使连接点处保持光滑。对绘图员使用样条画出的曲线进行数学模拟，导致出现了样条函数的概念，它如今已经成为一个应用极为广泛的数学分支。现在数学上所说的样条，实质上是指分段多项式的光滑连接。

假设区间$[a, b]$的一种划分如式(P−1)，则称分段函数$S(x)$为k次样条函数。如果：

① $S(x)$是在每个小区间上次数不超过k的多项式；

② $S(x_i)=y_i$；

③ $S(x)$在区间$[a, b]$上有$k-1$阶连续导数。

就将使用样条函数做出的插值称为样条插值，工程上广泛采用了三次样条插值。

使用这些插值方法不需要特别编制程序，在 MATLAB 中，实现这些插值的函数是 interp1，调用格式如下：

```
Y1=interp1(X, Y, X1, 'method')
```

interp1 函数将根据 *X*、*Y* 的值，计算 Y1 在 X1 处的值。*X*、*Y* 是两个等长的已知向量，描述的是插值点。X1 是向量或标量，描述被插值的点，Y1 是与 X1 等长的插值结果。method 是所要采用的插值方法，允许的取值有'linear'(线性插值)、'nearest'(最邻近插值)、'cubic'(立方插值)、'spline'(三次样条插值)。

注意：所有的插值方法都要求 *X* 是单调的，并且 X1 不能超过 *X* 的范围。

例如，在 12 小时内，每一小时测量一次某实验的数据，具体如下：

时间：1，2，3，　4，　5，　6，　7，　8，　9，10，11，12

数据：5，8，9，15，23，29，31，30，26，25，27，24

现在想要根据以上数据估计 3.3、5.7 时刻的数据：

```
>>hours=1:12;
>>datas=[5   8   9   15   23   29   31   30   26   25   27   24];
```

```
>>t=interp1(hours, datas, [3.3, 5.7])          % 一阶线性插值
```

运行结果如下：

```
t =   10.8000     27.2000
```

输入如下程序，画出线性插值曲线，效果如图 P-11 所示。

```
>>hours=1:12;
>>datas=[5   8   9   15   23   29   31   30   26   25   27   24];
>>h=1:0.1:12;                          % 每隔 0.1 一个点，共 111 个点
>>t=interp1(hours, datas, h) ;         % 给出这 111 个点的插值结果
>>plot(hours, datas, '+', h, t)
```

工程上经常使用三次样条插值，只需要在上述插值命令后加上'spline'即可。

```
>>t=interp1(hours, datas, [3.3, 5.7], 'spline')
```

运行结果如下：

```
t =   10.2736     27.5942
```

输入如下程序，画出三次样条插值曲线，效果如图 P-12 所示。

```
>>t=interp1(hours, dataps, h，'spline') ;
>>plot(hours, datas, '+', h, t)
```

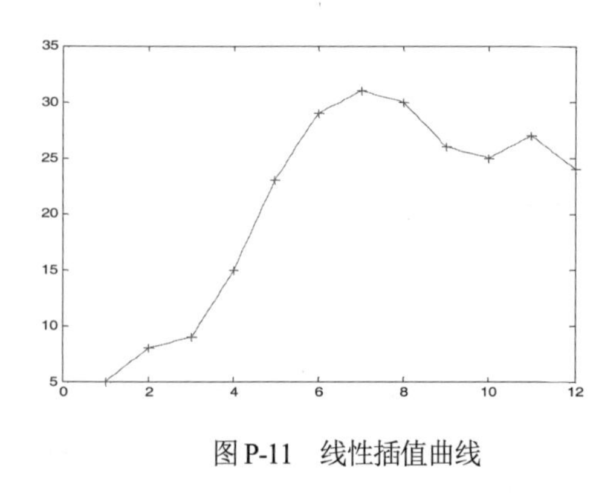

图 P-11　线性插值曲线

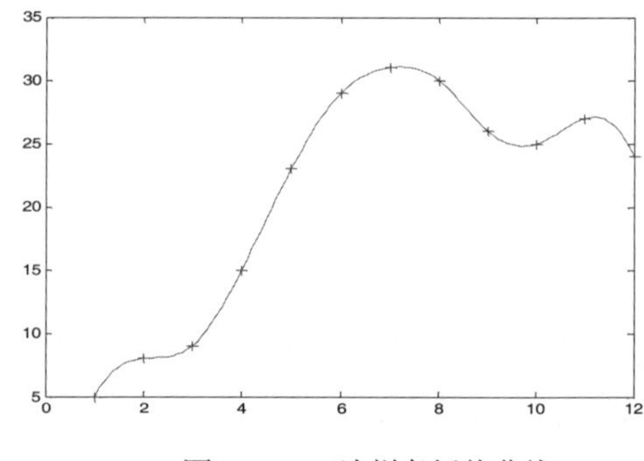

图 P-12　三次样条插值曲线

2. 曲线拟合的基本方法

曲线拟合是指选择适当的曲线类型来拟合观测数据，并使用拟合的曲线方程分析两个变量间的关系。已知平面上有 n 个点(x_i, y_i)，$i=1,\cdots,n$，x_i 互不相同。寻求函数 $y=f(x)$，使 $f(x)$ 在某种准则下与所有数据点最为接近，即曲线拟合得最好。

线性最小二乘法是解决曲线拟合最常用的方法，基本思路是，令：

$$f(x)=a_1r_1(x)+a_2r_2(x)+\cdots+a_mr_m(x)$$

其中，$r_k(x)$ 是事先选定的一组函数，系数 $a_k(k=1,\cdots,m,\ m<n)$待定。寻求 a_k，使得平方

和达到最小：

$$Q=\sum_{i=1}^{n}(f(x_i)-y_i)^2$$

在 MATLAB 中，通常采用 polyfit 函数实现最小二乘法拟合，调用格式如下：

```
polyfit(x, y, m)
```

可使用 m 次多项式拟合向量数据(x, y)，返回多项式的降幂系数。当 $m \geqslant n-1$ 时，即可使用 polyfit 函数实现多项式插值，并返回多项式的系数向量。

例如，对于如下两组数据：

```
x=[0        0.1     0.2     0.3     0.4     0.5     0.6     0.7     0.8     0.9     1.0];
y=[-0.447   1.978   3.28    6.16    7.08    7.34    7.66    9.56    9.48    9.30    11.2];
```

要求对这组数据进行多项式拟合：

```
>> x=0: 0.1: 1.0;
>> y=[-0.447   1.978   3.28   6.16   7.08   7.34   7.66   9.56   9.48   9.30   11.2];
>> plot(x,y, 'r*');            % 画原始点图
>> hold on;                    % 保持图像
```

根据数据图像，估计变量 x 与 y 之间大概是什么样的函数关系。如果估计是一次函数，就执行下面的命令：

```
>> n=1 ;
>> p1=polyfit(x,y,n)              % n 表示使用 n 阶多项式进行拟合，n=1 为线性拟合
                                  % p1 为所求多项式的系数
>> Y=poly2sym(p1)                 % 前面的拟合命令只给出了多项式的系数，这条命令则能够
                                  % 将前面的 p1 转换为我们熟悉的多项式
>>Y1= vpa(poly2sym(p1),5)         % 上述命令给出的结果是有理数形式，这条命令能够将结果
                                  % 转为数值形式，5 表示显示 5 位有效数字
>> x1=0 :0.01 :1 ;                % 接下来画出拟合曲线
>> y1=polyval(p1,x1) ;            % 求出多项式的值并赋给 y1
>> plot(x1,y1, 'b') ;             % 画出拟合曲线
```

运行结果如下：

```
p1 = 10.3185      1.4400
Y = (5808773505743561*x)/562949953421312 + 31679/22000
Y1 = 10.318*x + 1.44
>> hold on;                      % 保持图像
```

当 n=2 时，二次多项式的拟合效果看起来要比一次函数的拟合效果好一些；当 n=10 时，数据点之间出现了较大的波动。当试图进行高阶曲线拟合时，这种波动现象经常发生，且不利于用户认识数据之间的规律。因此，拟合多项式的阶数并不是越高越好，在实际问题中，应根据具体情况适当选择阶数。n 为 1、2、10 时的拟合曲线如图 P-13 所示。

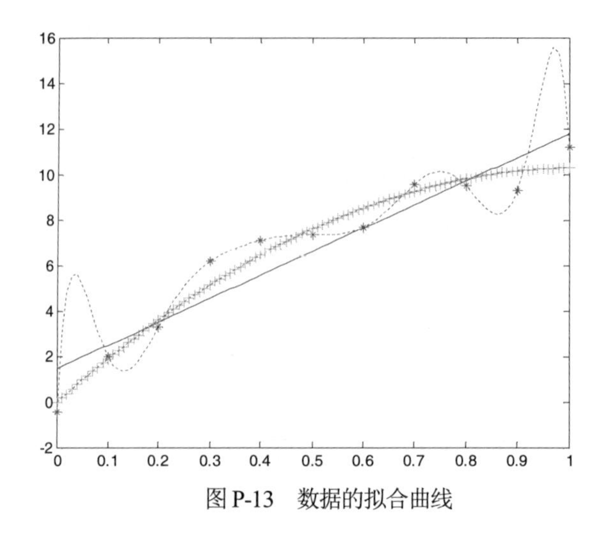

图 P-13　数据的拟合曲线

P.8.3　数学建模案例——估计水塔的水流量

美国某州的各用水管理机构要求各社区提供以每小时多少加仑计的用水率以及每天的总用水量。许多社区没有测量流入或流出当地水塔的水量的装置，他们只能代之以每小时测量水塔中的水位，精度在0.5%以内。更重要的是，无论什么时候，只要水塔中的水位下降到某一最低水位 L，水泵就启动，向水塔重新充水直到某一最高水位 H，但这仍无法得到水泵的供水量的测量数据。因此，当水泵正在输水时，水塔水位和水泵工作时间之间的关系并不容易建立。水泵每天输水一次或两次，每次大约两小时。

试估计在任何时候，甚至包括水泵正在工作的时间，水从水塔流出的流量 $f(t)$，并估计一天的总用水量。表 P-7 给出了某小镇某天的真实数据(本题为 1991 年美国大学生数学建模竞赛(MCM)的问题 A)。

表 P-7　某小镇某天的水塔水位

时间/秒	水位 (0.01 英尺)	时间/秒	水位 (0.01 英尺)	时间/秒	水位 (0.01 英尺)
0	3175	35932	水泵工作	68535	2842
3316	3110	39332	水泵工作	71854	2767
6635	3054	39435	3550	75021	2697
10619	2994	43318	3445	79154	水泵工作
13937	2947	46636	3350	82649	水泵工作
17921	2892	49953	3260	85968	3475
21240	2850	53936	3167	89953	3397
25223	2797	57254	3087	93270	3340
28543	2752	60574	3012		
32284	2697	64554	2927		

注：1 英尺≈30.48 厘米

表 P-7 给出了从第一次测量开始的以秒为单位的时刻，以及对应时刻的高度单位为百分之一英尺的水塔中水位的测量值。例如，3316 秒后，水塔中的水位达到 31.10 英尺。水塔是垂直的圆形柱体，高 40 英尺，直径为 57 英尺。通常，当水塔的水位降至约 27.00 英尺时，水泵开始向水塔充水；而当水塔的水位升至约 35.50 英尺时，水泵停止工作。

1. 模型假设

(1) 假设水塔中流出的水流量只受社区的日常生活需要的影响，表 P-7 中给出的数据是对该小镇一天用水的典型反映，不包含任何非正常需求，如自然灾害、火灾、水塔溢水和漏水等特殊情况。

(2) 根据流体力学中的 Torricell 定律，水从水塔中流出的最大流速正比于水位高度的平方根。对于本题，根据所给的数据可知，水塔的最高水位与最低水位之比为$\sqrt{35.5/27}\approx 1.15$，这表明可以假设水塔中的水位对流速没有影响。类似地，还可以忽略气候条件、温度变化等对流速的影响。

(3) 水泵工作的起止时间由水塔的水位决定。这里总是假定水位大约 27.00 英尺时，水泵就开始工作，直到水位升至大约 35.50 英尺时停止工作，每次充水时间约为两小时。水泵的工作性能、效率是一定的，不考虑水泵因其他原因而中断或需要维修等情况。水泵充水的水流量远大于水塔的水流量，以保证不存在断水情况。

(4) 水塔的水流量与水泵状态独立，并不会因为水泵工作而增加或减少水流量的大小。

(5) 水的消耗每天相同，每天从水塔中流出的水流速度随时间的变化可以用光滑曲线近似。从统计意义上看，由于每个用户的用水量远远小于社会群体用水量，以至于个别用户的突然用水或不用水基本上不会改变水塔的水流速度。

2. 模型的建立与求解

1) 第一次充水时间的确定

当 t=32 284 秒时，水位 26.97 英尺，略低于最低水位 27 英尺，因此可作为第一次开始充水时刻。

当 t=39 435 秒时，水位 35.5 英尺，恰为最高水位，因此可作为第一次充水的结束时刻。充水时间为 dt=(39 435−32 284)/3600=1.9864 小时，接近充水时间 2 小时。

2) 第二次充水时间的确定

当 t=75 021 秒时，水位 26.97 英尺，略低于最低水位 27 英尺，因此可作为第二次开始充水时刻。

当 t=82 649 秒时，水泵在工作，但充水时间达到 dt=(82 649−75 021)/3600=2.1189 小时；但是当 t=85 968 时，水位 34.75 英尺，低于最高水位 35.50 英尺。

因此，可将 t=82 649 秒作为第二次充水的结束时刻，且这一时刻的水位为最大充水高度 35.50 英尺。

3) 计算不同时刻水塔内水的体积

单位转换为 1 英尺=0.3048 米，1 升=1/3.785 加仑。

体积计算公式为 $v=\pi d^2 h/4v$。根据给出的水位数据，可计算出不同时刻水塔内水的体积，如表 P-8 所示。

表 P-8　不同时刻水塔内水的体积

时间/小时	水的体积/加仑	时间/小时	水的体积/加仑	时间/小时	水的体积/加仑
0	606 125	10.9542	677 715	20.8392	514 872
0.9211	593 716	12.0328	657 670	22.9581	677 715
1.8431	583 026	12.9544	639 534	23.8800	663 397
2.9497	571 571	13.8758	622 352	24.9869	648 506
3.8714	562 599	14.9822	604 598	25.9083	637 625
4.9781	552 099	15.9039	589 325		
5.9000	544 081	16.8261	575 008		
7.0064	533 963	17.9317	558 781		
7.9286	525 372	19.0375	542 554		
8.9678	514 872	19.9594	528 236		

注：1 加仑≈3.78 升。

根据表 P-8 中的数据，绘制出时间与水体积的关系图，如图 P-14 所示。从数据图可以看出，时间与水体积的关系有 3 个明显的阶段，第一阶段开始的时刻是 0，第二阶段开始的时刻是 10.9542，第三阶段开始的时刻是 22.9581。

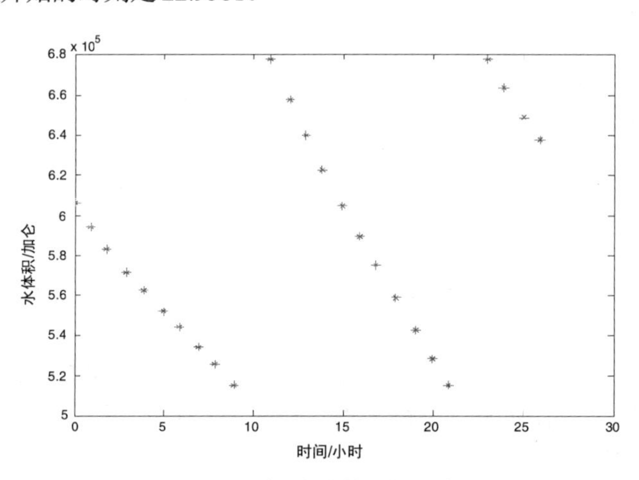

图 P-14　时间与水体积的关系图

4) 计算不同时刻的水流量(加仑/小时)

水流量的计算公式为：

$$f(t)=\left|\frac{\mathrm{d}v(t)}{\mathrm{d}t}\right|$$

以上 25 个时刻的水流量可采用差分的方法得到，并分三段进行处理。

差分公式如下。

对每段前两点采用向前差分公式：

$$f(t_i)=\left|\frac{-3V_i+4V_{i+1}-V_{i+2}}{2(t_{i+1}-t_i)}\right|$$

对每段最后两点采用向后差分公式：

$$f(t_i)=\left|\frac{3V_i-4V_{i-1}+V_{i-2}}{2(t_i-t_{i-1})}\right|$$

对每段中间点采用中心差分公式：

$$f(t_i)=\left|\frac{-V_{i+2}+8V_{i+1}-8V_{i-1}+V_{i-2}}{12(t_{i+1}-t_i)}\right|$$

计算得到的不同时刻的水流量，如表 P-9 所示，其中的【1】表示第一段开始，【2】表示第二段开始，【3】表示第三段开始。

表 P-9 不同时刻的水流量

时间(小时)	水流量 (加仑/小时)	时间(小时)	水流量 (加仑/小时)	时间(小时)	水流量 (加仑/小时)
0【1】	14404	10.9542【2】	19469	20.8392	14648
0.9211	11182	12.0328	20195	22.9581【3】	15220
1.8431	10063	12.9544	18941	23.8800	15263
2.9497	11012	13.8758	15903	24.9869	13711
3.8714	8798	14.9822	18055	25.9083	9634
4.9781	9991	15.9039	15646		
5.9000	8124	16.8261	13742		
7.0064	10161	17.9317	14962		
7.9286	8487	19.0375	16652		
8.9678	11023	19.9594	14495		

5) 使用三次样条拟合流量数据

对表 P-9 中的 25 个时刻的流量数据采用三次样条插值可得到一条光滑曲线，这条曲线可作为任意时刻的流量曲线，如图 P-15 所示。

6) 一天总用水量的计算

利用直接积分法可得：

$$Q=\int_0^{24} f(t)\mathrm{d}t=332\,986\ \text{加仑}$$

有关估计水塔水流量的数学建模问题的其他方面的讨论，在此不再赘述。

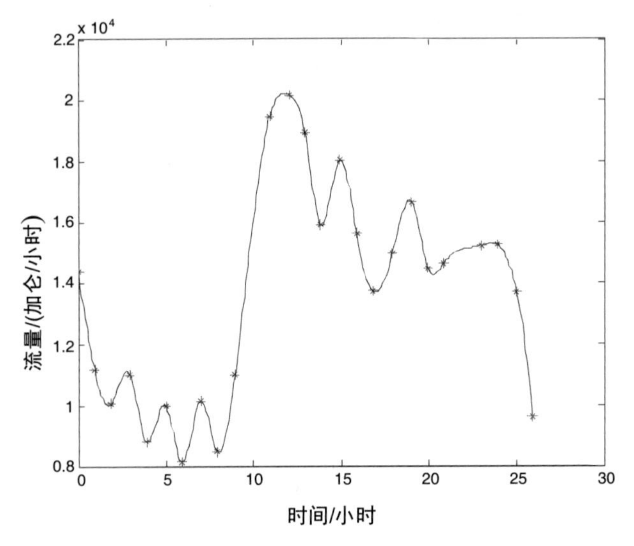

图 P-15　水塔水流量的三次样条插值

参 考 文 献

[1] 谭浩强. C 程序设计[M]. 2 版. 北京：清华大学出版社，1999.

[2] 黄继通，等. C 语言程序设计[M]. 北京：清华大学出版社，2003.

[3] 冯博琴. 精讲多练 C 语言[M]. 2 版. 西安：西安交通大学出版社，2004.

[4] 杨路明. C 语言程序设计教程[M]. 北京：北京邮电大学出版社，2003.

[5] Kernighan B W，Ritchie D M. C 程序设计语言[M]. 2 版. 北京：清华大学出版社，1997.

[6] Balagurusamy E. C 程序设计[M]. 3 版. 北京：清华大学出版社，2006.

[7] 苏小红，等. C 语言大学实用教程[M]. 北京：电子工业出版社，2004.

[8] 王柏盛. C 程序设计[M]. 北京：高等教育出版社，2004.

[9] 教育部考试中心. 全国计算机等级考试二级教程——公共基础知识[M]. 北京：高等教育出版社，2007.

[10] 卢湘鸿. 计算机应用教程[M]. 北京：清华大学出版社，2003.

[11] 王移芝，等. 大学计算机基础教程[M]. 北京：高等教育出版社，2004.

[12] 教育部高等学校计算机基础课程教学指导委员会. 高等学校计算机基础教学发展战略研究报告暨计算机基础课程教学基本要求[M]. 北京：高等教育出版社，2009.

[13] 薛山. MATLAB 基础教程[M]. 北京：清华大学出版社，2011.

[14] 沈继红，等. 数学建模[M]. 北京：清华大学出版社，2011.